食品检验检测与加工技术研究

赵玉洁 张芙蓉 宋志强 著

吉林科学技术出版社

图书在版编目（CIP）数据

食品检验检测与加工技术研究 / 赵玉洁，张芙蓉，宋志强著 . -- 长春：吉林科学技术出版社，2024.6.
ISBN 978-7-5744-1523-2

Ⅰ . TS207.3; TS205

中国国家版本馆 CIP 数据核字第 20240JM825 号

食品检验检测与加工技术研究

著	赵玉洁　张芙蓉　宋志强
出 版 人	宛　霞
责任编辑	王宁宁
封面设计	周书意
制　　版	周书意
幅面尺寸	185mm×260mm
开　　本	16
字　　数	362 千字
印　　张	19
印　　数	1~1500 册
版　　次	2024年6月第1版
印　　次	2024年12月第1次印刷

出　　版	吉林科学技术出版社
发　　行	吉林科学技术出版社
地　　址	长春市福祉大路5788号出版大厦A座
邮　　编	130118
发行部电话/传真	0431-81629529 81629530 81629531
	81629532 81629533 81629534
储运部电话	0431-86059116
编辑部电话	0431-81629510
印　　刷	三河市嵩川印刷有限公司

书　　号	ISBN 978-7-5744-1523-2
定　　价	114.00元

版权所有　翻印必究　举报电话：0431-81629508

随着人们生活水平的提升,食品安全问题越来越受到关注。食品检验检测与加工技术是保障食品安全的重要手段,它们共同构成了食品质量安全的坚实防线。

食品安全是全球性的问题,涉及人类的健康和生命安全。食品检验检测是保障食品安全的关键环节,通过对食品进行科学、准确的检测,可以及时发现食品中的有害物质,确保食品的质量和安全性。不同的检测方法和加工技术对食品质量和安全性有着不同的影响。例如,某些检测方法可以更准确地检测出食品中的有害物质,而某些加工技术则可以提高食品的口感和营养价值。同时,我们发现当前食品检验检测与加工技术还存在一些问题和挑战,如检测成本高、技术难度大等。因此,我们需要进一步研究和开发更高效、准确、经济的检测方法和加工技术。另外,食品加工技术也是影响食品安全的重要因素,通过采用先进的加工技术,可以提高食品的质量和安全性,减少食品中的有害物质。

食品检验检测与加工技术对于保障食品安全具有重要意义;现有的检测方法和加工技术还有待进一步优化和完善;未来食品检验检测与加工技术的发展方向应该是更加高效、准确、经济。

随着科技的发展,食品检验检测和加工技术将会越来越成熟,精度和效率也会越来越高。未来的食品产业将会更加注重食品的安全和质量,通过引入更多的新技术和新方法,不断提高食品的品质和安全性。为了确保食品安全,食品检验检测与加工技术的重要性将无可替代。因此,我们需要继续加大对食品检验检测与加工技术的研究力度,不断提高其准确性和效率,为保障食品安全做出更大的贡献。同时,我们需要加强公众对食品安全知识的普及,提高公众对食品安全的认识和自我保护能力。只有这样,我们才能真正实现食品安全目标,让人们吃得放心、吃得健康。

鉴于此,本书围绕"食品检验检测与加工技术"这一主题,由浅入深地阐述了食品检验检测的性质和作用、内容和范围、基本操作、方法类型、方法选择,系统地论述了样品预处理技术、食品理化检验检测技术、食品安全检验分析技术,深入探究了食品的分类、饮料加工技术与乳制品加工技术，旨在为相关领域的研究和实践提供理论支持。本书内容翔实、条理清晰、逻辑合理，兼具理论性与实践性，适合从事食品检验或食品加工的专业人士。

目录 CONTENTS

第一章 食品检验检测的性质与方法 ... 1
- 第一节 食品检验检测的性质和作用 ... 1
- 第二节 食品检验检测的内容和范围 ... 4
- 第三节 食品检验检测的基本操作 ... 9
- 第四节 食品检验检测的方法类型 ... 15
- 第五节 食品检验检测的方法选择 ... 23

第二章 样品预处理技术 ... 27
- 第一节 原料前处理 ... 27
- 第二节 提取法与分子蒸馏技术 ... 33
- 第三节 微波与超声提取技术 ... 39
- 第四节 双水相萃取法与反胶束萃取技术 ... 43
- 第五节 超临界与亚临界流体萃取技术 ... 50

第三章 食品检验检测的仪器应用 ... 58
- 第一节 气相色谱与液相色谱技术及其在食品检验中的应用 ... 58
- 第二节 原子吸收光谱与原子荧光光谱法及其在食品检验中的应用 ... 69
- 第三节 质谱分析技术及其在食品检验中的应用 ... 80

第四章　食品安全检验分析技术 ……… 86

第一节　食品中限量元素（重金属）检验分析技术 ……… 86

第二节　食品中多氯联苯检验分析技术 ……… 89

第三节　食品中丙烯酰胺检验分析技术 ……… 95

第四节　食品中黄曲霉毒素检验分析技术 ……… 100

第五节　食品中农药残留检验分析技术 ……… 105

第五章　食品理化检验检测技术 ……… 110

第一节　食品营养成分检验检测 ……… 110

第二节　食品理化指标检验检测 ……… 116

第三节　食品添加剂检验检测 ……… 125

第四节　食品微生物检验检测 ……… 134

第六章　不同种类食品质量安全检测 ……… 148

第一节　食用油质量安全检测 ……… 148

第二节　果蔬质量安全检测 ……… 162

第三节　转基因食品检测 ……… 180

第七章　食品安全风险监测研究 ……… 192

第一节　食品安全风险分析概述 ……… 192

第二节　食品安全风险监测 ……… 196

第三节　食品安全风险评估 ……… 199

第四节　食品安全风险管理 ……… 202

第五节　食品安全风险交流 ……… 207

第八章　食品与食品加工技术 ……… 210

第一节　食品的分类 ……… 210

第二节　食品加工技术概述 ………………………………………… 219

第九章　饮料加工技术 …………………………………………………… 232
　　第一节　软饮料食品原辅料及包装材料的选择 …………………… 232
　　第二节　果蔬汁饮料加工技术 ……………………………………… 238
　　第三节　蛋白饮料加工技术 ………………………………………… 246
　　第四节　碳酸饮料加工技术 ………………………………………… 255
　　第五节　特殊用途饮料加工技术 …………………………………… 260
　　第六节　茶饮料加工技术 …………………………………………… 263

第十章　乳制品加工技术 ………………………………………………… 266
　　第一节　原料乳的验收和预处理 …………………………………… 266
　　第二节　巴氏杀菌乳加工技术 ……………………………………… 273
　　第三节　UHT 灭菌乳加工技术 …………………………………… 275
　　第四节　酸乳加工技术 ……………………………………………… 278
　　第五节　乳粉加工技术 ……………………………………………… 282

结束语 ……………………………………………………………………… 290

参考文献 …………………………………………………………………… 291

第一章 食品检验检测的性质与方法

第一节 食品检验检测的性质和作用

食品检验检测，是一门涉及化学、生物学、物理学、统计学等多领域的综合性学科。它专门研究各种食品组成成分的检测方法及有关理论，进而评定食品品质。这项技术不仅对保障食品安全、维护公众健康至关重要，还在推动食品工业可持续发展方面发挥着关键作用。

一、食品检验检测的任务

（一）控制和管理生产过程

食品检验检测的首要任务是控制和管理生产过程。从原料采购到生产加工，再到成品出厂，每一个环节都需要进行严格的检验检测。这包括对原材料的质量、新鲜度、添加剂的使用等进行检测，以确保它们符合食品安全和质量的最低标准。此外，食品生产过程中的温度、湿度、压力等环境因素也需要进行监控，以确保食品不受环境因素的影响而变质。

（二）保证和监督食品的质量

食品检验检测的另一个重要任务是保证和监督食品的质量。这包括对食品的口感、色泽、气味、营养成分等进行检测，以确保食品符合消费者的期望和需求。同时，食品检验检测还需要对食品的保质期进行监控，以确保食品在保质期内销售，避免因过期而导致的食品安全问题。此外，食品检验检测还需要对食品的生产过程进行监督，以确保生产过程中的卫生条件和操作规范符合相关法规和标准。

（三）为科研与开发提供可靠的依据

食品检验检测的另一个重要任务是为科研与开发提供可靠的依据。通过进行食品的营养成分分析、微生物检测、毒理学试验等，可以为科研人员提供有关食品的营养价值、安全性等方面的数据，帮助他们更好地了解食品，开发新的食品品种和生产工艺。此外，食品检验检测的数据还可以用于评估食品的市场潜力，为企业的产品研发和市场推广提供有力的支持。

食品检验检测的任务涵盖了从生产到销售的全过程，旨在确保食品的质量和安全性。通过控制和管理生产过程、保证和监督食品的质量以及为科研与开发提供可靠的依据，食品检验检测发挥着重要的作用。在面对食品安全和健康问题日益严重的今天，食品检验检测的责任更加重大，需要不断地加强技术手段，完善检测方法，提高检验检测的准确性和可靠性，为保障公众的健康和安全做出更大贡献。

二、食品检验检测的理论基础

食品检验检测涉及的有关理论包括营养学、生物化学、分子生物学等。通过这些理论，我们可以理解食品中各种成分的相互作用，以及食品在摄入人体后可能产生的影响。这些理论知识为制定合理的食品检验标准，评估食品的营养价值奠定了基础。

随着科技的发展，食品检验检测技术也将不断进步。例如，基因检测和人工智能在食品安全领域的应用将为食品检验检测带来新的可能性。未来，我们有望通过基因检测预测食品的保质期，通过人工智能优化食品检验流程，提高检验效率。

三、食品检验检测的性质

食品检验检测，是一个为确保食品安全和人类健康默默奉献的领域。它的性质丰富多元，既包括严谨的科学性，又具有服务公众的责任性。以下将深入探讨食品检验检测的性质。

（一）科学性：精准与严谨

食品检验检测具有科学性，主要体现在其技术的精准性和方法的严谨性。检验人员需要运用各种精密的仪器和科学的方法，对食品进行全面的分析检测，以确保食品的质量和安全性。从营养成分的测定，到微生物的检测，再到农药残留的评估，无一不体现出食品检验检测的精准与严谨。

(二)服务性：以公众利益为先

食品检验检测具有服务性，这是其最显著的性质。它不仅为政府提供监管依据，而且为食品生产商提供质量保障，更为消费者提供安全可靠的食品。无论是从源头控制，到生产过程监督，再到市场流通的监管，食品检验检测都在发挥重要作用。它以公众利益为先，致力于保障每个人的食品安全和健康。

(三)技术性：不断创新与发展

食品检验检测具有技术性，这是其发展的基础。随着科技的进步，新的检测技术和设备不断涌现，为食品检验检测提供了更多的可能性和更高的准确性。例如，基因检测、质谱技术、人工智能等高新技术在食品检验检测中的应用，不仅提高了检测的效率，而且提升了检测的准确性。

(四)社会性：与公众共同守护食品安全

食品检验检测具有社会性，这是其社会责任的体现。它不仅是实验室中的科学实验，更是社会公共卫生的一部分。食品检验检测需要与社会各界紧密合作，包括政府、企业、科研机构、消费者等，共同守护食品安全，保障公众健康。

食品检验检测的性质丰富多元，它具有科学性、服务性、技术性和社会性。这些性质共同构成了食品检验检测的核心价值，为食品安全和人类健康保驾护航。在未来的发展中，我们期待食品检验检测能够更好地服务于社会，为食品安全和人类健康做出更大的贡献。

四、食品检验检测的作用

食品检验检测在保障食品安全和保护消费者权益方面发挥着至关重要的作用。以下将分别讨论食品检验检测在四个方面的作用：检验检测食品中的有害物质和污染物、检验检测食品的感官质量和理化指标、检验检测食品中的生物污染物以及检验检测食品供应链安全。

(一)检验检测食品中的有害物质和污染物

食品中的有害物质主要包括农药残留、兽药残留、重金属、污染物等。通过科学的检验检测方法，可以有效检测出这些有害物质，保障食品安全。例如，利用高效液相色谱法、气相色谱法等现代分析技术，可以对食品中的有害物质进行准确的定量分析。这有助于我们了解食品中有害物质的含量，评估其潜在的健康风险，进而采取相应的控制措施。

（二）检验检测食品的感官质量和理化指标

感官质量和理化指标是衡量食品质量的重要指标。感官质量包括外观、口感、气味等方面，理化指标则涉及食品的酸度、甜度、硬度、营养成分含量等。通过感官检验和理化检验，我们可以对食品的整体质量进行评价，确保食品符合相关标准和质量要求。此外，对于不符合标准的食品，可以及时发现并采取相应的处理措施，保障消费者的权益。

（三）检验检测食品中的生物污染物

食品中的生物污染物主要包括微生物和寄生虫。通过实验室检验检测，可以对食品中的微生物数量进行准确计数，判断食品是否受到污染。例如，通过PCR技术检测沙门氏菌、通过酶联免疫法检测金黄色葡萄球菌等。这些检验检测方法有助于我们及时发现食品中的生物污染物，采取相应的控制措施，防止食品安全事件的发生。

（四）检验检测食品供应链安全

食品供应链的安全直接关系到食品安全和消费者健康。通过食品检验检测，可以对供应链中的各个环节进行监督和控制，确保食品的质量和安全。例如，对生产环节的原料、生产过程进行检测，对流通环节的运输工具、储藏环境进行检测等。这些检验检测结果可以为政府监管部门提供决策依据，有助于维护食品市场的秩序和公众健康。

综上所述，食品检验检测在保障食品安全方面具有至关重要的作用。通过科学的检验检测方法，我们可以有效地检测出食品中的有害物质和污染物、感官质量和理化指标、生物污染物以及供应链安全。同时，食品检验检测还可以为政府监管部门提供决策依据，有助于维护食品市场的秩序和公众健康。因此，我们应该加大食品检验检测的力度，提升检验检测水平，确保食品安全和公众健康。

第二节 食品检验检测的内容和范围

一、食品检验检测的内容

食品检测是对食品进行的安全性评估，旨在确保消费者所食用的食品符合国家相关标准和规定。食品检测一般包括常规检测、微生物检测、重金属检测、添加剂检测等内容。

（一）常规检测

常规检测主要包括营养成分检测、食品添加剂检测、污染物检测等。营养成分检测包括蛋白质、脂肪、碳水化合物、维生素等营养成分的含量和种类；食品添加剂检测包括防腐剂、抗氧化剂、着色剂等添加剂的种类和含量；污染物检测包括农药残留、重金属、真菌毒素等污染物。这些常规检测可以确保食品的营养价值和安全性。

（二）微生物检测

微生物检测是食品检测中非常重要的一项，旨在确保食品中不含有致病微生物，保障消费者的健康。微生物检测包括细菌总数、大肠菌群、致病菌等指标的检测。这些指标可以反映食品的卫生状况和加工过程中的卫生控制情况。如果食品中含有致病菌等有害微生物，将会对消费者的健康造成严重影响。

（三）重金属检测

重金属是指对人体健康有害的金属元素，如铅、汞、镉等。食品中的重金属主要来源于环境污染和农药残留。重金属检测可以有效地控制食品中的重金属含量，保护消费者的健康。

（四）添加剂检测

添加剂是为了改善食品的感官性能和保存性而加入的化学物质。在食品加工过程中，合理使用添加剂是安全的，但过量使用或使用不当都会对人体健康造成危害。添加剂检测主要是对食品中添加的防腐剂、抗氧化剂、着色剂等进行检测，以确保其含量符合国家相关标准。

（五）基因检测

基因检测是通过分析食品中的基因组信息来判断食品的种类、产地等信息。基因检测可以帮助消费者了解所购买的食品的品种和质量，同时有助于打击假冒伪劣食品。

（六）病毒和细菌多肽/抗体检测

病毒和细菌多肽/抗体检测是通过生物免疫学技术来快速准确地检测食品中是否存在某些病毒和细菌。这种检测方法具有灵敏度高、特异性强等优点，对于预防和控制食源性疾病的发生具有重要意义。

综上所述，食品检测是确保食品安全的重要手段。通过常规检测、微生物检测、重金属检测、添加剂检测等项目的全面检测，可以有效地保障消费者的健康和安全。同时，随着科技的发展，基因检测、病毒和细菌多肽/抗体检测等新技术也将逐渐应用于食品检测领域，为食品安全保驾护航。作为消费者，我们也应该增强食品安全意识，选择正规渠道购买食品，关注食品安全问题，共同维护我们的健康和安全。

二、食品检验检测的范围

食品是人类生存和发展的基本物质，其质量安全直接关系到广大人民群众的身体健康和社会公共卫生问题。为了保障食品的质量安全，食品检验检测工作至关重要。以下将介绍食品检验检测的范围。

（一）食品感官指标检验检测的范围

食品感官指标检验检测主要包括对食品的视觉、嗅觉和味觉等方面的评估。具体内容包括以下几个方面。

（1）外观。检查食品的形状、大小、颜色、表面光泽等。

（2）气味。通过嗅觉，评估食品的气味，如新鲜度、香味等。

（3）滋味。通过味觉，评估食品的口感、甜度、咸度、酸度、苦度等。

通过感官指标检验检测，我们可以确定食品的品质和新鲜度，并排除变质或过期食品。检验人员需要经过专业培训，以确保准确评估食品感官指标。

（二）食品理化检验检测的范围

食品理化检验检测主要涉及食品中各种化学成分的检测，包括酸度、糖分、脂肪、蛋白质、维生素、矿物质等。这些成分的检测对于了解食品的营养价值、安全性及生产过程中的质量控制至关重要。

（1）成分分析。通过化学分析、光谱分析、色质联用等技术，检测食品中的各种成分含量。

（2）添加剂检测。检查食品中是否添加了防腐剂、甜味剂、着色剂等添加剂，以确保其符合食品安全标准。

（3）毒素检测。检测食品中可能存在的有害物质，如农药残留、重金属等，确保食品安全。

通过理化检验检测，我们可以更全面地了解食品的营养价值和安全性，为消费者提供更可靠的食品选择。

（三）食品营养成分检验检测的范围

食品营养成分检验检测主要包括碳水化合物、脂肪、蛋白质、维生素和矿物质等营养成分的检测。这些成分的含量和比例直接影响到食品的口感、营养价值和健康效应。

（1）营养价值评估。通过营养成分检验检测，可以确定食品的营养组成，从而评估其营养价值。

（2）营养补充。根据检验结果，为特殊人群（如孕妇、病人）提供相应的营养补充建议。

（3）食品安全与法规遵循。确保食品的生产和销售符合相关法规和标准，保障消费者权益。

（四）食品添加剂检验检测的范围

食品添加剂是指为改善食品品质和色、香、味以及为防腐、保鲜和加工工艺而加入食品中的化学物质。食品添加剂检验检测的主要内容包括以下几点。

（1）色素、甜味剂、防腐剂等食品添加剂的种类、含量及使用范围。

（2）食品中是否存在非法添加物，如三聚氰胺、苏丹红等。

（3）食品添加剂对环境及人体健康的影响。

（4）天然色素与人工合成色素的鉴别等。

（五）食品微生物检验检测的范围

食品微生物检验检测主要是指对食品中的细菌总数、大肠菌群、霉菌等微生物指标进行检测，以保障食品的卫生安全。其检测范围包括以下几点。

（1）各类食品中的细菌总数、大肠菌群、霉菌等微生物指标。

（2）各类食品中的致病菌及毒素的检测，如沙门氏菌、金黄色葡萄球菌等。

（3）冷冻冷藏食品的微生物生长情况。

（4）包装材料及容器的卫生安全性检验等。

（六）食品有毒有害物质检验检测的范围

食品有毒有害物质检验检测主要包括农药残留、兽药残留、重金属、硝酸盐和亚硝酸盐等有害物质的检测。其检测范围具体包括以下几点。

（1）农产品中的农药残留量、兽药残留量、重金属含量等。

（2）水产品中孔雀石绿、氯霉素等有害物质的检测。

（3）各类食品中硝酸盐和亚硝酸盐的限量检测。

（4）食品安全控制体系和相关法律法规的实施效果评估等。

此外，还有一些其他的检验检测项目，如营养强化剂的检测、食品安全风险评估等。食品安全风险评估是一项新兴的技术手段，可以用来识别食品安全方面的危害，并根据这些危害制定相应的预防措施。这些措施可以包括调整生产工艺、改变食品配方、加强质量控制等。这些措施的实施可以有效地提升食品安全水平，保障广大人民群众的健康权益。

（七）转基因食品检验检测的范围

随着科技的进步，转基因食品已成为现代农业的重要组成部分。然而，转基因食品的安全性和营养性一直备受争议。因此，对转基因食品的检验检测至关重要。以下为转基因食品检验检测的主要范围。

（1）基因成分检测。对转基因食品中的插入基因及其表达产物进行检测，以确保其安全性。

（2）抗逆性检测。对转基因食品的抗病、抗虫、抗逆性等特性进行检测，以评估其对生态环境的影响。

（3）营养价值评估。对转基因食品的营养成分进行检测，以评估其营养价值的变化，并与其他同类非转基因食品进行比较。

（4）食品标签标识。根据相关法规，对转基因标识的要求进行检验检测，以确保消费者的知情权。

（八）食品掺伪检验检测的范围

食品掺伪现象在我国普遍存在，对食品安全构成了严重威胁。因此，对食品掺伪的检验检测至关重要。以下为食品掺伪检验检测的主要范围。

（1）成分分析。对食品中的添加剂、填充物、色素等物质进行成分分析，以确定是否存在掺伪现象。

（2）仪器检测。利用光谱、色谱等仪器分析方法，对食品中的有害物质进行定量检测。

（3）感官检验。通过视觉、嗅觉、味觉、触觉等感官手段，对食品的外观、气味、口感等进行检验，以判断是否存在掺伪现象。

（4）基因检测。在某些情况下，可以通过基因检测技术，对食品中的微生物种类和含量进行鉴定，以确定是否存在掺伪现象。

总之，食品检验检测的范围非常广泛。通过这些检验检测，我们可以全面了解食品的质量、安全性和营养价值，为消费者提供更可靠、更健康的食品选择。在未来的发展中，随着科技的不断进步，食品检验检测的技术和方法也将不断更新和完善，为保障食品安全和人民健康发挥更加重要的作用。

第三节　食品检验检测的基本操作

一、食品检验检测的操作流程

食品检测是确保食品安全和质量的重要步骤。正确的食品检测操作可以帮助我们识别食品中的有害物质、细菌和其他污染物，以确保食品符合相关标准和法规。下面将详细介绍食品检测的操作方法。

（一）接受实验任务，明确实验目的

在进行食品检验检测之前，首先要接受实验任务，明确实验目的。食品检验检测的主要目的是确定食品的质量和安全性，确保消费者可以放心食用。因此，实验室人员需要了解实验的目的，如检测食品中的有害物质、营养成分、添加剂等，并根据实验要求制定相应的检测方案。

在接受实验任务后，实验室人员需要仔细阅读实验方案，了解实验所需的样品、检测方法、检测指标等基本信息。同时，需要根据实验要求，制订合理的实验计划，确保实验的顺利进行。

（二）查阅有关文献，收集相关资料

在进行食品检验检测之前，实验室人员需要查阅相关文献，收集相关资料，以便更好地了解食品检测领域的最新技术和方法。这些文献和资料包括食品检测领域的权威指南、国际标准、专业期刊论文等。

通过查阅文献和收集资料，实验室人员可以了解各种检测方法的优缺点、适用范围及操作步骤，为后续的实验操作打下基础。此外，实验室人员还可以根据文献中的案例和经验，对实验中可能遇到的问题进行预测和预防，提高实验的准确性和可靠性。

（三）选择检验检测方法，制定实验方案

在食品检验检测中，选择正确的检验方法和实验方案至关重要。首先，我们需要根

据食品的种类、成分和可能存在的有害物质，选择合适的检验方法。例如，对于新鲜水果和蔬菜，我们通常采用农药残留检测法；对于肉类、乳制品等食品，我们则可能需要进行微生物检测。同时，我们需要根据食品的特性，制定相应的实验方案，包括样品采集、保存、处理和检测过程等。

在选择检验方法和制定实验方案时，需要注意以下几点。

（1）准确性。选择的检验方法必须符合国家标准和行业标准，以确保结果的准确性。

（2）可靠性。实验方案需要经过充分的实验验证，确保其可行性和可靠性。

（3）灵敏度。对于可能存在的有害物质，需要选择灵敏度高的检验方法。

（4）简便性。实验方案应尽可能简便易行，以提高工作效率。

（四）讨论具体细则，明确分工，落实任务

在确定检验方法和实验方案后，我们需要进一步讨论具体细则，明确分工，落实任务。具体包括以下内容。

（1）人员分工。根据实验需要，合理分配人员，确保每个人员明确自己的职责和任务。

（2）仪器设备。确保仪器设备状态良好，符合实验要求。

（3）试剂耗材。确保试剂和耗材充足供应，并保证其质量符合实验要求。

（4）实验室安全。确保实验室安全设施完备，防止意外事故的发生。

在明确分工和落实任务后，我们需要按照实验方案进行操作，确保食品检验检测的顺利进行。

（五）准备所需材料、试剂、仪器和实验记录本

在进行食品检验检测前，我们需要做好充分的准备工作，以确保实验的顺利进行。以下是一些基本的步骤和注意事项。

（1）材料准备。根据实验需求，准备所需的食品样品，并确保样品的代表性。同时，准备必要的实验器材和设备，如天平、试管、移液器、滴定管等。

（2）试剂准备。根据实验方法的要求，准备相应的试剂和溶液。确保试剂的纯度和浓度符合要求，并妥善保存。

（3）仪器准备。根据实验方法的要求，选择合适的仪器设备，如分光光度计、酸度计、气相色谱仪等。确保仪器处于良好状态，必要时对所用仪器进行准确校正。

（4）实验记录本。准备一个实验记录本，用于记录实验过程中的重要信息，如样品编号、实验方法、操作步骤、数据记录等。

（六）按所用方法规定采集样品

食品检验检测的准确性在很大程度上取决于样品的采集和处理。以下是一些基本的步骤和注意事项。

（1）选择合适的采样方案。根据食品的种类和性质，选择合适的采样方案。采样方案应考虑样品的均匀性、代表性以及可能存在的误差。

（2）采集样品。按照采样方案的要求，从食品中采集适量的样品。确保样品具有代表性，且不受污染。

（3）保存样品。将采集的样品妥善保存，以备后续分析。根据食品的性质和实验要求，选择合适的保存方法，如冷藏、冷冻等。

（4）运输样品。在运输样品的过程中，应确保样品的完整性和安全性。避免样品的污染、变质或损失。

（七）样品的处理、试液的制备、试剂的配制与保存

（1）样品的处理。首先，需要准确称取一定量的样品，根据样品的性质和检测目的，选择适当的处理方法。例如，对于液体样品，需要先进行离心或过滤等操作，以获得清晰的样品溶液。对于固体样品，可能需要将其研磨或破碎，以便检测。此外，对于需要保存的样品，应将其保存在适当的容器中，并标明保存条件和时间。

（2）试液的制备。在进行食品检验检测时，往往需要使用到各种试液，如缓冲液、试剂溶液等。这些试液需要按照规定的浓度和比例进行制备，以保证其质量和稳定性。制备试液时，需要注意避免污染和蒸发，并及时对试液进行标定和更换。

（3）试剂的配制与保存。食品检验检测中使用的各种试剂，需要按照规定的浓度和比例进行配制。对于一些特殊的试剂，还需要进行预处理或特殊保存。例如，对于易挥发的试剂，需要密封保存；对于易氧化的试剂，需要隔绝空气或添加稳定剂。此外，对于一些长期使用的试剂，需要定期进行标定，以确保其准确性和稳定性。

（八）样品的测定与数据记录

在进行食品检验检测时，样品的测定是一个关键步骤。首先，需要选择合适的检测方法，如光谱分析、滴定分析、色谱分析等。根据样品的性质和检测目的，选择适当的检测方法，并进行实验操作。在进行实验操作时，需要注意实验安全和实验环境的维护。同时，为了确保实验数据的准确性和可靠性，需要定期对实验设备进行校准和维护。

在测定完成后，需要对实验数据进行记录和分析。数据记录需要保证其准确性和完整性，同时需要进行必要的校对和复核。对于异常数据，需要进行进一步的分析和确认。数

据分析则需要根据检测目的和实验结果进行，以便更好地理解和解释实验结果。

（九）数据处理、分析结果的获得及评价

在食品检验检测过程中，数据处理和分析结果的获得及评价是至关重要的一步。为了确保结果的准确性和可靠性，我们需要遵循一系列严格的操作步骤。

（1）数据处理。在进行食品检验检测前，我们需要收集并整理所有相关的数据。这些数据可能包括样品采集时的环境参数、样品的物理性质、化学成分及微生物数量等。在进行数据处理时，我们应确保所有数据都经过正确的记录、分类和校对。

（2）分析结果的获得。通过使用适当的检测方法和设备，我们可以获得食品的各项指标，如营养成分、添加剂、微生物数量等。这些结果将直接影响我们对食品质量的评估。

（3）评价。在获得分析结果后，我们需要对其进行评价。这包括对结果的解释、与标准值的比较以及可能存在的误差分析。评价结果时应确保客观、公正，以便我们做出正确的决策。

（十）分析结果的报告

分析结果的报告是食品检验检测过程的重要组成部分，它应该准确、简洁地反映实验结果。报告中应包括以下内容：实验目的、样品信息、实验方法、实验结果、结论及建议。报告的撰写应遵循一定的规范，以确保其准确性和可靠性。

（十一）项目实施工作总结

项目实施工作总结是对整个食品检验检测过程的回顾和总结。它应包括实验的设计、实施过程、结果分析及最终的结论。通过工作总结，我们可以了解实验过程中的优点和不足，为今后的工作提供参考。

（十二）分析和全过程资料的存档

为了确保食品检验检测工作的可追溯性和安全性，我们需要对整个分析和检测过程进行存档。存档资料应包括实验设计文档、实验过程记录、检测报告、误差分析等相关文件。这些资料将有助于我们在需要时快速查找和回顾实验过程，同时能为未来的类似研究提供参考。

在进行食品检验检测时，我们应始终保持高度的专业素养和严谨的态度。通过遵循上述基本操作，我们可以确保食品检验检测结果的准确性和可靠性，为保障食品安全和公众健康提供有力的支持。

二、食品检验检测操作的注意事项

（一）处理异常情况

在食品检验检测过程中，可能会遇到各种异常情况，如样品污染、试剂错误、设备故障等。这些异常情况可能会影响检验结果的准确性，甚至导致实验失败。因此，在操作过程中，我们必须密切关注并及时处理这些异常情况。

（1）样品污染。如果发现样品被污染，应立即停止实验，并采取紧急措施。如更换样品或使用备用试剂。如果可能，应尽可能收集污染的样品以供后续分析。

（2）试剂错误。如果发现试剂错误，应立即停止实验，并检查所有试剂以确保没有其他错误。如果发现有错误，应立即更换正确的试剂并重新进行实验。

（3）设备故障。如果发现设备出现故障，应立即停止实验并检查设备。如果问题可以快速解决（如更换部件），则应尽快修复设备；如果问题无法快速解决，则应使用备用设备或进行实验并记录异常情况。

（二）维护实验环境

食品检验检测对环境的要求非常高，因为食品中的微量有害物质可能对环境产生敏感反应。因此，我们必须确保实验环境的维护工作做得足够好。

（1）确保实验室清洁。定期清理实验室，去除所有可能引起污染的残留物和废弃物。保持实验室内的空气流通，避免食物和液体溅出，并定期消毒以减少细菌和病毒的滋生。

（2）保持适宜的温度和湿度。食品检验检测需要在特定的温度和湿度条件下进行。确保实验室内的温度和湿度保持在规定的范围内，以免影响实验结果。

（3）避免交叉污染。在食品检验检测过程中，应避免不同实验之间的交叉污染。在完成一项实验后，应立即清理实验室并消毒设备，以确保下一个实验的环境清洁。

（4）保护个人健康。实验室工作人员应始终佩戴适当的个人防护装备，如手套、口罩、眼罩等。定期更换手套并清洗个人物品，以确保实验室内的细菌和病毒不会进入人体。

（三）控制实验质量

食品检验的实验质量控制是保证检验结果准确性的关键因素。以下是我们在进行食品检验时需要注意的一些质量控制事项。

（1）样品抽取与制备。确保样品具有代表性，并严格按照抽取方法进行。同时，对于需要进行实验室分析的样品，要进行合理的制备和处理，以保证结果的准确性。

（2）仪器设备。定期对仪器设备进行校准和维护，确保其性能稳定。在进行食品检验时，应避免使用已损坏的仪器设备。

（3）标准品与试剂。选择符合要求的标准品和试剂，并严格按照说明书进行配制和使用。注意有效期限，定期更换。

（4）实验室环境。保持实验室环境的整洁和适宜的温度、湿度等条件，避免环境因素对检验结果的影响。

（5）检验方法。选择符合要求的检验方法，并根据实际情况进行方法的验证和确认。对于新的检验方法，需要进行充分的实验验证。

（6）数据记录。对检验过程和结果进行详细记录，包括数据、图表、照片等信息，确保可追溯。

（四）实验安全管理

食品检验实验过程中存在一定的安全风险，因此实验安全是必须重视的问题。以下是在食品检验实验中需要注意的安全管理事项。

（1）实验室安全制度。严格执行实验室安全制度，遵守操作规程，避免意外事故发生。

（2）个人防护。在进行可能产生有害物质的实验时，应佩戴适当的防护用具，如口罩、护目镜、手套等。

（3）易燃易爆物品。实验室应妥善保管易燃易爆物品，并严格控制使用条件。如需进行易燃易爆食品的检验，应在专设的实验室进行。

（4）化学试剂管理。分类存放各种化学试剂，标签清晰，避免误用。特别是腐蚀性试剂，应避免直接接触。

（5）废弃物处理。对于实验过程中产生的废弃物，应按照规定进行分类和处理，避免环境污染。

（6）应急处理。对于可能发生的安全事故，如烫伤、割伤等，应提前制订应急处理方案。

（五）遵守操作规范

食品检验检测涉及许多复杂的化学和生物过程，每个步骤都有严格的操作规范。在操作过程中，必须严格按照实验室的SOP或相关法规进行，确保所有步骤的准确性和完整性。

（六）定期维护设备

设备是食品检验检测的重要工具，定期维护可以确保其性能和精度。设备的维护包括以下内容。

（1）清洁。定期清洁所有设备，去除表面的污垢和杂质。

（2）润滑。根据设备的使用情况和制造商的建议，定期进行润滑。

（3）检查。定期检查设备的各个部件，如管道、阀门、泵等，确保其正常工作。

（4）校准。对关键设备，如天平、pH计等，应定期进行校准，以确保其测量准确。

（5）更新部件。如果设备部件磨损或老化，应及时更换，以保证设备的性能。

食品检验检测是一个高度专业化的过程，需要仔细执行和谨慎处理。上述注意事项不仅保证了食品检验检测结果的准确性，还确保了实验室工作人员的健康和安全。在进行食品检验检测时，我们应当始终牢记这些注意事项，以确保食品安全和公共健康。

总之，食品检验检测是一项重要的工作，需要我们认真对待每一个环节。食品分析检验是一门实践性很强的课程，实验、实践环节占有很大的课时比例。因此，该课程要求每位学习者"好学多思，勤于实践"，从中不断汲取科学营养。在实验、实习等实践活动中，学习者要合理安排有关进程，要做到有的放矢，特别注意培养团队精神，培养团结互助、细心操作、认真观察、如实记录、爱护仪器、节约试剂、注意环境整洁、实事求是地处理数据和撰写实验报告的良好习惯，注意培养自己的职业道德和扎实的工作作风。

第四节　食品检验检测的方法类型

在当今食品安全日益受到重视的时代，食品检验检测成为一个至关重要的环节。它涉及从原料到成品的全过程，以确保食品的安全性和质量。其检验检测的方法如下。

一、感官检验检测法

食品检验检测是确保食品安全和品质的关键步骤，它涵盖了各种科学方法和技术，其中感官检验检测法是一种重要的方法。感官检验检测法主要依赖人的感觉器官，包括视觉、听觉、嗅觉和味觉，来评估食品的质量和特性。

（一）视觉检查

视觉检查是最基本的感官检验方法，它通过观察食品的外观，如颜色、质地、大小、形状等，来判断食品的新鲜度、完整性、是否存在瑕疵或缺陷。这种方法对于许多食品类型,如新鲜蔬果、面包、肉类等,都非常有效。

(二)听觉检查

听觉检查是一种辅助的感官检验方法,它通过听食品发出的声音来判断其质地和新鲜度。例如,新鲜的肉类会发出清脆的声音,而过度烹饪的肉类则会发出软绵的声音。这种方法对于判断肉类的新鲜度特别有用。

(三)嗅觉检查

嗅觉检查是另一种感官检验方法,它通过嗅闻食品的气味来判断其品质。新鲜的蔬果和肉类通常会散发出自然的气味,而变质或过期的食品则会散发出令人不愉快的气味。这种方法对于判断食品的新鲜度和是否过期非常有效。

(四)味觉检查

味觉检查是感官检验的最后但并非最不重要的一种方法。通过直接品尝食品,可以判断其味道、口感和是否变质。这种方法对于判断饮料、调味品和某些特定食品特别有用。然而,在进行味觉检查时,必须确保食品没有受到污染或添加剂的影响,以避免对味觉造成损害。

总的来说,感官检验检测法是一种简单且实用的方法,它能够直接、快速地评估食品的质量和特性。然而,感官检验并不是唯一的食品检验方法,其他方法如理化分析、微生物检测等也在食品检验中发挥着重要作用。在实践中,感官检验通常与其他方法结合使用,以提供更全面、更准确的食品检验结果。

二、物理检验检测法

食品检验检测是保障食品安全和品质的重要环节,它涉及从原料到成品,从生产到销售的全过程。其中,物理检验检测法是一种重要的检测方法,它通过观察、测量和识别来评估食品的物理性质和特征。下面将详细介绍几种在食品检验中常见的物理检验检测法。

(一)密度梯度管法

密度梯度管法是一种利用密度梯度技术测定食品物质密度的检测方法。它适用于测量液态食品的密度,以确定其成分和品质。该方法首先在管内制备一个密度逐渐变化的梯度,然后将食品样品放入管内,通过测量样品在梯度中的位置来确定其密度。这种方法可以用于检测食品中的水分、脂肪、蛋白质等成分,为食品安全和质量提供重要依据。

（二）光学显微镜法

光学显微镜法是一种利用显微镜观察食品样品的方法。它适用于检测较大规模的食品品质问题，如微生物污染、异物存在等。通过显微镜，可以观察食品表面的形态、结构、颜色等特征，从而判断是否存在异常。这种方法对于肉制品、乳制品、谷物制品等食品的检验尤为有效。

（三）X射线分析法

X射线分析法是一种利用X射线透视食品样品，分析其内部结构的方法。它可以用于检测食品中的异物、微生物、矿物质等成分。通过X射线的穿透能力和反射能力，可以清晰地看到食品内部的形态和结构，从而判断食品的安全性和品质。这种方法对于检测食品中的微小异物和微生物特别有效。

（四）色差计法

色差计法是一种用于测量食品颜色的方法。它可以通过测量食品表面的颜色，评估其新鲜程度、品质和安全性。色差计法使用专业的仪器设备，通过测量食品表面的反射光强度和颜色波长，来计算食品颜色的差异。这种方法对于水果、蔬菜等食品的检验尤为重要，因为颜色的变化可以反映出食品的新鲜程度和品质。

物理检验检测法是一种重要的食品检验方法，它通过观察、测量和识别来评估食品的物理性质和特征。这里介绍了密度梯度管法、光学显微镜法、X射线分析法和色差计法四种常见的物理检验检测法。这些方法在食品安全和质量保障方面发挥着重要作用，为消费者提供安全、健康的食品。然而，随着科技的发展，未来可能会有更多先进的物理检验检测方法出现，因此我们需要进一步提高食品检验的准确性和效率。

三、化学检验检测法

随着食品工业的快速发展，食品检验检测的重要性日益凸显。在众多检验检测方法中，化学检验检测法是一种广泛应用的手段，它利用化学原理和方法对食品进行定性、定量分析，从而实现对食品质量的全面把控。

（一）化学检验检测法的原理

化学检验检测法基于化学反应，通过测定食品中特定成分的含量、性质和变化，来判断食品的质量状况。它包括定性分析和定量分析两个主要方面，能够有效地检测出食品中的有害物质、营养成分及添加剂等。

（二）化学检验检测法的应用

1.有害物质检测

化学检验法可以检测食品中的有害物质，如农药残留、重金属、毒素、添加剂等。通过使用特定的化学试剂和仪器，可以准确地判断食品中这些有害物质的含量是否超标，从而保障食品安全。

2.营养成分检测

化学检验法可以检测食品中的营养成分，如糖分、蛋白质、脂肪、维生素等。通过测定这些成分的含量，可以了解食品的营养价值，为人们的饮食提供科学依据。

3.添加剂检测

化学检验法还可以检测食品中的添加剂，如防腐剂、着色剂、甜味剂等。通过测定这些添加剂的种类和含量，可以确保食品添加剂的使用符合国家标准，保障食品的安全和卫生。

（三）化学检验检测法的优势

化学检验检测法具有准确度高、灵敏度高、适用范围广等优势。它不仅可以对多种成分进行同时检测，还能在短时间内得到结果，为食品生产和监管部门提供科学依据。

（四）注意事项

虽然化学检验检测法具有诸多优势，但在实际应用中仍需注意一些问题。首先，操作人员需要具备相应的专业知识和技能，以确保检验结果的准确性和可靠性。其次，实验室环境需要严格控制，以避免外部因素对检验结果的影响。最后，对于特殊食品或样品，可能需要采用特定的化学试剂和仪器，因此需要选择合适的设备和试剂。

总之，化学检验检测法是食品检验检测的重要手段之一，具有广泛的应用前景和重要的现实意义。在实际应用中，我们需要根据具体情况选择合适的试剂和仪器，确保检验结果的准确性和可靠性。同时，我们也应关注食品安全问题，加大食品监管力度，为人民群众的饮食安全提供有力保障。

四、仪器检验检测法

随着食品工业的快速发展，食品检验检测的重要性日益凸显。仪器检验检测法作为一种先进的食品检验方法，具有高效、准确、可靠等优点，现已成为食品检验领域的重要手段。下面将详细介绍仪器检验检测法在食品检验中的应用及其优势。

（一）仪器检验检测法的原理

仪器检验检测法主要依赖于各种精密的仪器和设备进行食品的检测。这种方法的特点是准确度高、灵敏度高、操作简便。常见的仪器检验检测法包括以下几个。

（1）原子荧光光度法（AFS）。用于检测食品中的微量元素，如砷、汞、铅等有毒物质。

（2）高效液相色谱法（HPLC）。用于检测食品中的农药残留、兽药残留、色素、氨基酸等物质。

（3）气相色谱法（GC）。用于检测食品中的挥发性有机物、脂肪、农药等物质。

（4）质谱法（MS）。用于检测食品中的蛋白质、核酸、有机酸等复杂物质，具有很高的灵敏度和分辨率。

（二）仪器检验检测法的应用

（1）农药残留检测。仪器检验检测法可以快速准确地检测食品中的农药残留，为消费者提供安全可靠的食品。例如，通过质谱仪对水果、蔬菜等食品中的有机磷和有机氯农药进行检测，可以有效地预防农药残留对人体造成的危害。

（2）食品添加剂检测。仪器检验检测法可以检测食品中的各种添加剂，如防腐剂、着色剂、甜味剂等。通过光谱分析仪、色谱仪等设备，可以快速准确地检测食品添加剂的种类和含量，保障食品的安全性。

（3）营养成分检测。仪器检验检测法可以检测食品中的各种营养成分，如蛋白质、脂肪、碳水化合物、维生素等。通过质谱仪、光谱分析仪等设备，可以快速准确地测定食品中各种营养成分的含量，为消费者提供营养均衡的食品。

（三）仪器检验检测法的优势

（1）高精度。仪器检验检测法具有高精度、高准确度的特点，能够准确测定食品中的各种成分和含量，避免人为误差和主观判断的影响。

（2）快速高效。仪器检验检测法可以通过自动化操作实现快速高效的检测，大大缩短了食品检验的时间，提高了检验效率。

（3）适应性强。仪器检验检测法可以适应各种不同类型的食品和不同种类的成分检测，具有广泛的适用性。

（4）可靠性高。仪器检验检测法采用先进的设备和技术，能够避免人为干扰和环境因素的影响，具有较高的可靠性。

（四）注意事项

在进行仪器检验检测时，需要注意以下几点。

（1）确保仪器的准确性和可靠性，定期进行校准和检定。

（2）根据食品的特性和目标物质的性质选择合适的检测方法。

（3）严格按照仪器操作规程进行操作，避免对仪器造成损害。

（4）对检测结果进行有效的记录和分析，确保数据的准确性和可靠性。

综上所述，仪器检验检测法在食品检验中具有重要的作用和优势，能够快速、准确、可靠地检测食品中的各种成分和含量，为保障食品安全和消费者权益提供有力的支持。未来，随着科技的不断进步和仪器设备的更新换代，仪器检验检测法将在食品检验领域发挥更大的作用。

五、微生物检验检测法

随着食品工业的快速发展，食品安全问题日益受到人们的关注。食品微生物检验检测法作为保障食品安全的重要手段，已经成为食品生产、加工、运输和销售等各个环节中不可或缺的一部分。下面将详细介绍食品微生物检验检测法的基本原理、操作步骤及应用范围，以期提高公众对食品安全的认识和重视。

（一）食品微生物检验检测法的基本原理

食品微生物检验检测法主要通过微生物的生长繁殖、毒素产生等特性，来判定食品是否存在污染、变质等问题。其基本原理主要包括显微镜观察、培养基培养、生化试验等方法。其中，显微镜观察可用于观察细菌、霉菌等微生物形态；培养基培养可根据微生物的种类和数量，判断食品是否受到污染；生化试验则可通过特定酶活性的检测，进一步确定食品是否存在潜在危害。

常见的微生物检验检测方法包括以下几种。

（1）显微镜观察。通过显微镜观察食品中的细菌、霉菌等微生物，判断食品的卫生状况。

（2）培养基培养。利用特定的培养基培养食品中的微生物，根据微生物的生长情况和数量判断食品的质量。

（3）微生物计数。通过计数微生物的数量，判断食品的新鲜程度和卫生状况。

在进行微生物检验检测时，需要注意以下几点。

（1）选择合适的培养基和培养条件，确保微生物的准确计数。

（2）对培养结果进行科学的分析和判断，确保数据的准确性和可靠性。

（3）对于不合格的食品，应当及时进行销毁或采取其他必要的措施，避免被微生物污染的食品流入市场。

（二）食品微生物检验检测法在食品安全中的应用

食品微生物检验检测法在食品安全中具有广泛的应用。首先，它可以检测食品中是否存在致病微生物，如沙门氏菌、大肠杆菌等，以确保食品的安全性。其次，通过监测食品中的霉菌数量和种类，可以预防食物中毒等食品安全事件的发生。最后，食品微生物检验检测法还可以用于评估食品的新鲜程度、保质期等，为消费者提供可靠的购买参考。

食品微生物检验检测法是保障食品安全的重要手段之一，其基本原理、操作步骤和实际应用在食品安全中具有重要作用。然而，值得注意的是，尽管微生物检验检测方法在一定程度上可以检测出食品中的有害物质，但仍需要结合其他食品安全标准和方法进行综合评估。此外，为了确保食品安全，我们还需加大食品安全教育和监管力度，提高公众对食品安全的认识和重视程度。

总之，食品微生物检验检测法是保障食品安全的重要手段之一。其应用范围广泛，对于维护公众健康和促进食品工业健康发展具有重要意义。未来 随着科技的不断进步和应用，相信食品微生物检验检测方法将会更加精准、高效，为保障食品安全做出更大的贡献。

六、生物化学检验检测法

在现代社会，食品安全问题日益受到人们的关注。为了确保食品的质量和安全，食品检验检测是关键的一环。其中，生物化学检验检测法是一种重要的方法，它利用生物化学原理和技术，对食品进行全面、准确的检测。下面将详细介绍生物化学检验检测法的基本原理、应用范围、优势及实施步骤。

（一）基本原理

生物化学检验检测法主要基于生物化学反应，通过测定食品中的特定物质，如蛋白质、糖类、脂肪等，来判断食品的质量和安全性。这种方法可以检测出食品中的有害物质，如农药残留、重金属、致病菌等，从而为食品安全提供有力的保障。

（二）应用范围

生物化学检验检测法广泛应用于食品的各个方面，包括农产品、乳制品、肉类、粮油制品等。对于新鲜水果和蔬菜，可以通过检测其中的农药残留和微生物数量来判断其新鲜程度和质量；对于乳制品，可以通过检测其中的细菌数量和毒素来判断其是否符合食品安全标准；对于肉类制品，可以通过检测其中的兽药残留和微生物数量来判断其是否符合卫生标准。

（三）优势

生物化学检验检测法的优势在于其准确性和灵敏度较高。由于其可以检测出食品中的有害物质，因此可以有效预防食品安全问题的发生。此外，该方法还可以实现快速检测，节省时间和成本，为食品生产企业提供有力支持。

（四）实施步骤

生物化学检验检测法的实施主要包括以下几个步骤。

（1）样品采集。根据检验目的和要求，选择具有代表性的样品进行采集。

（2）样品处理。对采集的样品进行预处理，如破碎、匀浆、过滤等，以便后续检测。

（3）试剂准备。根据检测方法的要求，准备相应的试剂和溶液。

（4）检测分析。根据所选方法进行生物化学反应，通过观察反应结果来判断食品的质量和安全性。

（5）结果分析。根据检测结果进行数据分析和解读，并得出最终结论。

生物化学检验检测法是一种重要的食品检验方法，具有较高的准确性和灵敏度。通过合理运用该方法，可以有效预防食品安全问题的发生，保障人民群众的身体健康和生命安全。在实际应用中，我们需要根据具体情况选择合适的检测方法，并严格按照操作规程进行操作，以确保检验结果的准确性和可靠性。

总的来说，食品检验检测的方法多种多样，每种方法都有其独特的优点和局限性。在实际应用中，我们应该根据食品的种类、性质和目标检测的物质来选择合适的检验方法，以达到最佳的检验效果。同时，我们应该加强对检验方法的研发和应用，以提高检验的准确性和效率，从而更好地保障食品安全和公众健康。

未来的食品检验检测技术也将随着科技的发展而不断进步。例如，人工智能和机器学习等先进的技术手段，可以用于预测食品的质量和安全性，提高检验的准确性和效率。此外，一些新型的生物传感技术、纳米技术等也在食品检验领域得到了广泛应用。因此，我们期待未来有更多的创新技术应用于食品检验检测领域，为保障食品安全和公众健康做出更大的贡献。

第五节　食品检验检测的方法选择

一、食品检验检测方法的选择策略

食品是人类生存和发展的基本物质，其安全性和质量直接关系到人们的健康和生活质量。因此，食品检验检测是保障食品安全和质量的重要手段。在众多的食品检验检测方法中，如何选择合适的检测方法，以达到最佳的检测效果，是每个食品检验机构必须面对的问题。下面将就食品检验检测方法的选择策略进行探讨。

（一）根据食品类型选择检验检测方法

对于不同的食品类型，我们需要采用不同的检验检测方法。例如，对于乳制品，我们通常会使用酶联免疫吸附试验（ELISA）或高效液相色谱法（HPLC）来检测其中的有害物质；对于谷物和面粉，我们可能会使用原子吸收光谱法（AAS）或气相色谱法（GC）来检测农药残留；对于肉类和鱼类，我们可能会使用聚合酶链式反应（PCR）技术来检测病原菌。

（二）根据污染物质选择检验检测方法

除根据食品类型选择检验检测方法外，我们还需要根据可能存在的污染物质来选择合适的检测方法。例如，对于重金属污染，我们可能会使用原子荧光光谱法（AFS）或电感耦合等离子体质谱法（ICP-MS）；对于农药残留，我们可能会使用气相色谱-质谱联用（GC-MS）或液相色谱-质谱联用（LC-MS）等方法。

此外，针对食品中的微生物污染，我们需要采用不同的检测方法。对于细菌总数，我们可能会使用平板计数法；对于致病菌，我们可能会使用免疫学方法，如荧光酶抗体技术或聚合酶链式反应（PCR）技术；对于病毒，可能需要采用更复杂的病毒培养法或基于核酸的方法，如逆转录聚合酶链式反应（RT-PCR）。

（三）根据实验室条件选择检验检测方法

实验室条件包括实验室设备、技术人员的专业水平、实验环境等因素。根据实验室条件选择检验检测方法时，应考虑以下几点。

（1）设备精度与适用性。实验室设备是进行食品检验检测的基础设施，设备的精度和适用性直接影响检验结果的准确性。因此，在选择设备时，应考虑设备的精度、稳定性、适用范围等因素，以确保所选设备能够满足检验检测的需求。

（2）技术人员的专业水平。食品检验检测涉及的领域广泛，包括化学、生物、物理等。因此，实验室应具备一支专业水平高、经验丰富的技术团队。根据实验室技术人员的专业背景和经验，选择适合的检验检测方法，以确保检验结果的可靠性。

（3）实验环境。食品检验检测对实验环境的要求较高，如温度、湿度、无尘等。实验室应确保实验环境的适宜性，以满足食品检验检测的需求，确保检验结果的准确性。

基于以上实验室条件的选择策略，我们可以根据实际情况选择不同的食品检验检测方法，如化学分析法、光谱分析法、色谱分析法等。在选择检验方法时，应根据实验室的具体情况，结合食品样品的性质和特点，选择最适合的检验方法。

（四）根据时间要求选择检验检测方法

食品检验检测的时间要求通常包括样品采集、运输、处理和报告等环节。根据时间要求选择检验检测方法时，应考虑以下几点。

（1）样品处理速度。不同的食品检验检测方法所需的时间不同。在时间紧迫的情况下，应优先考虑能够快速完成检验的检测方法。快速检测方法如免疫分析法、酶联免疫吸附试验（ELISA）等具有较高的检测速度和灵敏度，适用于时间要求较高的食品检验检测工作。

（2）报告时间要求。食品检验检测报告的时间要求也会影响检验方法的选取。如果需要在短时间内出具报告，则应选择能够快速得出结果的检验方法；如果需要较长时间进行报告编制，则可以根据实际情况选择更全面、更准确的检验方法。

基于时间要求的选择策略，我们可以根据实际情况选择不同的食品检验检测方法，如现场快速检测方法、常规检测方法、定期抽检等。在实际工作中，应根据具体情况进行灵活调整，以满足时间要求。

（五）根据食品样品的性质与特点选择检验检测方法

食品样品的性质和特点直接决定了其适合何种检验检测方法。

首先，要了解食品样品的成分、来源、保存条件等信息，以确定适合的检测项目和检测方法。例如，对于新鲜水果和蔬菜，可能会需要进行农药残留检测；对于肉类产品，可能会需要进行兽药残留检测；对于乳制品，可能会需要进行微生物检测等。

其次，不同的食品样品可能需要使用不同的前处理方法。例如，对于液体样品，可能需要使用离心或过滤的方法进行分离；对于固体样品，可能需要使用研磨或粉碎的方法进行破碎。此外，对于一些复杂的食品样品，可能需要使用色质联用技术、液质联用技术等更高级的检测方法。

（六）根据成本效益选择检验检测方法

除根据食品样品的性质和特点选择检验检测方法外，还需要根据成本效益选择合适的检测方法。

首先，需要根据实验室的设备和技术能力来选择适合的检测方法。如果实验室有足够的设备和技术能力，可以选择一些高精度、高效率的检测方法；如果实验室的设备和技术能力有限，则需要考虑使用一些简单、易操作的方法，同时要注意方法的准确性和可靠性。

其次，在选择检测方法时，还需要考虑检测成本。一些昂贵的检测方法可能需要更高的成本，但是它们可以提供更高的准确性和可靠性，同时减少误检和漏检的风险。因此，在选择检测方法时，需要综合考虑成本和效益，选择最合适的检测方法。

食品检验检测方法的选择策略对于食品检验检测工作至关重要。选择合适的检测方法不仅可以提高工作效率和准确性，还可以降低成本，提高实验室的经济效益和社会效益。因此，在选择检测方法时，需要根据客观情况来选择合适的检验检测方法，并确保实验室的操作符合相关标准和技术规范，以提供准确和可靠的检测结果。

二、食品检验检测方法选择的注意事项

食品检验检测是保障食品安全和质量的关键环节，而选择合适的检测方法则是这一过程的基础。在选择食品检验检测方法时，需要注意一些重要的注意事项。下面将围绕这三个注意事项展开讨论。

（一）了解各种检验检测方法的适用范围与局限性

食品检验检测方法多种多样，包括理化分析、仪器分析、生物测定等方法。每种方法都有其特定的适用范围和局限性。因此，在选择检测方法时，首先要了解各种方法的适用范围，以确保所选方法能够满足检验需求。例如，对于某些化学成分的检测，理化分析方法可能更为适用；而对于微生物检测，生物测定方法可能更为合适。同时，要了解各种方法的局限性，避免使用不适合的方法导致检验结果不准确。

（二）定期更新知识，掌握新技术

食品检验检测方法不断更新换代，新技术、新设备层出不穷。因此，要保持对食品检验检测新技术的关注，需要及时更新知识，掌握新的检测方法和技术。这样不仅可以提高

检验效率，而且能提高检验准确性。例如，近年来兴起的免疫分析法、生物传感技术等，具有高灵敏度、高特异性等优点，可以用于一些传统方法无法检测的物质。

（三）确保实验安全，保障实验质量

在食品检验检测过程中，实验安全至关重要。在进行食品检验检测时，要严格按照操作规程进行，避免因操作不当而发生安全事故。同时，要选择合适的实验设备，确保设备性能稳定，避免因设备问题影响实验结果。此外，还要注重实验环境的卫生和整洁，确保实验结果的准确性。

总之，食品检验检测方法的选择策略是保障食品安全和质量的重要手段。在实际工作中，应根据实际情况和需求，综合考虑食品类型、污染物类型、实验室条件、时间要求和成本效益等因素，选择合适的检测方法，以确保食品安全和质量。同时，我们应该关注食品检验检测技术的最新发展，不断学习和掌握新的检验方法和技术，以提高食品检验检测工作的质量和效率。在实际操作中，实验室应依据国家相关标准和技术规范进行操作，并确保检测结果的准确性和可靠性。对于新出现的食品安全问题，实验室应及时更新检测方法和技术，以适应不断变化的食品安全挑战。

第二章　样品预处理技术

第一节　原料前处理

在食品加工的过程中，原料的前处理是至关重要的步骤，它直接影响最终产品的质量、口感和安全性。

一、食品原料前处理概述

（一）食品原料前处理的定义

食品原料前处理是食品加工过程中的一个重要环节，其主要任务是对原始食材进行一系列的处理操作，以使其达到适合进一步加工、储存和使用的状态。这一环节涵盖了清洗、挑选、切割、破碎、浸泡、蒸煮等多种物理和化学方法，旨在去除原料中的杂质、农药残留、微生物等不利因素，同时提高原料的加工性能和产品质量。

（二）食品原料前处理的重要性

食品原料前处理对于食品加工行业的意义重大，主要体现在以下几方面。

（1）提升食品安全。前处理能够去除原料中的有害物质，如农药残留、重金属、微生物等，从而显著降低食品安全风险，保障消费者的健康。

（2）提高加工效率。经过前处理的原料更易于后续的加工操作，如切割、搅拌、混合等，从而提高了生产效率，降低了生产成本。

（3）优化产品质量。前处理能够改善原料的物理和化学性质，如色泽、口感、营养成分等，从而提升产品的整体质量，满足消费者的需求。

（4）延长产品保质期。通过原料前处理，可以有效抑制微生物的生长繁殖，延长食品的保质期，减少浪费，提高经济效益。

此外，食品原料前处理也是实现食品加工工业可持续发展的重要手段。通过科学合理的前处理方法，可以最大限度地保留原料的营养成分和风味特点，同时减少对环境的影响，实现资源的有效利用。

综上所述，食品原料前处理在食品加工过程中扮演着至关重要的角色。通过对其进行深入的研究和实践应用，可以不断提升食品加工行业的整体水平，为消费者提供更加安全、健康、美味的食品。

二、原料前处理技术

（一）原料的除杂、洗涤、切割

对原料除杂、洗涤和切割能够确保原料的纯净度、卫生状况和适宜加工性。

1.原料的除杂

除杂的目的是去除原料中的杂质，如石子、泥土、叶子等，以保证原料的纯净度。除杂的方法多种多样，可以根据原料的种类和特性来选择合适的方法。

对于谷物类原料，通常采用风选、筛选等方法。风选利用风力将原料中的轻杂质吹走，筛选则通过不同规格的筛网去除大小不一的杂质。

对于果蔬类原料，人工挑选是较为常见的方法，通过目视和手触的方式将杂质挑出。

除杂过程中需要注意避免对原料造成损伤，同时确保操作环境的卫生状况，以防止二次污染。

2.原料的洗涤

洗涤旨在去除原料表面的污垢、农药残留和微生物等，以提高原料的卫生和安全性。洗涤方法的选择同样需要根据原料的特性来确定。

对于果蔬类原料，常用的洗涤方法有浸泡、喷淋和高压水枪冲洗等。浸泡可以去除原料表面的部分污垢和农药残留，喷淋则通过水流冲刷去除残留物，高压水枪冲洗则能更有效地去除难以清洗的污垢。

对于谷物类原料，通常采用水洗法，通过水流冲刷去除表面的尘土和杂质。洗涤过程中需要注意控制水温、洗涤时间和洗涤剂的用量，以避免对原料造成不良影响。

3.原料的切割

切割的目的是将原料加工成适合后续加工的形态和大小。切割方法的选择应根据产品的需求、原料的特性和加工设备的性能来确定。

对于果蔬类原料，切割方式多样，如切片、切丝、切块等。这些切割方式可以根据产品的需求进行调整，以得到最佳的口感和外观。同时，切割过程中需要注意保持刀具的锋利和清洁，以防止对原料造成损伤和污染。

对于肉类原料，切割方式则更为复杂，需要根据不同的部位和用途进行精细化处理。例如，对于制作肉酱的原料，需要将其切成小块以便更好地搅拌和炖煮；而对于制作肉排的原料，则需要保持其原有的形态和厚度。

原料的切割不仅会影响到产品的形态和口感，还直接关系到后续加工过程的效率和产品质量。因此，在切割过程中需要严格控制操作规范和卫生条件，确保原料的纯净度和安全性。

原料的除杂、洗涤和切割是食品样品预处理中不可或缺的三个环节。这些环节的有效实施对于提高食品质量、保障食品安全以及提升加工效率具有重要意义。在实际操作中，我们需要根据原料的特性和产品的需求选择合适的处理方法，并严格遵循操作规范和卫生要求，以确保原料前处理的效果达到预期目标。

（二）原料的干燥

在食品科学与工程领域，样品预处理是确保实验准确性和可靠性的关键步骤。其中，原料的干燥是预处理过程中的重要环节，它不仅能够去除原料中的多余水分，还能有效防止微生物的生长，从而延长食品的保质期。下面将重点探讨食品样品预处理中原料的干燥技术及其重要性。

1.原料干燥的目的与意义

原料干燥的主要目的是去除食品中的自由水和部分结合水，使食品的水分含量达到特定的安全标准或工艺要求。通过干燥处理，食品的重量和体积得以减小，便于后续的加工、运输和储存。同时，干燥还能提高食品的保藏性能，降低腐败变质的风险，保证食品的品质和安全。

2.常用的原料干燥技术

（1）自然干燥。利用自然条件如阳光、风和空气进行干燥。这种方法成本低、操作简便，但干燥周期长，且易受天气条件影响。

（2）热风干燥。通过加热空气并将其吹过食品表面，使食品中的水分蒸发。这种方法干燥速度较快，但可能导致食品营养成分损失。

（3）真空干燥。在真空环境下对食品进行加热干燥。这种方法可以降低干燥温度，减少营养成分的损失，但设备成本较高。

（4）微波干燥。利用微波对食品进行加热，使食品内部的水分迅速蒸发。这种方法干燥速度快，但可能导致食品局部过热。

3.原料干燥技术的优化与改进

为了提高原料干燥的效果和效率，研究者需要不断对干燥技术进行优化和改进。例如，通过调整干燥温度、湿度和风速等参数，可以实现对干燥过程的精确控制；采用联合干燥技术，如热风与真空联合干燥、微波与热风联合干燥等，可以充分发挥各种干燥技术的优势，提高干燥效果。此外，还可以利用现代智能控制技术，如模糊控制、神经网络控制等，实现对干燥过程的自动化和智能化控制。

4.原料干燥技术的应用与展望

原料干燥技术在食品加工、农产品储藏、中药材炮制等领域具有广泛的应用。随着科技的进步和消费者对食品品质要求的提高，原料干燥技术将朝着更加高效、环保、智能化的方向发展。未来，我们可以期待更多新型干燥技术的出现，如太阳能干燥、红外线干燥等，这些技术将为食品样品预处理提供更加多样化和高效的选择。

总之，原料的干燥作为食品样品预处理的重要环节，对于保证食品品质和安全性具有重要意义。通过不断优化和改进干燥技术，我们可以提高食品的保藏性能，降低生产成本，满足消费者对高品质食品的需求。

（三）原料的粉碎

原料的粉碎作为前处理的关键步骤之一，对确保分析结果的准确性和可靠性具有不可替代的作用。下面将深入探讨食品样品原料粉碎的目的、方法、注意事项及其在食品分析中的应用。

1.原料粉碎的目的

原料粉碎的主要目的是将样品转化为适合分析检测的形式。通过粉碎，可以使样品颗粒度变小，增加样品的表面积，从而更利于后续提取和分析过程中的物质传递与反应。此外，粉碎还可以使样品更加均匀，减少分析时的误差。

2.原料粉碎的方法

原料粉碎的方法多种多样，常见的有机械粉碎、冷冻粉碎、超声波粉碎等。机械粉碎主要利用旋转刀片或球磨机等设备对样品进行物理破碎；冷冻粉碎则是通过低温使样品变脆，再进行破碎；超声波粉碎则是利用超声波的能量对样品进行破碎。不同的方法适用于不同的样品类型和需求，需要根据实际情况进行选择。

3.原料粉碎的注意事项

在进行原料粉碎时，需要注意以下几点。

（1）选择合适的粉碎设备，确保设备的清洁和卫生，避免交叉污染。

（2）控制粉碎的颗粒度，根据分析要求选择合适的粉碎程度。

（3）注意样品的稳定性和挥发性，避免在粉碎过程中发生化学反应或损失目标物质。

（4）对于含有坚硬物质的样品，需进行预处理以避免损坏粉碎设备。

4.原料粉碎在食品分析中的应用

原料粉碎在食品分析中具有广泛的应用。例如，在营养成分分析中，通过粉碎可以使样品中的营养成分更容易被提取和测定;在有害物质的检测中,粉碎可以增加样品的表面积,提高检测灵敏度和准确性;在食品微生物检测中,粉碎可以破坏样品的组织结构,使微生物更易被分离和鉴定。

综上所述,原料的粉碎作为食品样品前处理的关键步骤,对确保食品分析结果的准确性和可靠性具有重要意义。在操作中,我们需要根据样品的特点和分析需求选择合适的粉碎方法和设备,并严格控制操作过程,以确保分析结果的准确性和可靠性。

(四) 生物酶解处理法

随着现代食品工业的快速发展,食品样品原料的前处理技术在提高产品质量、优化生产流程及保障食品安全等方面发挥着越来越重要的作用。其中,生物酶解处理法以其高效、环保和专一性强的特点,在食品原料前处理中得到了广泛应用。

生物酶解处理法是利用酶的生物催化作用,将食品原料中的大分子物质如蛋白质、淀粉、纤维素等降解成小分子物质的过程。这种处理方法不仅提高了原料的利用率,而且有助于改善食品的营养价值和口感。

在具体应用中,生物酶解处理法通常包括酶的选择、酶解条件的优化以及酶解产物的分离纯化等步骤。首先,根据原料的成分和酶的特性,选择适合的酶进行酶解。例如,对于富含蛋白质的原料,可选用蛋白酶进行水解;对于富含淀粉的原料,则可选用淀粉酶进行处理。其次,通过调整酶解的温度、pH、酶用量和酶解时间等条件,实现酶解过程的优化,提高酶解的效率和产物的质量。最后,对酶解产物进行分离纯化,去除杂质,得到所需的食品成分或添加剂。

生物酶解处理法在食品工业中的应用具有诸多优势。首先,酶解过程通常在温和的条件下进行,这样有利于保留原料中的营养成分和风味物质。其次,酶解反应具有较高的专一性,能够有针对性地降解原料中的特定成分,从而实现对原料的精准利用。最后,生物酶解处理法还具有环保性,酶作为生物催化剂,其反应过程无须添加化学试剂,因而减少了废弃物的产生和对环境的污染。

然而,生物酶解处理法在实际应用中仍面临一些挑战。例如,酶的稳定性和活性容易受到温度、pH等环境因素的影响,因此需要在酶解过程中严格控制这些条件。此外,酶的制备和纯化成本较高,也是制约其广泛应用的因素之一。

针对这些挑战,未来的研究可以从以下几方面进行改进和优化:一是开发具有更高稳定性和活性的酶制剂,提高酶解效率和产物质量;二是优化酶解工艺,降低酶解成本,提高生产效率;三是探索生物酶解处理法与其他前处理技术的结合应用,以充分发挥各自的优势,实现食品原料的高效利用和产品的品质提升。

总之,生物酶解处理法作为一种高效、环保的食品样品原料前处理技术,在食品工业中具有广阔的应用前景。随着技术的不断进步和优化，相信其在未来的食品生产中会发挥更加重要的作用，推动食品工业的可持续发展。

（五）脱脂处理

在食品工业中，原料的预处理是确保产品质量、口感和安全性的关键步骤。其中，脱脂处理作为一种常见的原料前处理方法，在食品生产过程中发挥着不可或缺的作用。下面将对脱脂处理的原理、方法、应用及其影响进行详细的探讨。

1.脱脂处理的原理

脱脂处理主要是通过物理或化学方法，将食品原料中的脂肪去除或降低其含量的过程。脂肪在食品中虽然为食品提供了丰富的口感和风味，但在某些情况下，如制作低脂食品、提取其他营养成分或满足特定工艺需求时，就需要对原料进行脱脂处理。

2.脱脂处理的方法

（1）机械脱脂法。利用离心机、压榨机等机械设备将原料中的脂肪分离出来。这种方法适用于脂肪含量较高、易于分离的原料，如动物脂肪和某些植物油。

（2）化学脱脂法。通过添加化学试剂，如酸、碱或有机溶剂，使脂肪溶解或分解，从而实现脱脂。这种方法适用于脂肪含量较低或难以通过机械方法分离的原料。

（3）酶法脱脂。利用脂肪酶催化脂肪水解成甘油和脂肪酸，从而实现脱脂。这种方法具有反应条件温和、对营养成分破坏小的优点。

3.脱脂处理的应用

（1）低脂食品生产。脱脂处理是制作低脂食品的关键步骤，如低脂牛奶、低脂奶酪、低脂饼干等。这些产品满足了消费者对健康饮食的需求，有助于减少脂肪摄入，降低心血管疾病的风险。

（2）营养成分提取。脱脂处理有助于从食品原料中提取其他营养成分，如蛋白质、淀粉等。这些成分可进一步用于制作功能性食品、食品添加剂或作为其他工业原料。

（3）改善加工性能。脱脂处理可以降低食品原料的脂肪含量，改善其加工性能，如提高面团的延展性、降低烘焙食品的油腻感等。

4.脱脂处理的影响

虽然脱脂处理在食品工业中具有广泛的应用，但它也可能对食品的品质和营养价值产生一定的影响。首先，脱脂过程中可能导致部分营养成分的损失，如脂溶性维生素（如维生素A、D、E和K）可能会随脂肪一同被去除。其次，脱脂处理可能影响食品的口感和风味，因为脂肪在食品中起着增加口感丰富度和风味的作用。

为了减轻这些影响，食品工业在脱脂处理过程中需要采用合适的工艺参数和操作条件，尽可能保留食品中的营养成分和口感。此外，对于需要脱脂处理的食品原料，还可以考虑采用温和的脱脂方法（如酶法脱脂），以减少对食品品质的负面影响。

总之，脱脂处理作为食品样品原料前处理的一种重要方法，在食品工业中具有广泛的应用前景。通过合理选择脱脂方法和控制处理条件，可以实现对食品原料的有效脱脂，同时保留其营养成分和口感，为生产高质量、健康美味的食品提供有力保障。

第二节　提取法与分子蒸馏技术

一、提取法

在食品分析领域，样品预处理是确保分析准确性和可靠性的关键步骤。其中，提取法作为一种常用的预处理技术，被广泛应用于各类食品成分的分析中。下面将详细探讨提取法的定义、原理及其在食品样品预处理中的应用。

（一）提取法的定义

提取法是一种将目标化合物从食品样品中分离出来的技术。它利用不同化合物在溶剂中的溶解度差异，通过选择适当的溶剂和条件，将目标化合物从复杂的食品基质中提取出来，以便后续的分析和检测。

（二）提取法的原理

提取法的原理主要基于以下几个过程：渗透、溶解、分配和扩散。

1.渗透

渗透是提取法的第一步，它指的是溶剂分子通过食品样品的表面，逐渐渗透到样品内部的过程。在这一步骤中，溶剂的选择至关重要，它需要具有良好的渗透性，能够迅速进入样品内部，与目标化合物接触。

2.溶解

溶解是提取法的核心过程，指的是目标化合物在溶剂中逐渐解离并分散成分子或离子的过程。这一过程需要选择合适的溶剂，使得目标化合物在其中的溶解度较高，从而实现高效的提取。

3.分配

分配是指目标化合物在溶剂和食品样品基质之间的分配过程。当溶剂与样品接触时，目标化合物会根据其在溶剂和基质中的溶解度差异，在两者之间发生分配。通过控制溶剂的种类、浓度和温度等条件，可以实现目标化合物在溶剂中的富集。

4.扩散

扩散是提取法的最后一步，指的是目标化合物在溶剂中从高浓度区域向低浓度区域移动的过程。通过扩散，目标化合物可以逐渐从食品样品中转移到溶剂中，从而实现提取的目的。

综上所述，提取法通过渗透、溶解、分配和扩散等过程，实现了目标化合物从食品样品中的高效提取。在实际应用中，需要根据目标化合物的性质、食品样品的特性及分析要求等因素，选择合适的溶剂和条件，以确保提取的准确性和可靠性。

随着科技的不断发展，提取法在食品分析领域的应用也越来越广泛。它不仅可以用于检测食品中的营养成分、添加剂、污染物等，还可以用于食品质量监控、食品安全评估等方面。因此，深入研究和优化提取法技术，对于提高食品分析的准确性和可靠性具有重要意义。

同时，我们也应该注意到，提取法虽然具有广泛的应用前景，但在实际操作中也存在一些挑战和限制。例如，某些目标化合物可能难以找到合适的溶剂进行提取，或者提取过程中可能会引入其他干扰物质等。因此，在应用中需要根据具体情况进行选择和调整，以确保提取法的有效性和准确性。

总之，提取法作为食品样品预处理的重要技术之一，在食品分析领域发挥着重要作用。通过深入研究和优化这一技术，我们可以更好地满足食品分析的需求，为保障食品安全和提高食品质量提供有力支持。

（三）影响提取的因素

在食品分析中，样品预处理是确保分析准确性和可靠性的关键环节。其中，提取法作为一种重要的预处理技术，被广泛应用于各类食品成分的提取与富集。然而，提取效果的好坏则受到多种因素的影响，下面我们将逐一探讨这些因素。

1.原料的粉碎度

原料的粉碎度是影响提取效果的关键因素之一。原料粉碎得越细，其表面积越大，溶剂与原料的接触面积也就越大，从而提高了提取效率。同时，细化的原料更易于溶解和释放目标成分，有利于提取过程的进行。然而，过度粉碎也可能导致原料中的某些成分损失或破坏，因此在实际操作中需要选择适宜的粉碎度。

2.提取的温度

提取温度是影响提取效果的另一个重要因素。一般来说，提高温度可以加快分子运动的速度，增强溶剂对目标成分的溶解能力，从而提高提取效率。但是，过高的温度可能导致目标成分的分解或变性，甚至引起溶剂的挥发或化学反应，因此需要在保证提取效果的同时，避免过高的温度。

3.浓度差

浓度差是驱动提取过程的重要因素之一。当溶剂与目标成分之间存在较大的浓度差时，溶剂中的目标成分浓度会迅速增加，从而促进提取的过程。因此，在操作中可以通过增加溶剂用量、提高溶剂浓度或采用多次提取等方法来增大浓度差，增强提取效果。

4.提取时间

提取时间对提取效果的影响也不容忽视。提取时间过短，可能导致目标成分未完全释放到溶剂中；而提取时间过长，则可能增加操作成本和时间成本，甚至导致目标成分的损失或变性。因此，在操作中需要根据原料性质、目标成分特性及实验条件等因素来确定适宜的提取时间。

5.设备条件

设备条件是影响提取效果的外部因素之一。提取设备的性能、精度和稳定性直接影响提取过程的稳定性和重复性。例如，提取设备的搅拌速度、加热方式、温度控制精度等都会影响提取效果。因此，在选择和使用提取设备时，需要关注其性能参数和使用条件，确保设备能够满足实验要求并提高提取效果。

综上所述，原料的粉碎度、提取的温度、浓度差、提取时间和设备条件等因素共同影响着提取法的提取效果。在操作中，我们需要综合考虑这些因素，通过优化实验条件和操作方法，提高提取效率并确保分析结果的准确性和可靠性。同时，随着科学技术的不断进步和新型提取技术的不断涌现，我们也需要不断学习和掌握新的预处理技术，以适应不断变化的食品分析需求。

（四）提取溶剂的选择

提取溶剂的选择对于提取法的成功与否具有决定性的影响。不同类型的食品样品和不同的分析目标，需要选择不同性质的提取溶剂。

1.溶剂的类型

（1）亲水性有机溶剂。亲水性有机溶剂如甲醇、乙醇、丙酮等，具有良好的水溶性和极性，能够有效地提取出食品样品中的水溶性组分，如糖类、氨基酸、维生素等。这些溶剂通常适用于极性较强的食品样品，如水果、蔬菜等。

（2）亲脂性有机溶剂。亲脂性有机溶剂如乙醚、氯仿、苯等，对脂溶性物质具有较强的溶解能力，因此常用于提取食品中的油脂、脂肪酸、固醇等组分。这些溶剂在处理肉类、乳制品等富含脂质的食品样品时表现出色。

2.提取溶剂的选择方法

在选择提取溶剂时,需要考虑以下几个因素。

首先,要根据分析目标确定溶剂的极性。如果目标组分是极性物质,应选择亲水性有机溶剂;如果目标组分是非极性物质,则应选择亲脂性有机溶剂。

其次,要考虑溶剂的溶解能力。不同溶剂对不同类型的化合物溶解能力不同,应根据目标组分的性质选择合适的溶剂。

再次,还需考虑溶剂的沸点、毒性、挥发性等物理化学性质。沸点较低的溶剂可以通过加热蒸发的方式轻松去除,毒性较小的溶剂能够减少对实验人员的危害,挥发性适中的溶剂则有利于提取过程中的操作控制。

最后,还需要结合具体实验条件进行综合考虑。例如,某些溶剂可能与食品中的其他组分发生化学反应,影响提取效果;某些溶剂可能在特定条件下发生分解或挥发,导致实验结果不准确。因此,在选择提取溶剂时,应充分考虑实验条件对溶剂性能的影响。

综上所述,食品样品预处理技术中的提取法及其溶剂选择是一个复杂而重要的过程。通过合理选择溶剂类型并综合考虑各种因素,可以实现高效、准确的食品样品预处理,并为后续的分析测试奠定坚实基础。

(五)提取注意事项

在进行提取操作时,需要注意以下几个关键事项。

1.采用缓冲系统

缓冲系统能够有效地维持提取液的pH稳定,避免在提取过程中因pH变化而导致目标化合物的损失或降解。在选择缓冲系统时,应考虑目标化合物的酸碱性质以及食品基质的特性。同时,缓冲系统的浓度和种类也需要根据实际情况进行调整,以确保提取过程的稳定性和效率。

2.加入保护剂

保护剂在提取过程中起着重要的作用。它们能够防止目标化合物在提取过程中发生氧化、水解等化学反应,从而保证提取物的稳定性和纯度。常用的保护剂包括抗氧化剂、酶抑制剂等。这些保护剂的选择和使用应根据目标化合物的性质以及可能发生的反应进行考虑。

总之,提取法在实际应用中需要注意多方面的因素。通过采用合适的缓冲系统、加入保护剂以及合理设置提取条件等措施,可以有效地提高提取效率并保证提取物的稳定性和纯度。这将为后续的食品分析工作提供准确、可靠的数据支持,有助于更好地了解食品中的营养成分和潜在风险。

二、分子蒸馏技术

在众多预处理技术中,分子蒸馏技术以其独特的优势,在食品样品的分离和纯化方面展现出广阔的应用前景。

(一)分子蒸馏技术的原理

分子蒸馏技术也被称为短程蒸馏或分子级蒸馏,是一种基于不同物质分子平均自由程差异而实现物质分离的高真空蒸馏方法。其原理在于,在高真空条件下,不同种类分子的平均自由程差异显著,当加热的物料从蒸发面逸出后,轻分子(低沸点分子)由于平均自由程较长,在未发生碰撞前即远离液面,从而被冷凝收集;而重分子(高沸点分子)则因平均自由程较短,在到达冷凝器之前便发生碰撞,从而返回液体中或沿蒸馏釜内壁流下。通过这种方式,分子蒸馏技术能够实现高效的物质分离。

(二)分子蒸馏技术的特点

1.蒸馏压强低,真空度高

分子蒸馏技术的一个显著特点是其操作过程中的低压强和高真空度。这种环境有利于减少分子间的碰撞,使轻分子能够顺利逸出并被收集。同时,高真空度还有助于避免物料在高温下发生氧化或热解,从而保持样品的原始性质。

2.蒸馏温度低

相较于传统的蒸馏方法,分子蒸馏技术的操作温度更低。这得益于其高真空环境,使得轻分子在较低温度下就能逸出。这种低温操作不仅有助于保持样品的生物活性,还能减少因高温引起的热敏性成分的损失。

3.物料受热时间短

分子蒸馏技术的加热面与冷凝面之间的距离很短,物料在蒸发后迅速被冷凝收集,从而大大减少了物料受热的时间。这种短时间的加热过程有助于保持样品的化学稳定性,避免不必要的热化学反应。

4.分离程度更高

由于分子蒸馏技术是基于分子间的平均自由程差异进行分离的,因此其分离程度往往高于传统蒸馏方法。这使得分子蒸馏技术在处理复杂混合物时具有更高的选择性和纯度。

综上所述,分子蒸馏技术以其独特的原理和特点,在食品样品的预处理中发挥着重要作用。随着科学技术的不断进步,相信分子蒸馏技术将在食品科学研究领域展现出更加广阔的应用前景。

(三)分子蒸馏技术的影响因素

分子蒸馏技术是一种基于分子间平均自由程差异实现物质分离的技术。在食品样品预处理中,它能够有效去除杂质、浓缩目标组分,为后续的分析和检测提供高质量的样品。然而,分子蒸馏技术的效果受到多种因素的影响,其中分离参数和分离过程的影响尤为显著。

1.分离参数的影响

(1)膜厚度。膜厚度是分子蒸馏技术中的一个重要参数。膜厚度的选择直接影响分离效果和操作效率。较厚的膜可以提供更大的分离面积,有利于提高分离效率;但同时会增加传质阻力,降低操作效率。因此,在应用中,需要根据具体的食品样品和分离要求,选择合适的膜厚度以平衡分离效率与操作效率之间的关系。

(2)停留时间。停留时间是指物料在分子蒸馏设备中的停留时间。停留时间的长短直接影响分离效果和产品质量。较短的停留时间可以减少热敏性物质的降解和氧化,有利于保护食品样品的营养成分和风味;但过短的停留时间可能导致分离不完全,影响分离效果。因此,在操作中,需要根据食品样品的性质和分离要求,合理控制停留时间,以实现最佳的分离效果。

(3)温度。温度是分子蒸馏过程中的另一个关键参数。适当的操作温度可以提高分子的运动速度,促进分子间的碰撞和分离;但过高的温度可能导致热敏性物质的降解和损失,影响产品质量。因此,在选择操作温度时,需要综合考虑食品样品的热稳定性和分离要求,确保在保护产品质量的同时实现高效的分离。

2.分离过程的影响

除了分离参数,分离过程本身也会对分子蒸馏技术的效果产生影响。具体来说,以下几方面需要特别关注。

(1)进料速度和流量。进料速度和流量的控制对于保持稳定的分离过程和避免堵塞至关重要。过快的进料速度和流量可能导致分离不完全或设备过载,而过慢则可能降低生产效率。因此,需要根据设备的处理能力和食品样品的特性,合理调整进料速度和流量。

(2)真空度。真空度是影响分子蒸馏效果的关键因素之一。适当的真空度可以降低操作温度,减少热敏性物质的损失;同时,有利于提高分离效率和产品质量。

(3)搅拌和循环。搅拌和循环可以促进物料在分子蒸馏设备中的均匀分布和充分接触,有利于提高分离效果和产品质量。因此,在分离过程中,需要采用适当的搅拌和循环方式,以确保物料得到充分的处理和分离。

综上所述,分子蒸馏技术在食品样品预处理中的应用受到多种因素的影响。为了实现最佳的分离效果和产品质量,需要综合考虑分离参数和分离过程的影响,并根据实际情况进行合理调整和优化。未来随着技术的不断进步和应用领域的拓展,相信分子蒸馏技术将在食品工业中发挥更加重要的作用。

第三节 微波与超声提取技术

一、微波提取技术

微波提取技术作为一种新兴的预处理技术,因其高效、快速和环保的特点,受到了广大研究者的青睐。下面将详细探讨微波提取技术的原理及影响因素,以期为该技术在食品分析领域的应用提供理论支持和实践指导。

(一)微波提取技术原理

微波提取技术利用微波能量对样品进行加热,通过高频电磁波与物质分子的相互作用,使样品中的目标成分快速、高效地溶解于提取溶剂中。微波提取的原理主要基于微波的热效应和非热效应。热效应是指微波能量被物质吸收后转化为热能,使样品内部温度迅速升高,加速目标成分的溶解;非热效应则是指微波能量对样品分子结构的振动和转动产生影响,从而改变溶剂与目标成分之间的相互作用,以提高提取效率。

(二)微波提取技术的影响因素

1.提取溶剂的选择与用量

提取溶剂的选择对微波提取技术的效果具有重要影响。溶剂的选择应根据目标成分的性质进行,以确保溶剂能够充分溶解目标成分。同时,溶剂的极性、沸点、黏度等物理性质也会影响提取效果。在应用中,常采用混合溶剂来提高提取效率。此外,溶剂的用量也是影响提取效果的关键因素。过多的溶剂虽然能提高提取率,但会增加后续处理的难度和成本;而过少的溶剂则可能导致提取不完全。因此,需要根据实际情况优化溶剂的用量。

2.微波提取频率、功率、时间、温度

微波提取频率、功率、时间和温度是影响提取效果的重要参数。不同频率的微波对物质的加热效果不同,需要根据目标成分的性质和溶剂的特性选择合适的频率。功率的大小直接决定了微波能量的强弱,从而影响提取速度和效率。一般来说,适当增加功率可以提高提取效率,但过高的功率则可能导致样品局部过热,影响提取效果。提取时间是另一个关键因素，过短的时间可能导致提取不完全，而过长的时间则可能使目标成分发生降解或损失。因此，需要通过实验确定最佳的提取时间。最后，温度也是影响提取效果的重要因素。在微波提取过程中，温度的控制对保持目标成分的稳定性至关重要。在操作中，需要根据目标成分的耐热性和溶剂的沸点等因素来设定合适的提取温度。

综上所述，微波提取技术作为一种高效的食品样品预处理技术，其应用前景广阔。然而，在应用中，还需要根据具体样品和目标成分的特点，优化提取溶剂的选择与用量，以及微波提取的参数设置，以实现最佳的提取效果。未来随着研究的深入和技术的不断完善，微波提取技术将在食品分析与检测领域发挥更大的作用。

（三）微波提取的特点

微波提取技术利用微波的特殊性质，通过高频电磁波对物质分子的直接作用，实现目标物质的快速、高效提取。相比传统提取方法，微波提取技术具有多个显著特点。

（1）微波提取技术的投资较少。相较于一些大型、复杂的提取设备，微波提取设备结构相对简单，成本更低，使得这一技术更容易在实验室乃至工业生产中推广应用。

（2）微波提取设备操作简单，易于掌握。设备结构直观，操作界面友好，使得操作人员能够快速上手，降低了技术门槛。

（3）微波提取技术的适用范围广泛。无论是固体还是液体食品样品，都可以通过微波提取技术实现目标物质的提取。这种广泛的适用性使得微波提取技术在食品科学研究中具有更广阔的应用前景。

（4）微波提取技术的重现性好，能够保证每次提取结果的稳定性和可靠性。这一特点对于需要重复实验或进行大批量样品处理的研究来说尤为重要。

（5）微波提取技术还具有高选择性。通过优化提取条件，可以选择性地提取出目标物质，减少杂质的干扰。

（6）操作时间短是微波提取技术的另一大优势。由于微波能够直接作用于物质分子，使得提取过程更加迅速，大大缩短了处理时间。

（7）在溶剂消耗方面，微波提取技术同样表现出色。由于提取效率高，所需的溶剂量相对较少，既降低了成本，又减少了环境污染。

（8）微波提取技术能够获得较高的有效成分得率。由于微波能够破坏细胞壁，使得目标物质更容易释放到溶剂中。

（9）微波提取技术还具有环保性。在提取过程中，不会产生有害物质或排放有害气体，符合现代绿色化学的发展理念。

（10）微波提取技术尤其适用于热不稳定性物质的提取。对于一些在高温下容易分解或变性的物质，微波提取技术能够在相对较低的温度下实现高效提取，从而保持物质的原有性质。

综上所述，微波提取技术作为一种新型的食品样品预处理技术，具有投资少、设备简单、适用范围广、重现性好、选择性高、操作时间短、溶剂耗量少、有效成分得率高、不产生污染以及适用于热不稳定性物质等优点。随着技术的不断完善和推广，微波提取技术将在食品科学研究领域发挥更加重要的作用。

二、超声提取技术

在食品科学领域，样品的预处理技术是进行深入研究和分析的关键步骤。其中，超声提取技术因其高效、环保的特性而备受青睐。下面将详细阐述超声提取技术的原理、影响因素及其在食品样品预处理中的应用。

（一）超声提取技术的原理

超声提取技术主要依赖于超声波在介质中传播时所产生的各种效应，包括机械作用、空化作用、热学作用以及其他一些次要作用。

1.机械作用

超声波在液体中传播时，会产生高频振动，使液体中的微粒产生强烈的振动和加速运动。这种机械作用有助于破坏样品中的细胞壁，使目标成分更容易释放出来。

2.空化作用

超声波在液体中传播时会产生许多微小的气泡，这些气泡在超声波的作用下会迅速生长并破裂，产生局部的高温和高压。这种空化作用可以进一步促进目标成分的溶解和释放。

3.热学作用

超声波在传播过程中，会将部分声能转化为热能，使液体局部温度升高。这种热学作用有助于加速化学反应和提高提取效率。

4.其他作用

除上述三种主要作用外，超声波还可能会产生一些次要作用，如化学效应和电磁效应等，这些作用也会对提取效果产生一定的影响。

（二）超声提取技术的影响因素

超声提取技术的效果受到多种因素的影响，主要包括超声作用形式、超声作用参数、所处理天然植物或药用原材料、提取剂、操作条件及提取方法等。

1.超声作用形式

超声作用形式包括连续式和脉冲式两种，连续式超声作用可以提供稳定的能量输入,但可能导致样品过热;脉冲式超声作用则可以在一定程度上避免过热现象,但提取效率可能稍逊于连续式。

2.超声作用参数

超声作用参数包括超声功率、频率和作用时间等。这些参数的选择需要根据具体的样品特性和提取需求来确定。一般来说,较高的超声功率和频率可以提高提取效率,但也可能增加设备的能耗和样品的破坏程度。

3.所处理天然植物或药用原材料

不同的天然植物或药用原材料具有不同的细胞结构和化学成分,因此其对超声提取的响应也会有所不同。在选择超声提取条件时,需要充分考虑样品的特性。

4.提取剂

提取剂的选择对超声提取效果具有重要影响。合适的提取剂可以提高目标成分的溶解度。常见的提取剂包括水、有机溶剂等,具体选择需要根据目标成分的性质和提取需求来确定。

5.操作条件

操作条件包括温度、压力、pH等。这些条件的变化会影响目标成分的化学稳定性和溶解性,从而影响提取效果。因此,在进行超声提取时,需要优化操作条件以获得最佳的提取效果。

6.提取方法

除超声提取外,还有其他多种提取方法,如溶剂提取、微波提取等。在选择提取方法时,需要综合考虑各种方法的优缺点以及实际应用需求。

总之,超声提取技术作为一种高效、环保的样品预处理技术,在食品科学领域具有广泛的应用前景。通过深入了解其原理和影响因素,我们可以更好地优化超声提取条件,提高提取效率,为食品研究和开发提供有力的技术支持。

(三)超声提取的特点

1.无须高温

相较于传统的热提取方法,超声提取技术最大的特点是无须高温处理。这不仅避免了高温对食品样品中热敏性成分的破坏,还降低了能源消耗,提高了提取过程的可持续性。

2.萃取效率高

超声提取技术通过高频振动产生的声波能量,可以有效地破坏样品的细胞壁,促进目标成分的释放和溶解。因此,相较于传统的机械搅拌或浸提方法,超声提取的萃取效率更高,且能够在较短的时间内获得更高浓度的提取物。

3.溶剂用量少

由于超声提取技术的高效性,它能够在较低的溶剂用量下实现良好的提取效果。这不仅降低了提取成本,还减少了对环境的污染,符合绿色化学的发展趋势。

4.适用性广

超声提取技术适用于多种类型的食品样品,包括固态、液态和半固态样品。无论是植物性食品还是动物性食品,无论是新鲜样品还是加工后的产品,超声提取技术都能有效地提取其中的目标成分。

5.无化学反应

超声提取是一种物理过程,不涉及化学反应。因此,在提取过程中不会引入新的杂质或改变原有成分的结构和性质,从而保证了提取物的纯度和安全性。

6.提取物有效成分含量高

由于超声提取的高效性和无化学反应的特点,所得到的提取物中有效成分的含量往往较高。这使得超声提取技术在食品功能成分提取、营养成分分析及有害物质检测等方面具有广泛的应用前景。

综上所述,超声提取技术以其独特的优势在食品样品预处理中发挥着越来越重要的作用。随着科学技术的不断进步和人们对食品安全及营养需求的不断提高,超声提取技术将在未来得到更广泛的应用和发展。

第四节　双水相萃取法与反胶束萃取技术

一、双水相萃取法

双水相萃取技术作为一种新兴的预处理技术,近年来在食品科学领域得到了广泛应用。下面将对双水相萃取技术的原理及其影响因素进行详细探讨。

(一)双水相萃取技术的原理

双水相萃取技术是基于两种高分子聚合物或一种高分子聚合物与一种无机盐的水溶液混合后发生相分离的原理。当两种高分子聚合物水溶液混合后,由于它们之间的相互作用,会形成一个上相和一个下相。这种相分离现象使得不同性质的溶质在两相中的分配不同,从而实现溶质的分离和富集。

在食品样品的预处理中,双水相萃取技术主要用于提取和分离食品中的目标成分,如蛋白质、多肽、氨基酸、维生素等。通过优化操作条件,可以有效地提高目标成分的提取率和纯度,为后续的分析检测提供高质量的样品。

(二)影响双水相萃取的因素

1.成相高聚物浓度

成相高聚物的浓度是影响双水相萃取效果的关键因素之一。一般来说,随着成相高聚物浓度的增加,两相之间的界面张力增大,有利于溶质在两相之间的分配。然而,过高的成相高聚物浓度可能导致相分离不完全,影响萃取效果。因此,在实际应用中需要根据目标成分的性质和浓度选择合适的成相高聚物浓度。

2.成相高聚物的相对分子质量

成相高聚物的相对分子质量也会影响双水相萃取的效果。一般来说,相对分子质量较大的高聚物具有更强的空间位阻效应,能够更好地促进溶质在两相之间的分配。但是,过高的相对分子质量可能导致高聚物溶液的黏度增大,不利于相分离和后续操作。因此,在选择成相高聚物时,需要综合考虑其相对分子质量和萃取效果。

3.盐离子的使用

在双水相萃取过程中,适量添加盐离子可以改变溶液的离子强度和电荷分布,从而影响溶质在两相之间的分配。盐离子的种类和浓度需要根据目标成分的性质和萃取要求进行选择。适量的盐离子可以提高萃取效率和纯度,但过多的盐离子可能导致相分离不稳定或产生其他不良影响。

4.温度及其他因素

温度是影响双水相萃取效果的另一个重要因素。温度的变化会影响高聚物溶液的溶解度和相分离的速度。一般来说,适当地升高温度可以促进相分离的进行,但过高的温度可能导致目标成分的变性或失活。此外,搅拌速度、pH等因素也会对双水相萃取效果产生一定的影响。因此,在实际操作中需要综合考虑各种因素,优化萃取条件以提高萃取效率和纯度。

总之,双水相萃取技术作为一种有效的食品样品预处理技术,具有广泛的应用前景。通过深入研究其原理和影响因素,不断优化操作条件,可以进一步提高其在食品分析与检测中的准确性和可靠性。

(三)双水相萃取的特点

双水相萃取技术的特点主要体现在以下几方面。

(1)双水相萃取技术在接近生理环境的温度和体系中进行。这意味着在萃取过程中，能够最大限度地保持生物活性物质的稳定性和活性，避免高温或极端条件导致的物质失活或变性。对于食品样品中那些对温度敏感的活性成分，如酶、蛋白质等，双水相萃取技术展现出了其独特的优势。

（2）双水相萃取技术的分相时间短，自然分相时间一般为5~15分钟。这一特点使得该技术在快速处理大量样品时具有显著优势。相较于传统的萃取方法，双水相萃取技术能够更快速地完成样品的预处理，从而提高工作效率。

（3）双水相萃取技术的界面张力小，有助于强化相际的质量传递。界面张力是影响两相之间物质传递的重要因素。双水相体系具有较低的界面张力，使得目标成分更容易从一相转移到另一相，从而提高了萃取效率和纯度。

（4）不存在有机溶剂残留问题。传统的食品样品预处理技术往往涉及有机溶剂的使用，这些溶剂在提取过程中可能会残留在样品中，对后续的分析和食品质量产生不良影响。而双水相萃取技术完全避免了有机溶剂的使用，从而彻底消除了有机溶剂残留问题，确保了样品的纯净度和分析的准确性。

（5）能除去大量杂质，使分离过程更经济。在食品样品中，往往存在大量的杂质，这些杂质不仅影响了目标成分的提取和纯化，还增加了后续处理的难度和成本。双水相萃取技术通过形成两相系统，可以有效地将目标成分与杂质分离，从而实现高效的纯化。此外，该技术还可以根据目标成分和杂质的性质，通过调整两相系统的组成和条件，进一步优化分离效果，提高其经济性。

（6）易于实现工程放大和连续操作。双水相萃取技术的操作过程相对简单，易于实现工程放大和连续操作。通过优化设备设计和操作流程，可以实现大规模、高效率的样品预处理，满足食品工业对样品处理的需求。此外，该技术还具有良好的重现性和稳定性，能够保证样品处理结果的一致性和可靠性。

综上所述，双水相萃取技术以其独特的优势在食品样品预处理中发挥着重要作用。随着技术的不断发展和完善，双水相萃取技术将在食品科学领域发挥更加重要的作用。

二、反胶束萃取技术

反胶束萃取技术作为一种高效的分离富集手段，近年来在食品样品预处理中得到了广泛应用。

（一）原理

1. 反胶束溶液形成的条件和特性

反胶束萃取技术的核心在于反胶束溶液的形成。这种特殊的溶液结构由表面活性剂分子在水相和非水相界面上定向排列而成，具有独特的萃取能力。反胶束溶液的形成需要满足一定的条件，并展现出特定的性质。

（1）临界胶束浓度（CMC）。临界胶束浓度是反胶束溶液形成的关键参数。当表面活性剂在水溶液中的浓度达到某一特定值时，表面活性剂分子开始自发聚集成胶束。这个浓度就是临界胶束浓度。在临界胶束浓度以下，表面活性剂分子主要以单体形式存在；而一旦超过这个浓度，胶束便开始形成，并随着浓度的增加而逐渐增多。

对反胶束萃取而言，临界胶束浓度的确定至关重要。它决定了所需表面活性剂的最小用量，以及萃取过程中反胶束的稳定性和萃取效率。因此，在应用中需要根据具体的食品样品和萃取目标，选择合适的表面活性剂种类和浓度，以达到最佳的萃取效果。

（2）胶束与反胶束的形成。胶束和反胶束是反胶束萃取技术中的两种主要溶液结构。胶束主要由表面活性剂的亲水基团朝向水相、疏水基团朝向非水相而形成。这种结构使得胶束能够在水相和非水相之间起到桥梁作用，实现目标物质的萃取和分离。

而反胶束则是一种更为特殊的结构。在反胶束中，表面活性剂的亲水基团朝向非水相，疏水基团朝向水相，形成了一种与胶束相反的结构。这种结构使得反胶束能够容纳更多的水分子，形成所谓的"水池"。这些水池可以容纳极性物质，从而实现极性物质的非水相萃取。

反胶束的形成需要满足一定的条件，如合适的表面活性剂种类和浓度、适当的温度和pH等。在合适的条件下，反胶束能够稳定存在，并展现出高效的萃取性能。

反胶束萃取技术作为一种高效的食品样品预处理手段，具有广泛的应用前景。通过深入了解反胶束溶液形成的条件和特性，我们可以更好地掌握这一技术的精髓，并将其应用于实际的食品分析中。未来，随着科学技术的不断进步和人们对食品安全要求的提高，反胶束萃取技术将在食品科学领域发挥更加重要的作用。

2.反胶束萃取蛋白质的基本原理

反胶束萃取技术是一种基于非离子型表面活性剂形成的反胶束体系，通过调节体系的参数，如表面活性剂浓度、助溶剂种类和比例、离子强度、pH等，以实现对目标物质的选择性萃取。在蛋白质的提取过程中，反胶束体系能够形成适合蛋白质分子进入的微环境，从而实现蛋白质的有效分离和纯化。

（1）"水壳"模型。"水壳"模型是解释反胶束萃取蛋白质机理的重要理论之一。该模型认为，在反胶束体系中，表面活性剂分子聚集形成具有特定尺寸的疏水性内核，而内核周围则包裹着一层薄薄的水层，即"水壳"。当蛋白质分子接触反胶束时，由于其亲水性质，蛋白质分子更倾向于进入"水壳"区域。通过调节反胶束体系的参数，可以使得"水壳"的尺寸和性质与蛋白质分子相匹配，从而实现蛋白质的选择性萃取。

（2）诱导契合模型。诱导契合模型强调蛋白质与反胶束之间的相互作用。该模型认为，在萃取过程中，反胶束体系的结构和性质会根据蛋白质分子的特性进行动态调整。表面活性剂分子在形成反胶束时，其结构和排列方式会受到蛋白质分子的影响，进而形成与蛋白质分子相契合的微环境。这种诱导契合作用使得蛋白质分子能够更容易地进入反胶束体系，实现高效萃取。

（3）固定尺寸模型。固定尺寸模型则侧重于反胶束体系的稳定性和一致性。该模型认为，在特定的条件下，反胶束体系会形成具有相对稳定尺寸和结构的微滴。这些微滴的尺寸和性质可以通过调节体系参数进行控制，从而实现对不同大小和性质的蛋白质分子的选择性萃取。固定尺寸模型强调了反胶束体系在萃取过程中的稳定性和可预测性，为反胶束萃取技术的实际应用提供了理论基础。

综上所述，反胶束萃取技术在蛋白质提取中展现出了独特的优势。通过深入理解其基本原理和模型，我们可以更好地掌握这一技术的操作要点和影响因素，为食品样品的预处理和蛋白质的分析研究提供有力支持。随着科学技术的不断进步和研究的深入，相信反胶束萃取技术将在食品科学领域发挥更加重要的作用。

3.蛋白质溶入反胶束溶液的推动力

反胶束萃取技术利用反胶束的特殊性质，可以有效地将目标物质从复杂的食品样品中分离出来。蛋白质作为食品中的重要成分，其溶入反胶束溶液的推动力是多种因素共同作用的结果。

（1）静电作用力。静电作用力是蛋白质溶入反胶束溶液的重要推动力之一。蛋白质分子中的氨基酸残基带有正负电荷，而反胶束表面也带有电荷。当两者接触时，静电吸引力会促使蛋白质分子与反胶束表面发生相互作用，从而推动蛋白质溶入反胶束溶液。

（2）位阻效应。位阻效应在蛋白质溶入反胶束溶液中也起到了关键作用。反胶束的内部结构为蛋白质提供了一个相对稳定的微环境，减少了蛋白质分子间的相互碰撞和聚集。这种位阻效应有助于蛋白质分子在反胶束溶液中保持一定的稳定性，从而提高了蛋白质的溶解度。

（3）疏水相互作用。疏水相互作用是蛋白质与反胶束之间的重要相互作用之一。蛋白质分子中的疏水性氨基酸残基倾向于与非极性环境相互作用，而反胶束的内部正好提供了一个这样的环境。因此，疏水相互作用有助于蛋白质分子在反胶束溶液中形成稳定的结构，并进一步推动其溶入溶液。

（4）氢键作用。氢键作用在蛋白质溶入反胶束溶液中扮演着重要角色。蛋白质分子中的氨基酸残基与反胶束中的极性基团之间可以形成氢键，从而增强蛋白质与反胶束之间的相互作用。这种氢键作用有助于稳定蛋白质的结构，并促进其在反胶束溶液中的溶解。

（5）二硫键作用。二硫键是蛋白质分子内或分子间的一种共价键，对于维持蛋白质的三级结构具有重要意义。在反胶束萃取过程中，二硫键的存在可能有助于蛋白质分子在反胶束内部的稳定排列，从而增强蛋白质的溶解度。同时，反胶束的特殊环境可能有助于保护二硫键不被破坏，进一步保持蛋白质的结构完整性。

综上所述，蛋白质溶入反胶束溶液的推动力是多种因素共同作用的结果。静电作用力、位阻效应、疏水相互作用、氢键作用及二硫键作用，在推动蛋白质溶入反胶束溶液的过程中发挥着各自独特的作用。这些相互作用共同确保蛋白质在反胶束溶液中的稳定性和溶解度，为食品样品的预处理提供了有效的技术手段。

随着科学技术的不断发展，反胶束萃取技术将在食品科学领域发挥越来越重要的作用。未来，我们可以期待更多关于反胶束萃取技术的研究和应用，为食品样品的预处理和食品安全检测提供更加准确、高效的方法。

（二）影响反胶束萃取蛋白质的主要因素

随着食品科学与技术的快速发展，食品样品的预处理技术成为提高食品分析准确性和效率的关键环节。其中，反胶束萃取技术因其独特的优势在蛋白质分离中得到了广泛应用。下面将重点探讨影响反胶束萃取蛋白质的几个关键因素。

1.水相pH对萃取的影响

水相pH是影响反胶束萃取蛋白质的关键因素之一。蛋白质的溶解度、电荷状态及与反胶束的相互作用都受pH的直接影响。一般来说，适宜的pH能够使蛋白质更好地与反胶束结合，从而提高萃取效率。因此，在应用中需要根据目标蛋白质的性质和实验需求，选择合适的水相pH。

2.离子强度对萃取率的影响

离子强度是影响反胶束萃取蛋白质的另一重要因素。离子强度的变化会影响蛋白质与反胶束之间的相互作用力，进而影响萃取效果。在一定范围内，增加离子强度有助于增强蛋白质与反胶束的结合，提高萃取率。然而，过高的离子强度则可能导致反胶束的稳定性下降，反而会降低萃取效率。

3.表面活性剂类型的影响

表面活性剂是构成反胶束的核心成分，其类型对萃取蛋白质的效果具有显著影响。不同类型的表面活性剂在亲水性和疏水性方面存在差异，这会影响反胶束的结构和性质。因此，在选择表面活性剂时，需要考虑其与目标蛋白质的相容性和萃取效率。

4.表面活性剂浓度的影响

表面活性剂浓度也是影响反胶束萃取蛋白质的重要因素。适当增加表面活性剂浓度可以增大反胶束的体积和稳定性。然而，过高的表面活性剂浓度可能导致反胶束的聚集和沉淀，反而降低萃取效果。因此，在操作中，需要找到适宜的表面活性剂浓度。

5.离子种类对萃取的影响

离子种类同样对反胶束萃取蛋白质产生影响。不同种类的离子在溶液中的行为差异较大，这会影响蛋白质与反胶束的相互作用。例如，某些离子可能与蛋白质竞争与反胶束的结合位点，从而降低萃取效率。因此，在选择水相中的离子种类时，需要综合考虑其对萃取效果的影响。

6.其他因素

除了上述因素，还有一些其他因素也可能影响反胶束萃取蛋白质的效果。例如，温度、萃取时间、搅拌速度等实验条件都可能对萃取过程产生影响。在操作中，需要根据具体情况调整这些条件，以优化萃取效果。

总之，反胶束萃取技术在蛋白质分离中具有广阔的应用前景。在应用中，需要综合考虑水相pH、离子强度、表面活性剂类型及浓度、离子种类及其他因素，以找到最佳的萃取条件。通过不断优化和完善反胶束萃取技术，我们可以为食品科学领域的发展提供更加准确、高效的蛋白质分离方法。

（三）反胶束萃取技术的特点

1.成本低

相较于传统的萃取方法，反胶束萃取技术的成本更低。它不需要使用大量的有机溶剂，减少了化学试剂的消耗和废弃物的产生，从而降低了实验成本。此外，反胶束萃取技术的操作相对简单，不需要复杂的设备和专业的技术人员，进一步降低了成本。

2.溶剂可反复利用

在反胶束萃取过程中，所使用的溶剂可以经过简单地处理后进行循环使用。这不仅减少了溶剂的消耗，降低了实验成本，而且有利于环境保护，减少了有害物质的排放。

3.萃取效率高

反胶束萃取技术具有高效的萃取能力。由于反胶束的特殊结构，它能够有效地将目标物质从复杂的样品中分离出来，实现高效萃取。这使得反胶束萃取技术在处理复杂食品样品时具有显著的优势。

4.条件温和

反胶束萃取技术的操作条件相对温和，不需要高温、高压或强酸强碱等极端条件。这使得该技术对样品的破坏较小，能够更好地保留样品的原始信息，提高分析的准确性。同时，温和的操作条件也有利于保护操作人员的安全和健康。

总之，反胶束萃取技术作为一种新型的食品样品预处理技术，具有成本低、溶剂可反复利用、萃取效率高和条件温和等显著特点。它在食品分析检测领域的应用前景广阔，有望为食品安全保障和消费者健康提供更加可靠的技术支持。

第五节 超临界与亚临界流体萃取技术

一、超临界流体萃取技术

（一）原理

在食品分析与检测中，样品预处理是一个至关重要的步骤，它直接决定后续分析的准确性和可靠性。近年来，超临界萃取技术作为一种高效、环保的样品预处理技术，在食品行业得到了广泛应用。下面将重点介绍超临界萃取技术的基本概念、超临界流体的性质及其在食品样品预处理中的应用。

1.超临界流体的基本概念

超临界流体，是指当物质处于其临界温度和临界压力以上时，既不像液体那样由分子间的凝聚力占据主导地位，也不像气体那样由分子热运动占据主导地位，而是具有类似气体的较大扩散系数和类似液体的较大密度，同时兼有两者的特点，即具有强的溶解能力，黏度接近气体，扩散系数比液体大，因此具有很好的流动和传递性能。超临界流体在食品样品预处理中的应用，主要是利用其独特的物理性质，实现对目标物质的快速、高效提取。

2.超临界流体的性质

（1）传递性质上的独特性。超临界流体在传递性质上具有独特性。由于超临界流体既具有类似气体的低黏度和高扩散系数，又具有类似液体的较高密度和溶解度，这使得它能够在较短的时间内渗透到样品的内部，将目标物质从复杂的基质中迅速提取出来。此外，超临界流体的传质速率远高于传统溶剂，从而大大提高了提取效率。

（2）较大的可压缩性。超临界流体的另一个显著特点是其较大的可压缩性。这意味着在保持温度不变的情况下，通过改变压力，可以方便地调节超临界流体的密度和溶解度。这一特性使得超临界萃取技术能够实现对不同极性物质的提取，从而拓宽其在食品样品预处理中的应用范围。

超临界萃取技术在食品样品预处理中的应用具有诸多优势，如提取效率高、选择性好、操作简便、环保等。超临界萃取技术将在食品分析与检测领域发挥更重要的作用，为食品安全和质量控制提供有力保障。

3.超临界流体的选择

作为萃取溶剂的超临界流体,其选择至关重要,必须满足一系列条件以确保萃取过程的顺利进行。

(1)作为萃取剂的超临界流体必须具备化学稳定性,对设备无腐蚀性。这是因为超临界萃取过程中,流体往往需要在高压和高温条件下长时间运行,如果流体本身不稳定或者具有腐蚀性,将会对设备造成一定损害,影响萃取效率和结果的准确性。因此,选择化学性质稳定、对设备无腐蚀性的超临界流体是确保萃取过程顺利进行的基础。

(2)超临界流体的临界温度不能太高或太低,最好在室温附近或操作温度附近。临界温度是超临界流体性质发生显著变化的转折点,也是决定萃取条件的关键因素之一。如果临界温度过高,就需要消耗大量的能量来维持萃取过程,不仅增加了成本,而且可能影响萃取效率;而如果临界温度过低,则可能需要在低温条件下进行萃取,这同样不利于实际操作。因此,选择临界温度适中的超临界流体,可以使得萃取过程更加经济、高效。

(3)操作温度应低于被萃取溶质的分解温度或变质温度。这是因为在超临界萃取过程中,操作温度的选择直接影响被萃取溶质的稳定性和活性。如果操作温度过高,可能会导致溶质分解或变质,从而影响萃取效果和产品的品质。因此,在选择超临界流体时,需要充分考虑其操作温度与被萃取溶质热稳定性的关系,以确保在萃取过程中溶质能够保持一定的稳定性。

(4)临界压力不能过高。临界压力是指使流体达到超临界状态时所需的最小压力。如果临界压力过高,将会增加压缩动力费用,从而提高整个萃取过程的成本。因此,应优先考虑那些临界压力相对较低的流体,以节约能源和成本。

(5)选择性能好也是关键。这意味着所选的超临界流体应能够与目标组分发生良好的相互作用,从而实现对目标组分的高效萃取。同时,超临界流体还应具备较好的选择性,能够区分并提取出样品中的特定组分,以得到高纯度的制品。

(6)溶解度要高。溶解度决定了超临界流体对目标组分的提取能力。高溶解度的超临界流体可以在较短的时间内将目标组分从样品中溶解出来,从而减少溶剂的循环量,提高萃取效率。

(7)容易获得且价格便宜也是选择超临界流体时需要考虑的因素。容易获得的超临界流体可以保证萃取过程的连续性和稳定性,而价格便宜则可以降低整个萃取过程的成本。

(8)安全性是选择超临界流体时必须考虑的重要因素。所选的超临界流体应无毒、无味、无腐蚀性,且在操作过程中不会对操作人员和环境造成危害。同时,超临界流体还应具备良好的稳定性,避免因受热、受压或受光等因素而发生分解或产生有害物质。

综上所述,作为萃取溶剂的超临界流体在食品样品预处理技术中扮演着举足轻重的角色。通过选择超临界流体,我们可以实现更加高效、环保、准确的食品样品预处理,为食品分析与检测提供有力支持。随着技术的不断进步和研究的深入,相信超临界萃取技术将在食品领域发挥更加广泛和重要的作用。

综合以上条件,迄今为止,约有90%以上的超临界萃取应用研究均使用二氧化碳为萃取剂,非极性二氧化碳作为萃取剂的优势如下。

(1)CO_2的临界温度接近室温(31.1℃),按超临界流体萃取过程中的通常萃取条件选择适宜的对比温度(Tr=1.0~1.4)区域可知,该操作温度范围适合分离热敏性物质。可防止热敏性物质的氧化和逸散,使高沸点、低挥发度、易热解的物质远在其沸点之下萃取出来。

(2)CO_2的临界压力(7.38MPa)处于中等压力,按超临界流体萃取过程中的通常萃取条件选择适宜的对比压力(Pr=1~6)区域,就目前工业水平其超临界状态一般易于达到。

(3)CO_2具有无毒、无味、不燃、不腐蚀、价格便宜、易于精制、易于回收等优点。因而,SC—CO_2萃取属于环境无害工艺,故SC—CO_2萃取技术被广泛用于对药物、食品等天然产品的提取和纯化研究方面。

(4)SC—CO_2还具有抗氧化灭菌作用,有利于保证和提高天然产品的质量。

研究表明,超临界CO_2作为萃取剂除具有以上优点外,同时还有以下特点:对多种物质溶解度均较大。分子质量大于500u的物质具有一定的溶解度,中、低相对分子质量的卤化碳、醛、酮、酯、醇、醚是非常易溶的。低相对分子质量、非极性的脂族烃(20碳以下)及小分子的芳烃化合物是可溶的。对分子质量很低的极性有机物(如羟酸)是可溶的。酰胺、脲、氨基甲酸乙酯、偶氮染料的溶解性较差。

对于极性溶剂,水是自然界中应用最广、最安全的溶剂。当水处于超临界状态时,能与极性物质,如烃和其他有机物完全互溶;而无机物特别是盐类在超临界水中的溶解度却很低。超临界水可与空气、氧气、氮气、氢气、二氧化碳等气体完全互溶。它的上述性质似乎都与其在常温常压下的性质发生了"反转"。由于超临界水的临界压力和临界温度均很高,目前超临界水主要是作为有机物的萃取剂,使有害有机物质和超临界水相中的氧进行氧化反应,以达到消除有害有机物质的目的。超临界水氧化法作为新的废水处理技术展示了很强的工业应用前景。

4.超临界萃取中夹带剂的使用

(1)夹带剂的定义。夹带剂,又称共溶剂或改性剂,是指在超临界萃取过程中,为改善溶质在超临界流体中的溶解度或选择性而加入的一种或多种物质。通过加入夹带剂,可以调整超临界流体的溶解能力,从而实现对目标组分的更有效提取。

(2)夹带剂的特点

①可增加被分离组分在超临界流体中的溶解度。夹带剂的加入能够与被提取组分发生相互作用,形成氢键、偶极-偶极相互作用等,从而提高被分离组分在超临界流体中的溶解度。这一特性使得超临界萃取技术在处理低溶解度或极性较强的食品组分时具有显著优势。例如,在提取植物中的酚类化合物时,通过加入适宜的夹带剂,可以显著提高酚类化合物在超临界二氧化碳中的溶解度,从而实现高效提取。

②加入与溶质起特定作用的适宜夹带剂时,可使该溶质的选择性(或分离因子)提高。夹带剂的选择性作用是超临界萃取技术中的一大亮点。通过选择与被提取组分具有特定相互作用的夹带剂,可以在不影响其他组分的前提下,提高目标组分的分离因子。这意味着在复杂的食品体系中,可以更加精准地提取出所需的目标组分,减少后续处理的复杂性和成本。

(3)夹带剂对溶质在超临界气体中的溶解度与选择性的影响

①溶剂的密度。夹带剂的加入能够显著改变超临界流体的溶剂密度。溶剂密度的增加有助于提高溶质在超临界流体中的溶解度。这是因为,密度的增加意味着单位体积内溶剂分子的数量增多,从而增加了与溶质分子相互碰撞的机会,有利于溶质的溶解。

②溶质与夹带剂分子间的相互作用。夹带剂与溶质分子之间的相互作用也是影响溶质在超临界气体中溶解度的重要因素。夹带剂的选择应基于其与溶质分子之间的相互作用力,如范德华力、氢键等。通过选择与溶质分子具有较强相互作用的夹带剂,可以进一步提高溶质在超临界流体中的溶解度,从而实现对目标物质的高效提取。

(4)夹带剂的选择。在超临界流体萃取过程中,夹带剂的选择需要考虑多个因素,包括萃取阶段、溶剂分离阶段及食品工业应用的特点。

①萃取阶段。在萃取阶段,夹带剂的选择应主要基于其对目标物质的溶解能力和选择性。需要选择那些能够与目标物质产生较强相互作用的夹带剂,以提高萃取效率。同时,夹带剂的沸点应适中,以便后续的溶剂分离操作。

②溶剂分离阶段。在溶剂分离阶段,夹带剂的选择应关注其易于从超临界流体中分离的特性。夹带剂的沸点应较低,以便于通过降低压力或温度的方法将其从超临界流体中分离出来。此外,夹带剂在分离过程中应不会对目标物质造成污染或损失。

③食品工业应用。在食品工业应用中,夹带剂的选择还需考虑其安全性和环保性。夹带剂应无毒、无味、无残留,符合食品安全标准。同时,夹带剂应易于获取、成本较低,且在使用过程中不会对环境造成污染。

总之,夹带剂在超临界萃取技术中的应用对于提高食品样品预处理效率和准确性具有重要意义。随着科技的不断进步和研究的深入,相信未来会有更多高效、环保的夹带剂被开发出来,为食品工业的发展提供更加有力的支持。

（二）超临界CO_2萃取的特点

近年来，超临界流体萃取技术以其独特的优势，在食品样品的预处理中得到了广泛应用。下面将重点介绍超临界CO_2萃取技术及其在食品样品预处理中的应用特点。

超临界流体萃取技术是一种利用超临界流体作为萃取剂，从固体或液体混合物中分离出所需组分的方法。其中，超临界CO_2因其独特的物理化学性质，成为常用的超临界流体之一。

超临界CO_2萃取技术的特点主要体现在以下几个方面。

1.超临界CO_2临界温度低

超临界CO_2的临界温度为31.1℃，临界压力为7.38MPa，相较其他超临界流体，其临界条件较为温和，这使得其在实际操作中，可以更容易地达到超临界状态，从而简化设备设计，降低能耗。

2.全规程不使用有机溶质

在超临界CO_2萃取过程中，无须添加有机溶剂作为萃取剂，这不仅避免了有机溶剂残留对食品样品造成的污染，同时符合现代食品工业对绿色、环保生产的要求。

3.提取时间快，生产周期短

由于超临界CO_2具有优异的溶解能力和扩散性能，它可以迅速渗透到样品内部，将目标组分从样品中分离出来。因此，相较传统的提取方法，超临界CO_2萃取技术可以大大缩短提取时间，提高生产效率。

4.操作参数容易控制

在超临界CO_2萃取过程中，通过调整温度、压力、流量等操作参数，可以有效地控制萃取的选择性和回收率。这使得其在实际应用中，可以根据不同的食品样品和提取要求，灵活调整操作参数，以达到最佳的提取效果。

5.极性选择范围较广

通过调节萃取条件，如加入夹带剂或改变压力、温度等，可以实现对不同极性组分的有效萃取。这使得超临界CO_2萃取技术在处理复杂成分的食品样品时具有较大的优势。

6.超临界CO_2具有抗氧化、灭菌作用

超临界CO_2在萃取过程中表现出一定的抗氧化和灭菌作用，这有助于保持食品样品的原有品质和延长保质期。同时，这也为食品样品的预处理提供了一种更为安全、卫生的方法。

综上所述，超临界CO_2萃取技术以其独特的优势在食品样品预处理中展现出了广阔的应用前景。相信未来超临界流体萃取技术将在食品科学领域发挥更加重要的作用。

（三）超临界CO_2萃取影响因素

超临界流体萃取技术是一种利用超临界流体（如超临界CO_2）作为萃取剂，通过调节温度和压力来控制其溶解能力，从而实现目标组分的高效分离与富集的方法。该技术常用于提取油脂、香料、色素等成分。

1.温度

温度是影响超临界CO_2萃取效率的重要因素之一。一般来说，随着温度的升高，超临界CO_2的溶解能力会降低，但传质速率会增加。因此，在萃取过程中需要综合考虑这两个因素，选择合适的温度，以实现最佳萃取效果。

2.压力

压力是控制超临界CO_2萃取过程的另一个关键因素。随着压力的升高，超临界CO_2的密度增大，溶解能力增强。但过高的压力可能导致设备成本增加和操作难度提高。因此，需要根据目标组分的性质和分析要求，选择合适的压力范围。

3.夹带剂

夹带剂是超临界流体萃取中常用的辅助试剂，用于调节超临界流体的溶解性能和选择性。通过添加适量的夹带剂，可以改善超临界CO_2对某些极性较强或溶解度较低的组分的萃取效果。然而，夹带剂的种类和用量需根据具体情况进行选择，以避免对分析结果造成干扰。

4.萃取时间

萃取时间是影响萃取效率的另一个重要因素。在一定的温度和压力下，随着萃取时间的延长，目标组分的萃取量逐渐增加。但过长的萃取时间可能导致能耗增加和组分降解等问题。因此，需要根据目标组分的含量和性质，确定合适的萃取时间。

5.外加物理场

近年来，外加物理场（如超声波、微波等）在超临界流体萃取中的应用逐渐受到关注。这些物理场可以通过改善传质过程、提高萃取速率和降低能耗等方式，进一步提高超临界流体萃取的效率和选择性。然而，外加物理场的引入也可能对设备要求和操作条件提出更高的要求，因此需要在实际应用中综合考虑。

综上所述，超临界CO_2萃取技术作为一种高效的食品样品预处理技术，在食品分析领域具有广泛的应用前景。通过优化温度、压力、夹带剂、萃取时间及外加物理场等影响因素，可以进一步提高该技术的萃取效率和选择性，为食品分析提供更加准确、可靠的数据支持。

二、亚临界流体萃取技术

随着现代科学技术的飞速发展，食品样品的预处理技术也日新月异，其中亚临界流体萃取技术因其高效、环保的特性而备受瞩目。下面将对该技术的原理及其影响因素进行详细介绍。

（一）原理

亚临界流体萃取技术是一种利用亚临界状态的流体作为萃取剂的分离方法。亚临界状态指的是物质处于其临界温度和临界压力以下的状态，此时流体具有既不同于气体也不同于液体的特殊性质。这种状态下的流体具有较高的溶解能力和较低的黏度，使得它能够有效地穿透样品中的微小孔隙，将目标成分从样品中萃取出来。

在食品样品预处理中，亚临界流体通常选择为丁烷、丙烷等低碳烷烃。这些流体在亚临界状态下对食品中的脂溶性成分（如油脂、色素、香气物质等）具有良好的溶解能力。通过控制温度和压力，可以使亚临界流体在样品与目标成分之间形成浓度差，从而实现目标成分的萃取。

（二）影响因素

亚临界流体萃取技术的效果受到多种因素的影响，其中温度、时间和夹带剂是三个主要的因素。

1.温度

温度是影响亚临界流体萃取效果的关键因素之一。随着温度的升高，亚临界流体的溶解能力会增强，但同时会加速流体的挥发和扩散速度，导致萃取效率降低。因此，在选择萃取温度时，需要综合考虑目标成分的溶解度和流体的挥发性，以找到最佳的萃取温度。

2.时间

萃取时间也是影响亚临界流体萃取效果的重要因素。萃取时间过短，目标成分可能无法完全从样品中溶解出来；萃取时间过长，则可能导致已经溶解的目标成分重新被吸附到样品中，造成萃取效率降低。因此，需要根据目标成分的特性和样品的性质来确定合适的萃取时间。

3.夹带剂

夹带剂在亚临界流体萃取中起着重要的作用。夹带剂通常是一些极性较强的溶剂，它们可以与亚临界流体形成共溶剂，增强流体对极性目标成分的溶解能力。同时，夹带剂还可以改变流体的极性，使其更适应萃取不同类型的目标成分。然而，夹带剂的使用也需要适量，夹带剂过多或过少都可能影响萃取效果。

综上所述，亚临界流体萃取技术作为一种高效、环保的食品样品预处理技术，具有广阔的应用前景。在实际应用中，需要根据目标成分的特性、样品的性质及实验条件等因素来选择合适的萃取条件，以实现最佳的萃取效果。

（三）亚临界萃取的特点

首先，亚临界流体萃取技术能够提取品质上乘的食品成分。在亚临界状态下，溶剂的分子运动增强，扩散性能提高，对食品中的弱极性和非极性物质具有出色的渗透性和溶解能力。这使得亚临界流体能够高效地提取食品中的活性成分，如多酚、黄酮、植物甾醇等，且提取率高，产物纯度高。因此，采用亚临界流体萃取技术处理的食品样品，其品质往往优于传统方法。

其次，亚临界流体萃取技术不会对物料中的热敏性成分造成损失。亚临界流体萃取过程在室温或更低的温度下进行，这样可以避免高温对食品中热敏性成分的破坏。这一特点使得亚临界流体萃取技术在处理富含热敏性成分的食品样品时具有显著优势。例如，在提取茶叶中的茶多酚时，亚临界流体萃取技术能够保持茶多酚的原始结构和活性，从而提高茶叶的品质和保健功能。

最后，亚临界流体萃取技术具有环保节能的特点。相比传统的溶剂萃取方法，亚临界流体萃取技术使用的溶剂通常具有较低的毒性和污染性，且易于回收和循环使用，降低了环境污染的风险。此外，亚临界流体萃取技术的能耗较低，运行成本相对较低，有利于实现工业化大规模生产。

综上所述，亚临界流体萃取技术在食品样品的预处理中具有显著的优势。它不仅能够提取品质上乘的食品成分，而且能避免对物料中的热敏性成分造成损失，同时具有环保节能的特点。随着科技的不断进步和人们对食品安全、健康、环保的重视，亚临界流体萃取技术将在食品工业方面发挥越来越重要的作用，为食品工业的发展注入新的活力。

第三章 食品检验检测的仪器应用

第一节 气相色谱与液相色谱技术及其在食品检验中的应用

一、气相色谱法及其在食品安全检测中的应用

(一) 气相色谱法概述

色谱法是一种分离技术，始创于20世纪初，它利用不同组分在两相中具有不同的分配系数，各个组分在两相之间进行分配，其中一相是固定不动的，称之为固定相，另一相是载着混合物从固定相中经过的流体，称为流动相。装有固定相的管子称为色谱柱。当流动相中的样品混合物经过固定相时，由于各组分在性质和结构上的差异，致使其与固定相作用的大小及强弱不同，不同组分在固定相中滞留的时间也就不同，然后按先后不同的次序从固定相中流出从而被分离开，这是用于对被测物质进行定性定量分析的一种检测方法。

色谱法有多种类型，从不同角度划分可以有不同的分类法。从流动相的存在状态来分，色谱法可分为气相色谱法（流动相为气体的色谱法）和液相色谱法（流动相为液体的色谱法）。按固定相的存在状态来分，色谱法可进一步分为气-固色谱法（固定相为固体吸附剂）、气-液色谱法（固定相为涂渍在固体表面或柱内壁上的液体）和液-固色谱法、液-液色谱法等。按固定相的使用形式来分，色谱法又可分为柱色谱（固定相被装填在管柱中）、纸色谱（固定相为一种特殊的滤纸）、薄层色谱（固体粉末涂布在薄玻璃板上作为固定相）等。

气相色谱法是色谱法的一个分支，它是采用气体作为流动相的一种色谱法。进入色谱仪的样品在汽化室汽化后，由流量稳定的载气带入色谱柱进行分离，分离后的组分依次从色谱柱中流出，进入检测器和记录仪，得到的信号以色谱峰表示，它们代表不同的组分和浓度。

（二）气相色谱分析的基本原理

在互不相溶的两相——流动相和固定相的体系中，当两相做相对运动时，第三组分（溶质或吸附质）连续不断地在两相之间进行分配，这种分配过程即为色谱过程。由于流动相、固定相及溶质混合物性质的不同，在色谱过程中溶质混合物中的各组分表现出不同的色谱行为，从而使各组分彼此相互分离，这就是色谱分析法的实质。也就是说，当一种不与被分析物质发生化学反应的被称为载气的永久性气体，如H_2、N_2、He、Ar、CO_2等，携带样品中各组分通过装有固定相的色谱柱时，由于试样分子与固定相分子间发生吸附、溶解、结合或离子交换，使试样分子随载气在两相之间反复多次分配，使那些分配系数只有微小差别的组分发生很大的分离效果，从而使不同组分得到完全分离。例如，一个试样中含A、B两个组分，已知B组分在固定相中的分配系数大于A，即$K_B>K_A$，当样品进入色谱柱时，组分A、B以一条混合谱带出现，由于组分B在固定相中的溶解能力比A大，因此组分A的移动速度大于B，经过多次反复分配后，分配系数较小的组分A首先被带出色谱柱，而分配系数较大的组分B则后被带出色谱柱，于是样品中各组分达到分离的目的。设法将流出色谱柱某组分的浓度变化用电压、电流信号记录下来，便可逐一进行定性和定量分析。

气相色谱分析法之所以分离效能高、分析速度快，与其分离原理有关，基于不同物质在两相间具有不同的分配系数（或吸附能力）。当两相做相对运动时，试样中的各组分就在两相中进行反复多次的分配或吸附，使得各组分产生很大的分离效果而彼此分离。气相色谱分析中的固定相是吸附剂颗粒，当试样由载气携带进入色谱柱时，立即被吸附剂所吸附。由于载气不断流过，吸附着的被测组分就会被洗脱出来。这种洗脱出来的现象称为脱附。脱附出来的组分随着载气继续前行时，又被前面的吸附剂所吸附。随着载气的流动，被测组分在吸附剂表面进行上述反复的物理吸附、脱附过程。由于被测物质中各个组分的性质不同，它们在吸附剂上的吸附能力也就不同，较难被吸附的组分就容易脱附出来，并较快地前移，而容易被吸附的组分就不易被脱附，前移较慢。经过一定时间后，试样中的各个组分就彼此拉开了距离，即实现了分离，进而有顺序地流出色谱柱。

色谱分析中常用的几个概念简要介绍如下。

基线：当没有样品进入检测器时，在实验条件下，反映检测器噪声随时间变化的曲线称为基线。稳定的基线是一条直线。

死时间：指不被固定相吸附或溶解的组分（如气相色谱的空气或甲烷）进入色谱柱后出现浓度极大点的时间，即从进样到惰性组分流出浓度极大点的时间。死时间正比于色谱柱中空隙体积的大小。

保留时间：进样后组分流入检测器的浓度达到极大值所需的时间，即组分从进样到出现峰最大值所需的时间。

调整保留时间：扣除死时间后某组分的保留时间。

上述三项的时间单位一般都以分（秒）表示。

死体积：不被固定相滞留的物质的保留体积，也指色谱柱内流动相所占的体积。对气相色谱，通常可由死时间和经三项校正后的载气体积流速的乘积来计算。

保留体积：指从进样开始到柱后被分析组分出现浓度极大值时所需的载气体积。

净保留体积：扣除死体积后的保留体积。

上述体积的单位一般以毫升表示。

保留体积：在温度为273.16K时，每克固定液的净保留体积，其单位是毫升/克。

相对保留值：相对保留值是个无因次量。它表示在相同操作条件下，某组分调整保留值与参比物调整保留值的比值。在一定范围内不受固定液用量多少的影响，但会受柱温的影响。

凡是纯度高又容易得到的物质都能用来做参比物。应当注意选用的参比物保留值与所分析组分的保留值接近而又能分离完全的物质为参比物。常用的参比物有正丁烷、正戊烷、异辛烷（2，2，4-三甲基戊烷）、苯、二甲苯、萘、甲乙酮、环己酮、环己醇等。

标准偏差：即0.607倍峰高时色谱宽度的一半。

半高峰宽：简称"半峰宽"或"半宽度"，当峰高一半处色谱峰的宽度。由于色谱峰的半宽度容易测量，且使用方便，所以一般都用它表示区域宽度。

峰宽：也称基线宽度，为通过流出曲线的拐点所作的切线在基线上的截距，区域宽度或色谱峰的半峰宽一般用秒或厘米表示。

（三）气相色谱仪的结构

常用的气相色谱仪由气路系统、进样系统、分离系统、检测系统、记录系统五大系统组成。

1.气路系统

气路系统主要是指载气连续运行的密闭管路。对于某些检测器，还需要使用一些辅助气体，它们流经的管路也属于气路系统。对气路系统的基本要求是气密性好、气体清洁、气流稳定。气路系统可分为单柱单气路系统和双柱双气路系统两类。双柱双气路系统可以补偿因气流不稳定及固定液流失对检测器产生的干扰，特别适用于程序升温操作。气相色谱法常用的载气有氮气、氢气、氦气。

2.进样系统

进样系统包括进样器和汽化室两部分。进样就是把样品定量地加到色谱柱柱头上，以便被流动相带入色谱柱中进行分离。进样器有自动进样和手动进样之分。液体样品用微量注射器进样，气体样品还可用六通阀进样。六通阀是气相色谱仪的配套部件，使用时，可串接到进样系统的连接管处。汽化室的作用是将液体样品迅速、完全地进行汽化。对汽化室的要求是密封性好、体积小、热容量大、对样品无催化效应。简单的汽化室就是一段金属管，外套加热块。设计良好的汽化室，管内衬有玻璃管。汽化室的进样口用硅橡胶垫片密封，由散热式压盖压紧，汽化室应设置合适的温度，一般应比最高柱温高10~30℃，以便使样品在汽化室内充分汽化，同时应考虑样品的热稳定性，温度不能太高，以免样品在汽化室里分解。

3.分离系统

分离系统包括色谱柱、色谱柱箱和温度控制装置。试样中各组分能否有效分离主要取决于柱效能和选择性。色谱柱可分为填充柱和毛细管柱两类，都是由柱管和固定相构成的。柱管常用普通玻璃、石英玻璃或不锈钢材料制成。普通填充柱的内径为2~4mm，柱长为1~3m，弯制成U形或螺旋形（以利于保温及减小体积），内填固定相。毛细管柱也叫空心柱，柱内径为0.1~0.5mm，柱长为15~30m，最长可达300m。毛细管柱的突出特点是分析速度快，分离效能高，但柱容量低。因为填充柱制备过程简单、容量大、定量分析准确，所以填充柱应用最普遍，无论是填充柱还是毛细管柱，选择合适的固定相是色谱分析的关键问题。在分离系统中，色谱柱箱其实相当于一个精密的恒温箱。因为柱温对分离影响很大，所以要求色谱柱箱温度梯度小，保温性能好，控温精度高，升温、降温速度快，既能保持恒温条件，也可以程序升温，以满足色谱优化分离的需要。色谱柱箱的温度范围一般为室温至450℃。

4.检测系统

检测系统主要是检测器，检测器是色谱仪的另一核心部件。它的作用是将色谱柱分离后的各个组分按其特性及含量转换为相应的电信号，以便进行定性、定量分析。理想的检测器应该响应快、灵敏度高、噪声低、线性范围宽、通用性强、对流速和温度变化不敏感。因为温度变化直接影响检测器的灵敏度和稳定性，所以检测器要装在检测室内，并由单独的温度控制器精密地控制其温度。检测器按对信号记录方式的不同，分为积分型和微分型两类。微分型检测器是目前色谱分析仪器中常用的一类检测器。这类检测器灵敏度高，能够显示某一物理量随时间变化的情况，即它所显示的信号表示在给定时间内每一瞬间通过检测器的量，所得色谱图为峰形曲线。按检测原理的不同，检测器又可分为浓度型和质量型两类。其中，浓度型检测器测量的是载气中某组分浓度瞬间的变化，即检测器的响应值和组分的浓度成正比，如热导池检测器和电子捕获检测器等。质量型检测器测量的是载气中某组分进入检测器的速度变化情况，即检测器的响应值与单位时间内进入检测器的组分的质量成正比，如氢火焰离子化检测器和火焰光度检测器等。

5.记录系统

记录系统包括放大器、记录仪,有的还带有数据处理装置。

(四)气相色谱分析的特点、适用范围

气相色谱法具有分离效率高、选择性好、灵敏度高、分析速度快、样品用量少及多组分同时分析等特点,被广泛应用于石油化学、环境监测、农业食品和医药卫生等领域。但由于色谱图不能直接给出定性结果,气相色谱法难以直接对未知试样进行定性分析,必须用已知纯物质色谱图进行对照分析。此外,气相色谱法不能直接测定固体试样,因此不适用于热稳定性差、挥发性小的物质的分离分析。

(五)气相色谱分析的操作步骤(以氢火焰检测器的气相色谱仪为例)

打开氮气、氢气、空气发生器的电源开关(或氮气钢瓶总阀),调整输出压力,将其稳定在0.4MPa左右(气体发生器一般在出厂时已调整好,不用再调整)。

打开色谱仪气体净化器的氮气开关,转到"开"的位置。注意观察色谱仪载气的柱前压上升并稳定大约5min后,打开色谱仪的电源开关。

设置各工作部温度。TVOC分析的条件设置如下。柱箱:柱箱初始温度50℃、初始时间10min、升温速率5℃/min、终止温度250℃、终止时间20min;进样器和检测器都是250℃。苯分析时的色谱条件:柱箱初始温度100℃、初始时间10min、升温速率10℃/min、终止温度250℃、终止时间30min;进样器和检测器都是150V。

点火:待检测器(按"显示""换挡""检测器"键可查看检测器温度)温度升到100℃以上后,打开净化器上的氢气、空气开关阀到"开"的位置。观察色谱仪上的氢气和空气压力表,分别稳定在0.1~0.15MPa。按住"点火"开关点火。同时用明亮的金属片靠近检测器出口,当火点着时在金属片上会看到有明显的水汽。如果在6s内氢气没有被点燃,要松开"点火"开关,再重新点火。在点火操作的过程中,如果发现检测器出口内白色的聚四氟帽中有水凝结,可旋下检测器收集极帽,把水清理掉。在色谱工作站上判断氢火焰是否点燃的方法:观察基线在氢火焰点燃后的电压值应高于点火之前。

打开电脑及工作站,打开一个方法文件:TVOC分析方法或苯分析方法。显示屏左下方应有蓝色字显示当前的电压值和时间。接着可以转动色谱仪放大器面板"点火"按钮上面的"粗调"旋钮,检查信号是否为通路(转动"粗调"旋钮时,基线应随着变化)。待基线稳定后进样品,并同时点击"启动"按钮或按下色谱仪旁边的"快捷"按钮,进行色谱数据分析。分析结束时,点击"停止"按钮,数据即自动保存。

关机程序:首先关闭氢气和空气气源,使氢火焰检测器灭火。然后在氢火焰熄灭后,再将柱箱的初始温度、检测器温度及进样器温度设置为室温20~30℃,待温度降至设

置温度后，关闭色谱仪电源。最后关闭氮气。

（六）仪器的维护保养

严格按照说明书要求进行规范操作，这是正确使用和保养仪器的前提。

仪器应该有良好的接地，使用稳压电源，避免外部电器的干扰。

使用高纯载气、纯净的氢气和压缩空气，尽量不用氧气代替空气。

确保载气、氢气、空气的流量和比例适当、匹配，一般指导流速依次为载气30mL/min、氢气30mL/min、空气300mL/min；针对不同的仪器特点，可在此基础上做适当调整。

经常进行试漏检查（包括进样垫），确保整个流路系统不漏气。

气源压力过低（如不足10个大气压），气体流量不稳，应及时更换新钢瓶，保持气源压力充足、稳定。

注射器要经常用溶剂（如丙酮）清洗，试验结束后，立即清洗干净，以免被样品中的高沸点物质污染。

尽量用磨口玻璃瓶做试剂容器，避免使用橡皮塞，因其可能造成样品污染，如果使用橡皮塞，要包一层聚乙烯膜，以保护橡皮塞不被溶剂溶解。

避免超负荷进样，否则会造成多方面的不良后果；对不经过稀释直接进样的液态样品，进样体积可先试0.1μL（约100μg），然后再做适当调整。

对于欠稳定的中间体，最好用溶剂稀释后再进行，这样可以减少样品的分解。

尽量采用惰性好的玻璃柱（如硼硅玻璃柱、熔融石英玻璃柱），以减少或避免金属催化分解和吸附现象。

保持检测器的清洁、畅通；检测器温度可设得高一些，并经常用乙醇、丙酮和专用金属丝清洗和疏通。

保持汽化室的惰性和清洁，防止样品的吸附、分解；每周应检查一次玻璃衬管，如被污染，应清洗、烘干后再使用。

定期检查柱头和填塞的玻璃棉是否被污染；应每月拆下柱子检查一次；如被污染应擦净柱内壁，更换少量填料，塞上新的经硅烷化处理的玻璃棉，老化2h后再投入使用。

在实验结束后，可用适量的溶剂（如丙酮等）冲洗柱子和检测器。

（七）气相色谱法在食品安全检测中的应用

气相色谱法已广泛应用于食品中农药残留的分析，如有机氯农药、有机磷农药、氨基甲酸酯类农药及拟除虫菊酯类农药等的检测，并已成为国家多种农药残留的标准检测方法。

此外，气相色谱法还用于食品添加剂（如防腐剂、抗氧化剂、漂白剂、甜味剂、酸味剂、食品营养强化剂、乳化剂）的检测、持久性有机污染物（如多氯联苯）的检测、食品中真菌毒素（如镰刀菌毒素等）的检测、食品包装材料中增塑剂（如丙烯酸）残留的分析及在食品加工中产生的污染物（如氯丙醇、N-亚硝基化合物等成分）的分析。

二、高效液相色谱法及其在食品安全检测中的应用

（一）高效液相色谱法概述

以高压液体为流动相的液相色谱分析法称高效液相色谱法（HPLC），其基本方法是用高压泵将具有一定极性的单一溶剂或不同比例的混合溶剂泵入装有填充剂的色谱柱，经进样阀注入的样品被流动相带入色谱柱内进行分离后依次进入检测器，由记录仪、积分仪或数据处理系统记录色信号或进行数据处理而得到分析结果。由于高效液相色谱法具有分离效能高、选择性好、灵敏度高、分析速度快、适用范围广（样品不需气化，只需制成溶液即可）、色谱柱可反复使用的特点，当前食品中的多种防腐剂、甜味剂、色素及非法添加物等化合物都可采用高效液相色谱进行分析。

高效液相色谱法按固定相不同可分为液-液色谱法和液-固色谱法；按色谱原理不同可分为分配色谱法（液-液色谱）和吸附色谱法（液-固色谱）等。其基本概念及术语有：

色谱图——样品流经色谱柱和检测器，所得到的信号即时间曲线，又称色谱流出曲线。

基线——经流动相冲洗，柱与流动相达到平衡后，检测器测出一段时间的流出曲线。一般应平行于时间轴。

噪声——基线信号的波动，通常因电源接触不良或瞬时过载、检测器不稳定、流动相含有气泡或色谱柱被污染。

漂移——基线随时间的缓缓变化，主要由于操作条件如电压、温度、流动相及流量的不稳定，柱内的污染物或固定相不断被洗脱下来也会产生漂移。

色谱峰——组分流经检测器时响应的连续信号产生的曲线，流出曲线上的突起部分。正常色谱峰近似于对称型正态分布曲线。不对称色谱峰有两种：前延峰和拖尾峰。

峰底——基线上峰的起点至终点的距离。

峰高——峰的最高点至峰底的距离。

峰宽——峰两侧拐点处所作两条切线与基线的两个交点之间的距离。

半峰宽——通过峰高的中点作平行于峰底的直线，此直线与峰两侧相交两点之间的距离。

峰面积——峰与峰底所包围的面积。

保留时间——从进样开始到某个组分在柱后出现浓度极大值。

理论塔板数——用于定量表示色谱柱的分离效率（简称柱效）。

分离度——相邻两峰的保留时间之差与平均峰宽的比值，也叫分辨率，表示相邻两峰的分离程度。

（二）高效液相色谱分析的基本原理

在高效液相色谱分析中，当一种不与被分析物质发生化学反应的被称为流动相的液体，如甲醇、乙醇、乙腈或混合流动相等，携带样品中各组分通过装有固定相的色谱柱时，由于试样分子与固定相分子间发生吸附、溶解、结合或离子交换，使试样分子随流动相在两相之间反复多次分配，使那些分配系数只有微小差别的组分发生很大的分离效果，从而使不同组分得到完全分离。例如，一个试样中含A、B两个组分，已知组分B在固定相中的分配系数大于A，即$K_B>K_A$，当样品进入色谱柱时，组分A、B以一条混合谱带出现，由于组分B在固定相中的溶解能力比A大，因此组分A的移动速度大于组分B，经过多次反复分配后，分配系数较小的组分A首先被带出色谱柱，而分配系数较大的组分B则后被带出色谱柱，于是样品中各组分达到分离的目的。设法将流出色谱柱某组分的浓度变化用电压、电流信号记录下来，便可逐一进行定性和定量分析。

（三）高效液相色谱仪的结构

常用的高效液相色谱仪由高压输液系统、进样系统、柱分离系统、检测系统、记录系统五大系统组成，主要包括高压输液泵、梯度洗脱装置、进样器、色谱柱、检测器系统等。

1.高压输液泵

（1）高压输液泵的性能。高压输液泵是高效液相色谱仪的关键部件之一，它的作用是将储液器内的流动相以高压的形式送入液路系统，使样品在色谱柱中完成分离过程。因此，要求其流量稳定、精度高，输出压力高且平稳无脉动，流量范围宽，最高压力可达30~60MPa。耐腐蚀，压力波动小（减少噪声），死体积小，易于清洗和更换溶剂，适用于梯度洗脱。

（2）高压输液泵的类型。常用于高效液相色谱仪的高压输液泵按输液性能分为恒压泵和恒流泵；按机械结构又可分为往复式柱塞泵和气动放大泵等。往复式柱塞泵是目前高效液相色谱仪使用最广泛的一种泵，由于泵的柱基往复运动频率较高，对密封环的耐磨性、单向阀的刚性及精度要求都很高。因此，密封环常采用聚四氟乙烯添加剂材料，单向阀的球、阀座及柱塞采用人造宝石材料。往复式柱塞泵分为单柱塞、双柱塞及三柱塞三种,柱塞越多,则流量越平稳,脉动越小。气动放大泵主要用于装柱。

2.梯度洗脱装置

梯度洗脱时由两种或两种以上不同极性的溶剂作流动相,在分离过程中按一定程序连续、适时地改变流动相的极性配比,以改变欲分离组分的分离状况。梯度洗脱方式可以提高色谱柱的分离度、缩短分析周期等。这种方式使复杂混合物的分离变得更容易。梯度洗脱可分为高压梯度洗脱和低压梯度洗脱。低压梯度洗脱时,在常压下预先按设定的程序将溶剂混合后再用泵输入色谱柱系统,也称为泵前混合。高压梯度洗脱时,用泵将溶剂预先加压,然后输入色谱系统的梯度混合室,混合后再送入色谱柱,也称为泵后混合。

3.进样器

进样器是将样品引入色谱柱的装置。对液相色谱而言,要求其重复性要好,死体积要小,以保证柱中心进样。进样时色谱柱系统流量波动要小,以便于自动化等。进样包括取样和进样两个环节。对于高效液相色谱法,进样方式和进样体积对柱效能的影响是很大的。要获得良好的分离效果及重现性,需要将样品浓缩后瞬时注入色谱柱上端柱顶端中心并成一小点。若将样品注入色谱柱前的流动相溶剂中,通常会使溶质以扩散的形式进入色谱柱顶端,易导致样品组分分离效能下降。目前,进样方式有隔膜注射进样、六通进样阀和自动进样器进样等多种,后两种进样方式因高效、重复性好、操作方便,被大多数仪器采用。

(1)六通进样阀。六通进样阀借助于高压定量进样阀直接向压力系统进样。常用的定量进样阀为定体积进样阀,可以在高压下将样品送入色谱柱,不需停流,进样量由固定体积(通常为10μL和20μL)的定量管控制,所以重复性好。

(2)自动进样器。在程序控制器的控制下,自动进样器自动完成取样、进样、清洗等一系列操作的一种进样方式。操作者只需将样品按顺序装入储样装置,即可连续调节进样量,重复性高。

4.色谱柱

色谱柱是高效液相色谱仪的核心部件,具有分离作用。稳定的、高性能的色谱柱是建立耐用、重现方法的基础。不同来源的商品色谱柱可能有很大的差异,即便是同一来源的色谱柱也可能有差异。不同的柱在理论板数、峰对称性、保留时间、分离度和寿命等方面可能不同。因此,在方法建立和日常分析中应选择高质量的色谱柱,以保证方法的重现性。柱效能高、选择性好、分析速度快是对色谱柱的一般要求。为使色谱柱达到应有的柱效能,除系统的死体积要小外,还需要合理的柱结构以及装柱方法和技术,此外,高效液相色谱仪常用色谱柱恒温装置。用于液相色谱柱恒温装置的最高温度不应超过100℃,否则流动相汽化会使分析工作无法进行。

5.检测器

检测器是测量色谱柱流出样品组成或含量变化的装置，理想的液相色谱检测器应具备灵敏度高、重现性好、响应速度快、线性范围宽、通用性强、对流动相流速及温度变化不敏感、体积小的特点。常用的检测器有紫外光度检测器、光电二极管阵列检测器、示差折光检测器、荧光检测器、电导检测器。其中紫外光度检测器是目前使用最早且应用最广泛的检测器之一，这种检测器对外界环境的波动和操作条件的变化不敏感，具有很高的灵敏度，且可用于梯度洗脱操作，但对某些特定的物质有响应，所以应用范围较窄，但可以通过柱前或柱后衍生化学反应的方式，扩大其应用面。

（四）高效液相色谱分析的特点、适用范围

高效液相色谱法是在经典的液相柱色谱法的基础上，引入气相色谱理论的一种高效、快速的分离分析技术。它在技术上采用了高压泵、高效固定相和高灵敏度检测器。经典的液相柱色谱法的流动相是靠其自身重力前移的，因此柱效率低，传质扩散慢，分离速度极低，分离能力差；而高效液相色谱法采用高压输液泵（压力在100kPa以上）配合微粒固定相（压力差在1MPa以上），因此传质扩散快，柱效率高2~3个数量级，分析速度大大提高。高效液相色谱法在接近室温的条件下操作（温度低更有利于色谱分离），最高不超过流动相的沸点。只要被分析物在流动相中有一定的溶解度，就可以实现分离分析。所以，高效液相色谱法尤其适用于沸点高、分子量大、极性强、对热稳定性差的物质的分析。同时，高效液相色谱法用流动相参与分离过程，从而为分离的控制和改善创造了气相色谱法无法比拟的条件，因此高效液相色谱法有着广泛的应用前景。

（五）高效液相色谱分析的操作步骤

首先对流动相进行过滤，根据需要选择不同的滤膜，一般为有机系和水系，常用的孔径为0.22μm和0.45μm。

对过滤后的流动相进行超声脱气10~20min。

正常情况下，首先用甲醇冲洗仪器10~20min，然后再进入测试用流动相（如流动相为缓冲试剂，则要两次重蒸水冲洗10~20min，直至色谱柱中有机相冲净为止）。

一般情况下，流动相冲洗20~30min后，仪器方可稳定，最重要的是仪器基线走平后，方可进样测试。

样品同时进行标样，将其结果相比较，其结果的比值在0.98~1.02后，就可以正式进行样品的测试。

样品测试结束后，就要进行色谱仪及色谱柱的清洗和维护。如流动相为缓冲试剂，同样也要用去离子水清洗10~20min，方可用有机相进行保护，否则有损色谱柱。

（六）仪器的维护保养

1.使用注意事项

流动相均需色谱纯度，水用18.25MΩ·cm的去离子水，脱气后的流动相要小心，振动尽量不引起气泡。

为有效保护柱子，第一次先不要让液体过柱子，所有过柱子的液体均需严格过滤。

压力不能太大，最好不要超过仪器最大负荷。

因为缓冲试剂遇到有机溶剂会结晶，有损色谱柱，所以每次由有机相变流动相或流动相变有机相均需用蒸馏水清洗。

2.色谱柱的维护保养

流动相溶剂必须干净，在使用前应过滤溶剂中的杂质。

控制吸附色谱流动相中的含水量，含水量较低会使吸附剂活性降低。

如需在一定的pH下操作，须定期测定流动相的pH。

每次开机时，流速和柱压要逐渐增加。

进样前使色谱系统充分平衡，是否平衡可由基线加以判断。

在进样前，检查色谱系统的各个接头，通常由此能发现是否有漏液现象。

柱接头不要太紧，否则易损坏接头螺纹，引起漏液。

每一类常规分析配置一根专用柱，这样有助于延长柱的使用寿命。

怀疑样品会污染色谱柱，可用合适的溶剂慢慢冲洗柱子，第二天再用流动相重新平衡柱子。

（七）高效液相色谱法在食品安全检测中的应用

随着高效液相色谱分析技术的不断发展，其在食品安全领域的应用也越来越广泛，并发挥着重要作用。目前，高效液相色谱分析可用于食品添加剂的分析，如防腐剂、着色剂、抗氧化剂、增味剂、甜味剂、乳化剂、合成色素等；食品中残留危害物质的分析，如农药残留、兽药残留等；食品中天然毒素的分析，如真菌毒素、生物胺及生物碱等；食品加工中污染物的分析，如多环芳烃、丙烯酰胺、杂环胺类等；食品中非法添加物的分析，如苏丹红、甲醛、孔雀石绿和结晶紫等。

第二节　原子吸收光谱与原子荧光光谱法及其在食品检验中的应用

一、原子吸收光谱及其在食品安全检测中的应用

（一）原子吸收光谱概述

原子吸收光谱法（AAS）又称原子吸收分光光度法或原子吸收法。它是一种基于蒸气相中待测基态原子对同种原子发射出来的光谱辐射产生吸收而建立的一种定量分析方法。原子吸收光谱法作为一种测定痕量金属元素的有效方法之一，现被广泛应用于地质、冶金、化工、农业、食品、轻工、生物医药、环境保护等领域。

原子吸收光谱法具有灵敏度高、选择性强、分析速度快、精密度高、准确度好、应用范围广、仪器操作简便等特点，且样品不需经烦琐的分离，即可以在同一溶液中直接测定。原子吸收光谱法的不足之处：同时测定多种元素还有一定的困难，有一些元素的灵敏度还有待进一步提高。

（二）原子吸收光谱分析原理

原子吸收是基态原子受激吸收跃进的过程。原子吸收光谱法就是根据物质产生的原子蒸气对特定波光的吸收作用来进行定量分析的。样品在高温作用下产生主要是基态原子的气态原子蒸气，当光源辐射出的待测元素的特征光谱通过样品的气态原子蒸气时，被蒸气中待测元素的基态原子所吸收，此时入射光被吸收而减弱的程度与样品中待测元素的含量成正比，服从朗伯—比尔定律，由此可得出样品中待测元素的含量。

（三）原子吸收分光光度计结构

原子吸收分光光度计通常由光源、原子化系统、分光系统和检测系统四个基本部分组成。此外，还需配置一些辅助设备，如空气压缩装置、气源、数据处理装置（计算机）等。

原子吸收分光光度计通常可分为单光束型原子吸收分光光度计和双光束型原子吸收分光光度计两种类型。双光束型可以消除光源不稳定和背景吸收对测定结果造成的影响。

1.光源

光源的作用是发射待测元素的特征谱线。原子吸收光源的光谱特性直接影响分析灵敏度和精密度，合适的光源是取得良好分析结果的基础。原子吸收对光源的基本要求：发射的共振辐射的波长半宽度要明显小于吸收线的半宽度；辐射强度大、背景低；稳定性好；结构牢靠，使用寿命长。目前最常用的光源是空心阴极灯（HCL）和无极放电灯（EDL），以空心阴极灯应用最广泛。

空心阴极灯是一种低压气体放电管，包括一个阳极（钨棒）和一个空心圆筒形阴极，空心阴极灯的阴极由高纯待测金属制成，当在外加电源作用下，阴极产生窄而强的该元素特征谱线，由灯头前面的石英窗射出。空心阴极灯在使用前应经过一段时间（一般为10~30min）预热，使灯的发射强度达到稳定。空心阴极灯具有辐射强度大、半宽小、稳定性好、背景吸收少、易更换等优点。这种光源的缺点是对每个不同的待测元素必须采用相应的待测元素灯。此外，还有多元素空心阴极灯，但其辐射强度、灵敏度、寿命都不如单元素。

2.原子化系统

原子化系统的作用是提供足够的能量，将样品中的待测元素转化为基态自由原子蒸气。目前，样品原子化的方法有火焰原子化法、非火焰原子化法和氢化物原子化法。

（1）火焰原子化法。常用的火焰原子化器是预混合型原子化器，包括雾化器、雾化室和燃烧器三个部分。常用的火焰有空气-乙炔火焰和氧化亚氮-乙炔火焰。燃烧器通常为一条5~10cm的缝状槽，燃烧时可获得平层火焰。此设计可避免由于高盐浓度带来的背景。火焰原子化器由于原子化效率低，气态原子在火焰吸收区停留的时间很短，通常只可以液体进样。

（2）非火焰原子化法。非火焰原子化法包括石墨炉原子化法、氢化物原子化法及冷原子原子化法等，其中石墨炉原子化法最为常用，它是采用电热难熔材料（石墨）作为原子化器，石墨管作为电阻发热体，通电后迅速升温，样品在其中高温熔融，可获得瞬态自由原子。原子化器由加热电源、保护气控制系统和石墨管状炉等组成。原子化过程分为干燥、灰化、原子化、净化四个阶段，待测元素在高温下生成基态原子蒸气后被测定。背景校正通过塞曼效应、氘灯背景校正或吸收背景校正等不同方式进行。石墨炉原子化法最大的优点是原子化程度高，试样用量少，可测定固体及黏稠样品；缺点是测量的精度低，速度慢，操作复杂。

（3）氢化物原子化法。氢化物原子化法是基于某些元素在酸性介质中被还原成该元素的氢化物，并从溶液中分离出来，经加热分解产生基态原子的方法。氢化物原子化法原子化温度低，只有700~900℃，常用于测定砷、锗、锡、碲、锑、铋、铅、镉等元素。氢化物原子化法具备高灵敏度（可达10^{-9}g）、基体干扰和化学干扰较少、选择性好等优点；但精密度比火焰原子化法差，产生的氢化物均无毒，要在良好的通风条件下进行。

3.分光系统

原子吸收分光光度计的分光系统核心部件为单色器。单色器的作用就是将元素灯所产生的特征谱线（共振线）和邻近非特征谱线分开，以便进行测定。单色器一般由入射狭缝、准直光镜、色散元件、成像物镜和出口狭缝等组成。色散元件是分光系统的关键部件。单色器通常配置在火焰或石墨炉原子化器与检测器之间的光路上，以阻止来自原子化器的所有不需要的辐射进入检测器。

4.检测系统

检测系统是能准确地测出光强度并转换成电信号，且能进行放大检测的系统。检测系统主要由检测器、放大器和读数显示系统三个部分组成。检测器以光电倍增管检测器使用最为普遍，它能够把经过单色器分光后的微弱光信号转换成电信号，再经过放大器放大后，在读数器装置上显示出来。在原子吸收分析中，应尽可能地选择响应范围宽、灵敏度高、噪声小的光电倍增管。

（四）原子吸收光谱分析中的干扰及其抑制技术

原子吸收光谱分析中的干扰主要有物理干扰、化学干扰、电离干扰和光谱干扰。

1.物理干扰

物理干扰又称基体干扰，是指样品在蒸发和原子化过程中，由于其黏度、表面张力、密度等物理特性的变化，引起喷雾效率或进入火焰样品量的改变，从而导致原子吸收强度下降的效应。可通过配制与待测样品组成尽量一致的标准溶液，或采用标准加入法来消除物理干扰。此外，当溶液浓度太高时，还可用稀释溶液法来消除干扰。

2.化学干扰

化学干扰是原子吸收分析中最主要的干扰来源，它由于待测元素与干扰物质组分之间形成热力学更稳定的化合物，导致参与吸收的基态原子数减少而影响吸光度。通常可以采用化学分离，使用高温火焰，在样液及标液中添加释放剂、保护剂、基体改进剂等方法来抑制化学干扰。

3.电离干扰

电离干扰是指原子蒸气中的基态原子发生电离作用生成正离子，使参与吸收的基态原子的浓度减少而引起的原子吸收信号降低的干扰效应。消除电离干扰的方法是降低火焰温度或加入比待测元素更容易电离的消电离剂，从而抑制待测元素的电离。消电离剂通常为碱金属元素，常见的消电离剂有铯、铷、钾等。

4.光谱干扰

光谱干扰是由于分析元素吸收线与其他吸收线或辐射不能完全分离所引起的干扰。光谱干扰包括谱线干扰和背景干扰。谱线干扰可通过选用待测元素的其他无干扰的分析线进行测定或通过减小狭缝宽度来消除。背景干扰主要是分子吸收和光散射引起待测元素的吸光度增加所产生的正干扰。样品溶液中的溶剂、基体、无机盐在原子化过程中形成气体分子而引起分子吸收干扰；原子化过程中的烟雾和碳的微粒可引起光散射干扰。一般采用氘灯背景扣除和塞曼效应背景扣除的方法，可消除这种干扰。

（五）原子吸收光谱分析技术

原子吸收光谱分析实验主要包括样品的制备、标准溶液的配制、测定条件的选择、定量分析等步骤。

1.样品的制备

取样首先要注意具有代表性，防止受到污染。要采用合适的样品前处理方法，既要方便快捷，又要尽量减少样品的用量及有效成分的流失。常用的样品前处理方法主要有干法灰化、酸法消解和微波消解等。若被测元素是易挥发的元素（如Hg、Ag等），则不宜采用干法灰化。由于在波长小于250nm时，硫酸和磷酸等分子有很强的吸收能力，而硝酸和盐酸的吸收能力则较弱，因此在原子吸收光谱法中常用硝酸、盐酸或它们的混合液作为样品预处理的主要试剂。

2.标准溶液的配制

标准溶液的组分要尽可能与样品溶液相似。用来直接配制标准溶液的物质，常为待测元素的盐类，还可用其高纯度的金属。标准溶液的浓度下限取决于检出限，从测定精度来看，合适的浓度范围应能产生0.15～0.75单位吸光度或15%～65%透过率之间的浓度。

3.测定条件的选择

在进行原子吸收光谱测定时，应对测定条件进行选择。

（1）吸收线的选择。每种元素都有若干条分析线，通常选择其中最灵敏的共振线作为吸收线。在分析较高浓度的样品时，为了得到适度的吸收值，有时也选取灵敏度较低的谱线。

（2）狭缝宽度的选择。狭缝宽度直接影响光谱通带宽度与检测器接收的能量。选择通带宽度以吸收线附近干扰谱线存在并能分开最靠近的非共振线为原则，可适当放大狭缝宽度。

（3）空心阴极灯的工作电流。空心阴极灯的发射特征与灯电流有关，一般要预热10～30min才能达到稳定的输出。为了提高检测的灵敏度，必须选择合适的灯电流。选择灯电流的一般原则是，在保证有足够强且稳定的光强输出条件下，尽量使用较低的工作电流，合适的工作电流要通过实验来确定。

（4）燃烧器高度调节。自由原子在火焰区的分布是不均匀的，只有使来自空心阴极灯的光束从自由原子浓度最大的火焰区域通过才能获得最佳的灵敏度和稳定性。

（5）原子化条件选择。在火焰原子化过程中，火焰类型和燃气混合物流量是影响原子化效率的主要因素。根据使用的燃气和助燃气的比例，火焰可分为化学计量火焰、富燃火焰和贫燃火焰三种类型，其中化学计量火焰因产生的火焰温度高、干扰小、稳定、背景小，是最常用的火焰类型。在保证待测元素充分还原为基态原子的前提下，应尽量采用低温火焰，避免高温产生的热激发态原子增多对定量产生的不利影响。选择火焰时，还应考虑火焰对光的吸收。可根据待测元素的共振线，选择不同类型的火焰。对低、中温元素，使用乙炔-空气火焰；对于高温元素，采用乙炔-氧化亚氮高温火焰；对于分析线位于短波区（200nm以下）的元素，如Se、P等，由于烃类火焰有明显吸收，故宜使用氢火焰。对于确定类型的火焰，一般来说，稍富燃的火焰是有利的。对氧化物不十分稳定的元素（如Cu、Mg、Fe、Co、Ni），也可用化学计量火焰或贫燃火焰。

在石墨炉原子化法中，应合理选择干燥、灰化、原子化及净化温度与时间。为防止样液飞溅，干燥应在稍低于溶剂沸点的温度下进行。灰化在保证被测元素没有损失的前提下应尽可能使用较高的灰化温度，选用达到最大吸收信号的最低温度作为原子化温度。原子化时间的选择，应以保证完全原子化为准。原子化阶段停止通入保护气，以延长自由原子在石墨炉内的平均停留时间。净化温度应高于原子化温度。

4.定量分析

在原子吸收定量分析中，当待测元素浓度不高且分析条件固定时，样品的吸光度与待测元素浓度成正比。常用的原子吸收分析方法有标准曲线法和标准加入法。

（1）标准曲线法。配制一组浓度梯度合适的标准溶液，在相同的测量条件下，测定标准溶液和样品溶液的吸光度A。以浓度c为横坐标，吸光度A为纵坐标，绘制A—c标准曲线，由标准曲线求出样品中待测元素的含量。测定时标准溶液浓度范围应在吸光度与浓度成直线关系的范围内。标准曲线法简便、快速，但仅适用于组成简单、组分间互不干扰的样品。

（2）标准加入法。当样品的组成比较复杂，基体效应对测定影响明显，无法配制与之组成相似的标准样品时，使用标准加入法可获得较好的结果。

（六）原子吸收分光光度法在食品安全检测中的应用

食品中的各种化学元素，有的是人体必需的，如钾、钠、钙、镁、铁、铜、锌等，但过量摄入对人体也是有害的；有的则是对环境有害的元素，通过大气、水和土壤进入食物链，从而对人体健康造成毒害作用，如铅、砷、镉、汞等。

原子吸收分光光度法已作为测定食品中多种元素的国家标准检测方法，如可进行食品中铅、铜、铬、汞、铁、镁、锰、锌等限量元素的测定。

二、原子荧光光谱法及其应用

（一）原子荧光光谱法概述

原子荧光光谱法（AFS）是原子光谱法中的一个重要分支，是介于原子发射（AES）和原子吸收（AAS）之间的光谱分析技术。原子荧光光谱法是以原子在辐射能激发下发射的荧光强度进行定量分析的发射光谱分析法，适用于各类样品中汞、砷、锑、铋、硒、碲、铅、锡、锗、锌、镉等18种元素的痕量或超痕量分析，其中尤其以分析食品中的汞、砷、硒效果最好。

原子荧光光谱法具有设备简单、灵敏度高、光谱干扰少、工作曲线线性范围宽（在低浓度时线性范围宽达3～5个数量级）、可以进行多元素测定等优点，在食品、地质、冶金、石油、生物医学、地球化学、材料和环境科学等各个领域内均获得了广泛应用。

（二）原子荧光分析原理

1.原子荧光分析的原理

原子荧光光谱法从机理来看属于发射光谱分析，其原理为气态自由原子吸收光源的特征辐射后，原子的外层电子跃迁到较高能级，然后又跃迁返回基态或较低能级，同时发射出与原激发辐射波长相同或不同的辐射即为原子荧光。原子荧光属光致发光，也是二次发光。当激发光源停止照射后，再发射过程立即停止。

2.氢化物发生-原子荧光法的测定原理

氢化物发生-原子荧光法利用原子荧光光谱法定量原理，在荧光谱的前端增加了氢化物反应系统，其基本原理为：酸化过的样品溶液中的待测元素（砷、铅、锑、汞等）与还原剂（一般为硼氢化钾或硼氢化钠）在氢化物发生系统中反应生成气态氢化物，用EH_n表示，式中E代表待测元素。使用适当的催化剂，在上述反应中还可以得到镉和锌的气态组分。过量氢气和气态氢化物与载气（氩气）混合，进入原子化器，氢气和氩气可形成氩氢火焰，使待测元素原子化待测元素的激发光源（一般为空心阴极灯或无极放电灯）发射的特征谱线通过聚焦，激发氩氢火焰中的待测原子，得到的荧光信号被光电倍增管接收，经放大、解调，得到荧光强度信号，荧光强度与被测元素的浓度在一定条件下成正比，因此可以进行定量分析。

对该原理的理解要注意以下几点。

能产生原子荧光的元素有20多种，能用氢化物发生-原子荧光法测定的元素目前只有11种，即汞、砷、硒、锑、铋、碲、锡、锗、铅、锌、镉，检测浓度在微克级。对于汞，比较特殊，水中的汞被硼氢化钾还原为汞单质，并不生成氢化物，因此可以用冷原子荧光法检测。氢化物发生-原子荧光法可以实现冷原子荧光检测。

通常一个元素只有一个价态易生成氢化物。测汞时，水样需要消解，有机汞转化为无机汞；测砷时，在酸性条件下，通过加入硫脲、抗坏血酸将五价砷还原为三价砷，三价砷可以生成氢化物；六价硒在强酸条件下，可以转变为四价硒，四价硒能生成氢化物；锑的测定是用酸性碘化钾将五价锑还原为三价锑来进行；天然水中铋只以三价形式存在，只有几种已知的不稳定铋酸盐和五氧化铋是以五价形式存在的，据此在对于铋的测定试样只要求进行酸化；用高浓度的盐酸煮沸可以使Te（Ⅵ）还原至Te（Ⅳ）。

（三）氢化物-原子荧光光度计结构

原子荧光分析仪分为非色散型原子荧光分析仪与色散型原子荧光分析仪。这两类仪器的结构基本相似，其差别在于单色器部分，也就是对生成的荧光是否进行分光。两类仪器均包括以下几部分。

1.激发光源

激发光源可用连续光源或锐线光源。常用的连续光源是氙弧灯，常用的锐线光源是高强度空心阴极灯、无极放电灯、激光等。连续光源稳定，操作简便，寿命长，能用于多元素同时分析，但检出限较差。锐线光源辐射强度高，稳定，可得到更好的检出限。

2.原子化器

原子荧光分析仪对原子化器的要求与原子吸收光谱仪基本相同，主要是原子化效率要高。氢化物-原子荧光光度计是专门设计的，是一个电炉丝加热的石英管，氩气作为屏蔽气及载气。

3.光学系统

光学系统的作用是充分利用激发光源的能量和接收有用的荧光信号，减少和除去杂散光。色散系统对分辨能力要求不高，但需有较大的集光本领，常用的色散元件是光栅。非色散型仪器的滤光器用来分离分析线和邻近谱线，降低背景。非色散型仪器的优点是照明立体角大，光谱通带宽，集光本领大，荧光信号强度大，仪器结构简单，操作方便；缺点是散射光的影响大。

4.检测器

常用的检测器是日盲型光电倍增管，由光电阴极、若干倍增极和阳极三部分组成。光电阴极由半导体光电材料制成，入射光在上面打出光电子，由倍增极将其加上电压，阳极再收集电子。外电路形成电流输出光电倍增管，再经由检测电路将电流转换为数字信号。在多元素原子荧光分析仪中，也用光导摄像管、析像管做检测器。检测器与激发光束成直角配置，以避免激发光源对检测原子荧光信号的影响。

5.记录系统

记录系统也叫工作站，一般通过RS-232或USB串口与电脑进行通信，通过电脑的操作系统进行相关操作。

6.氢化物发生器

氢化物发生器是生成金属氢化物的装置，目前有多种不同的类型。

（1）间断法。在玻璃或塑料制发生器中加入分析溶液，通过电磁阀或其他方法控制$NaBH_4$溶液的加入量，并可自动将清洗水喷洒在发生器的内壁进行清洗，载气由支管导入发生器底部，利用载气搅拌溶液以加速氢化反应，然后将生成的氢化物导入原子化器中。测定结束后将废液放出，洗净发生器，加入第二个样品如前述进行测定，由于整个操作是间断进行的，故称为间断法。这种方法的优点是装置简单、灵敏度（峰高方式）较高。这种进样方法主要在氢化物发生技术初期使用，现在有些冷原子吸收测汞仪还使用，缺点是液相干扰较严重。

（2）连续流动法。连续流动法是将样品溶液和$NaBH_4$溶液由蠕动泵以一定速度在聚四氟乙烯的管道中流动并在混合器中混合，然后通过气液分离器将生成的气态氢化物导入原子化器，同时排出废液。采用这种方法所获得的是连续信号。该方法液相干扰少，易于实现动化。由于溶液是连续流动进行反应，样品与还原剂之间严格按照一定的比例混合，故对反应酸度要求很高的那些元素也能得到很好的测定精密度和较高的发生效率。连续流动法的缺点是样品及试剂的消耗量较大，清洗时间较长。这种氢化物发生器结构比较复杂，整个发生系统包括两个注射泵、一个多通道选择阀、一套蠕动泵及气液分离系统。

（3）断续流动法。针对连续流动法的不足，在保留其优点的基础上，1992年，断续流动氢化物发生器的概念首先由西北有色地质研究院郭小伟教授提出，它是集结了连续流动与流动注射氢化物发生技术各自的优点而发展起来的一种新的氢化物发生装置。此后，由海光公司将这种氢化物发生器配备在一系列商品化的原子荧光仪器上，从而开创了半自动化及全自动化氢化物发生—原子荧光光谱仪器的新时代。它的结构几乎和连续流动法一样，只是增加了存样环。仪器由微机控制，按下述步骤工作：第一步，蠕动泵转动一定的时间，样品被吸入并储存在存样环中，但未进入混合器中，与此同时，$NaBH_4$溶液也被吸入相应的管道中；第二步，泵停止运转以便操作者将吸样管放入载流中；第三步，泵高速转动，载流迅速将样品带入混合器，使其与$NaBH_4$反应，所生成的氢化物经气液分离后进入原子化器。

（4）流动注射氢化物发生技术。流动注射氢化物发生技术结合了连续流动和断续流动进样的双重优点，通过程序控制蠕动泵，将还原剂$NaBH_4$溶液和载液HCL注入反应器，又在连续流动法的基础上增加了存样环，样品溶液吸入后储存在存样环中，待清洗完成后再将样品溶液注入反应器发生反应，然后通过载气将生成的氢化物送入石英原子化器进行测定。

（四）氢化物-原子荧光的干扰

1.量子效率与荧光猝灭

受光激发的原子，可能发射共振荧光，也可能发射非共振荧光，还可能无辐射跃迁至低能级，所以量子效率一般小于1。

受激原子和其他粒子碰撞，把一部分能量变成热运动与其他形式的能量，因而发生无辐射的去激发过程，这种现象称为荧光猝灭。

荧光猝灭会使荧光的量子效率降低，荧光强度减弱。

量子效率低和荧光猝灭效应是原子荧光的主要干扰。

2.干扰的种类

氢化物-原子荧光的干扰分为液相干扰（化学干扰）、气相干扰（物理干扰）、散射干扰。液相干扰（化学干扰）存在于氢化反应过程中；气相干扰存在于氢化物传输过程中；散射干扰存在于检测过程中。

3.干扰的消除

（1）液相干扰的消除。它包括克服干扰的途径有加入络合剂络合掩蔽干扰元素、沉淀、萃取分离干扰元素、加入氧化还原电位高于干扰离子的元素、改变载流酸度、改变还原剂的浓度、改变干扰元素的价态等。

（2）气相干扰的消除。它包括分离、吸收气相中的干扰物质，改变传输速度，改善传输管道的特性等方式。

（3）散射干扰的消除。它包括清洁原子化室、烟囱、排气罩等方式。

（五）氢化物-原子荧光分光光度检测流程

1.操作规程

在断电状态下，安装待测元素灯。AFS～830及以上双道原子荧光光度计可同时装入两个阴极灯。

打开高纯氩气瓶，压强设为0.2～0.3MPa。

通电，先开电脑，再开仪器主机。

调节灯高，使元素灯聚焦于一面，调节炉高到所测元素的最佳高度，向二级气液分离器中注入高纯水，以封住大气连通口。

打开操作软件至操作界面，设定操作参数，选择"点火"，等仪器预热20～30min后，压紧泵管压块，开始测定。

测量完毕，将进样管与还原剂管插入高纯水中进行系统清洗，在"blank（空白）"中点"测量"，等待清洗完毕；以同样方法用空气将系统中的水排出。

松开泵管压块，在软件界面中"仪器条件"下按"熄火"，退出界面，关闭主机，关闭气瓶，关闭电源。

2.参数设定

（1）原子化器的观察高度。原子化器的观察高度是影响检出信号的一个重要参数，降低原子化器观察高度，检出信号有所增强（原子密度大），但背景信号相应增大，提高原子化器观察高度，检出信号逐渐减弱，背景信号也相应减小，当原子化器观察高度为10mm时，检出信号与背景信号相对强度最大，原子化效率最高。再进行样品测定时，所选择的原子化器观察高度一般为8~10mm。

（2）负高压的选择。随着负高压的增大，检出信号强度增强，但背景信号也相应增大，负高压过高或过低信号强度都不稳定。试验表明，当负高压为300~350V时，检出信号与背景信号相对强度最好。

（3）空心阴极灯电流的选择。根据灯电流与检出信号强度的关系，灯电流通常为60mA时，所得的信号比最高，在能满足检测条件的情况下，应尽量采用低电流，同时不要超过最大使用电流，以延长灯的寿命。测汞时，灯电流选10~15mA。

（4）载气、屏蔽气流速的确定。样品与硼氢化钾反应后生成的气态氢化物是由载气携带至原子化器的，因此载气流速对样品的检出信号具有重要作用。较小的载气流速有利于信号强度的增强，但载气流速过小不利于氢氩焰的稳定，也难以迅速地将氢化物带入石英炉，过高的载气量会冲稀原子的浓度，当载气流速为300~400mL/min时，检出信号/背景信号相对强度最好。样品测定时选择载气流速为300mL/min。而屏蔽气的流速对检出信号强度没有显著影响，选择1000mL/min。

（5）硼氢化钾浓度的影响。当硼氢化钾/氢氧化钾的浓度在0.5%~2%时，信号强度基本不变，而硼氢化钾浓度进一步增高将导致检出信号下降，这是由于高浓度硼氢化钾产生大量的氢气稀释了待测元素氢化物。单测汞时，当硼氢化钾/氢氧化钾的浓度为0.2%~0.5%时较为合适。

（6）样品溶液的酸度。氢化物发生反应要求有适宜的酸度，盐酸浓度为2%~5%较为适宜。

3.测量中的注意事项

高浓度样品要事先稀释，否则管路污染，很难清洗，尤其是测汞。

测量无信号或信号异常（所有曲线测量值很小）。

仪器电路故障判断方法：在等能量显示处有反射，有能带变化，仪器电路正常；否则，仪器电路不正常。

反应系统：管道堵、漏，水封无水，未进或进不足样品和还原剂（检查进样管路），氢化物未进入原子化器。

未形成氩氢火焰，还原剂不是现配，还原剂浓度、酸度不够，产生的氢气量太少，点火炉丝位置与石英炉芯的出口相距远。反应条件不正确。

原子荧光所用的器皿一定要用硝酸浸泡，尤其是汞，特别容易被污染。

原子荧光所测定的含量都特别低，所以一定要注意污染，包括试剂、器皿，以及环境等。

4.氢化物-原子荧光光谱法的特点

高灵敏度、低检出限，砷、汞、硒等元素有相当低的检出限，砷可达0.005pg/L，汞可达0.001pg/L，硒可达0.004pg/L，完全可满足目前的检测需要。

谱线简单、干扰少。

分析校准曲线线性范围宽，可达3～5个数量级。

可以多元素同时测定。

（六）原子荧光法应用实例

1.原子荧光法测定农产品中的砷

（1）前处理。取样品0.5～5.0g，置于50mL小烧杯中或小三角瓶中，加10mL硝酸、0.5mL高氯酸、1.25mL硫酸，盖上小漏斗，放置过夜。置于电热板上低温消解1～2h后，提高温度消解，直至高氯酸烟冒尽时取下。冷却后转移至25mL比色管中，加入2.5mL的5%的硫脲，定容，30min后上机测定。

（2）仪器条件与测定。AFS-230原子荧光分光光度计，灯电流60mA，负高压300V，其他条件都为仪器默认即可；标准曲线浓度为0μg/L、1μg/L、2μg/L、4μg/L、8μg/L、10μg/L。用5%的盐酸做载流，1.5%的硼氢化钾做还原剂，进行测定。

2.原子荧光法测定农产品中的汞

（1）前处理。取样品0.3～0.5g，不要超过0.5g，然后将样品置于微波消解管中，加入5mL硝酸、1mL过氧化氢，拧紧消解管盖子，放置30～60min再置于微波消解仪中，分三步完成消解步骤：第一步，让温度升至100℃左右保持10min；第二步，让温度升至150℃保持10min；第三步，让温度升至180℃保持5min。完成消解后，取出冷却，转移至25mL比色管中，并用0.02%重铬酸钾溶液定容。摇匀后上机测定。

（2）仪器条件与测定。AFS-230原子荧光分光光度计，灯电流30mA，负高压270V，其他条件都为仪器默认即可；标准曲线浓度为0μg/L、0.1μg/L、0.2μg/L、0.4μg/L、0.8μg/L、1μg/L、10μg/L。汞保存液为0.02%的重铬酸钾和5%的硝酸混合溶液，用5%硝酸做载流，0.5%硼氢化钾做还原剂，进行测定。

（七）原子荧光仪的发展趋势

原子荧光主要用于食品中汞、砷等的测定。国内外对食品和环境科学中有毒、有害、有机污染物高度重视，且对有机污染物的认识有了很大发展，人们已认识到砷、汞、镍、铅、镉等元素不同化合物的作用和毒性存在巨大的差异。例如，砷是一种有毒元素，其毒性与砷的存在形态密切相关，不同存在形态的砷毒性相去甚远，无机砷包括三价砷和五价砷，具有强烈的毒性，甲基砷（如一甲基砷、二甲基砷）的毒性相对较弱，而广泛存在于水生生物体内的砷甜菜碱（AsB）、砷胆碱（AsC）、砷糖（AsS）和砷脂（AsL）等则被认为毒性很低或是无毒，汞在食品中存在的形态众多，其毒性差别较大，汞元素的化学物有甲基汞（MMC）、乙基汞（EMC）、苯基汞（PMC）和无机汞（MC），甲基汞的毒性要比无机汞的毒性大得多。因此，对某些元素进行总量分析来判断食品的安全状况是不正确的，国内已发布了食品中砷、汞等不同形态的检测标准。

离子色谱–蒸气发生/原子荧光及高效液相色谱–蒸气发生/原子荧光联用技术已应用于砷、汞元素形态分析，国内已有多家仪器公司推出了不同型号的形态分析仪，该分析仪结合了蒸气发生/原子荧光光谱法（VG/AFS）和色谱高效分离的优点，在测定砷、汞、硒等元素形态时具有较高的检测灵敏度，且选择性好，又具有多元素检测能力的独特优势。

第三节　质谱分析技术及其在食品检验中的应用

一、质谱分析法概述

质谱分析法（MS）是通过对样品离子的质量和强度的测定来进行定量分析和结构分析的一种分析方法。质谱分析法具有分析速度快、灵敏度高及谱图解析相对简单等优点。通过质谱分析可以得到化合物的相对分子质量、分子式及元素组成等信息。质谱分析法早期主要用于相对原子质量的测定和某些复杂碳氢混合物中各组分的定量测定。20世纪60年代以后开始应用于复杂化合物的鉴定和结构分析，随着气相色谱、高效液相色谱等仪器和质谱联用技术的发展，质谱法已成为分析、鉴定复杂混合物的有效工具之一。20世纪90年代以来，随着电喷雾电离（ESI）、基质辅助激光解吸电离（MALDI）的应用，生物质谱迅速发展，其主要用于测定生物大分子，如蛋白质、核酸和多糖等的结构。生物质谱是目前质谱学中研究最活跃、最富生命力的领域，为质谱研究的前沿课题，有力地推动了质谱分析理论和技术的发展。随着电离技术和质谱仪器的不断改进和日渐成熟，质谱已被广泛用于原子能、石油化工、电子、冶金、医药、食品、材料科学、环境科学及生命科学领域，并发挥着越来越重要的作用。

二、质谱分析原理

质谱分析法是使被测物质的分子产生气态离子，然后按质荷比对离子进行分离和检测的方法。根据质量分析器的工作原理，质谱仪可分为动态仪器和静态仪器两大类型，在静态仪器中，质量分析器采用稳定磁场，按空间位置将不同质荷比的离子分开，如单聚焦和双聚焦质谱仪。在动态仪器中，质量分析器采用变化的电磁场，按时空来区分不同质荷比的离子。

通过进样系统将样品引入并汽化，然后将汽化后的样品引入离子源，在高真空状态下，同时受到高速电子流或强电场等的作用，失去外层电子而生成分子离子，或化学键断裂生成各种碎片离子，然后将分子离子和碎片离子引入一个强的正电场中，使之加速，加速电位通常为 6~8kV，此时所有带单位正电荷的离子获得的动能都一样。

由于动能达数千电子伏，可以认为此时各种带单位正电荷的离子都有近似相同的动能。但是，不同质荷比的离子具有不同的加速度，经过加速后的离子束进入质量分析器，质量分析器利用离子质荷比不同及其速度差异将其分离，而后离子分别进入检测器，产生电信号并放大，检测器记录不同质荷比的离子的电信号强度，即可获得一个以质荷比为横坐标、以相对强度为纵坐标的质谱图。此时质谱图的信号强度与达到检测器的离子数目成正比。

根据质谱图提供的信息，可以进行无机物和有机物的定性与定量分析、复杂化合物的结构分析、样品中同位素比的测定以及固体表面的结构和组成的分析等。

三、质谱仪的结构

典型的质谱仪一般由进样系统、真空系统、离子源、质量分析器、检测器和记录系统等组成。

（一）进样系统

进样系统的作用是高效重复地将样品引入离子源，并且不能造成真空度的降低。目前常用的进样装置有间歇式进样系统、直接探针进样系统及色谱进样系统。一般质谱仪都配有前两种进样系统，以适应不同样品的进样要求。

（二）真空系统

在质谱分析中，为避免离子源灯丝损坏、降低背景及离子的损失，离子源质量分析器及检测器必须处于高真空状态。离子源的真空度应达$10^{-5}\sim10^{-3}$Pa，质量分析器的真空度应达10^{-6}Pa，并且要求真空度十分稳定。

（三）离子源

离子源的作用是将被分析的样品分离成带电的离子。离子源的种类很多，目前以电子轰击电离源（EI）、化学电离源（CI）和电喷雾电离源应用最为广泛。

（四）质量分析器

质量分析器的作用是将离子源产生的离子，按质荷比的大小进行分离和排列。质量分析器的类型很多，应用较广泛的有单聚焦质量分析器、双聚焦质量分析器、四极杆质量分析器、离子阱质量分析器、飞行时间质量分析器和傅里叶变换离子回旋共振质量分析器等。

（五）检测器

经过质量分析器分离后的离子，到达检测系统进行检测，即可得到质谱图。质谱仪常用的检测器有电子倍增管检测器、闪烁检测器、法拉第杯检测器和照相底板检测器等，其中电子倍增管检测器是最常用的检测器。

（六）记录系统

经离子检测器检测后的电流，经放大器放大后，记录仪可将其快速记录到计算机中进行结果处理。它不仅能快速准确地采集数据和处理数据，而且能监控质谱仪各单元的工作状态，从而实现质谱仪的全自动操作，并能代替人工进行化合物的定性和定量分析。

四、质谱定性分析及质谱解析

利用计算机检索系统或相关文献提供的图谱进行解析，来确定所测化合物的相对分子质量、分子式和分子结构。

（一）定性分析

1.相对分子质量的测定

从分子离子峰可以准确地测定该物质的相对分子质量。在判断分子离子峰时要综合考虑样品来源、性质等其他因素。如果经判断没有分子离子峰或分子离子峰不能确定时，则需要采取降低电离能量、制备衍生物或采取软电离等方式得到分子离子峰。

2.化学式的确定

在确认了化合物的分子峰并知道了相对分子质量后，就可以确定化合物的部分或整个化学式，一般有两种方法，即用高分辨率质谱仪确定分子式和由同位素比求分子式。

3.结构式的确定

一种方法是确定了未知化合物的相应分子质量和化学式以后，先确定化学式中双键和环的数目，然后确定分子断裂方式，提出未知化合物的结构单元和可能的结构，并利用标准谱图进行核对。

此外，物理化学性质以及由紫外可见光谱、红外光谱、核磁共振谱等获得的资料，确定未知化合物还需根据未知化合物的来源结构。另一种方法是在相同实验条件下获得已知物质的标准图谱，通过图谱比较来确认样品分子结构。

（二）质谱解析

在确认质谱图给出的信息完全可靠的前提下，除对计算机检索得到的结果进行分析外，还需根据所能得到的样品来源、理化性质等信息，配合其他分析手段，才能得到正确的结论。常用的质谱解析过程如下。

研究质谱图可能得到的样品信息，包括样品的来源以及样品的理化性质、光学性质等。

分析分子离子峰的正确性。

根据分子离子质量数和同位素的丰度判断分子中含碳数目。

找出奇电子离子，分析奇电子离子与分子离子之间的关系。

分析分子的稳定性、各峰间的相互关系以及所含的特征碎片离子。

列出可能的分子式，计算分子的不饱和度，分析可能的分子结构式。

参考标准化合物图谱或类似化合物图谱，并考虑裂解机制进行图谱分析。

综合以上信息，再结合红外光谱、核磁共振谱等分析分子结构的信息，最终确定分子的结构。

五、质谱定量分析

质谱法检出的离子流强度与离子数目成正比，因此通过离子流强度可进行定量分析。质谱法可以定量测定有机分子、生物分子及无机样品中元素的含量。

当采用质谱法直接测定待测物的浓度时，一般用质谱峰的峰高作为定量参数。对混合物中各组分能够产生对应质谱峰的样品来说，可通过绘制峰高相对于浓度的校正曲线，即外标法进行测定。为了获得较准确的结果，消除样品预处理及操作条件改变而引起的离子化产率的波动，也可选用内标法。

在使用低分辨率的质谱仪对混合物进行分析时，常常不能产生单组分的质谱峰，此时可采用与紫外-可见吸收光谱法分析相互干扰的混合物样品时所用的解联立方程组相同的方法进行处理。该方法一次进样就可实现混合物中各成分的分析，快速且灵敏。

一般来说，用质谱法进行定量分析时，其相对标准偏差为2%～10%。分析的准确度主要取决于被分析混合物的复杂程度和性质。

质谱分析具有很强的结构鉴定能力，但不能直接用于复杂混合物的鉴定。气相色谱分析（GC）和液相色谱分析（LC）对混合物中各组分的分离和定量有着显著的优势，但仅用色谱难以进行确切的定性。因此，把分离能力强的色谱仪与定性检测能力强的质谱仪结合在一起，可提供一种对复杂化合物最为有效的定性定量分析方法。

（一）GC-MS联用技术

气相色谱仪-质谱联用仪（GC-MS）是由气相色谱仪和质谱仪通过气质联用接口连接而成的，两种技术的有机结合大大扩展了应用的范围。一般来说，凡能用气相色谱法进行分析的样品，大部分都能用GC-MS进行定性鉴定和定量测定。

GC-MS联用仪主要由色谱部分、质谱部分和数据处理系统三部分组成。色谱部分除不再有气相色谱的检测器外，其他和一般的气相色谱基本相同，质谱仪就相当于气相色谱的检测器。样品经气相色谱仪分离后，通过分子分离器以纯物质的形式进入质谱仪的离子源，然后进行质谱检测，这样色谱仪分离出的每个组分都能在质谱仪上记录出质谱图。

分子分离器是GC-MS之间的连接装置，能同时起到降压和分离载气的作用。GC-MS联用技术的成功，使得质谱在复杂有机混合物分析方面占有独特的地位，目前GC-MS已成为有机化学、生物化学、环境化学、食品化学、生物学、药物学、医学、地质、石油化工等领域进行分析和科学研究的有力手段。

（二）LC-MS联用技术

随着ESI和大气压化学电离源（API）等技术较为成功地解决了液相色谱与质谱间的接口技术难题后，液相色谱-质谱联用仪在20世纪90年代以后出现了飞速发展。ESI和API是利用喷雾过程使雾状样品带上电荷，并使其在气相中蒸发除去流动相，然后将极性和热不稳定的化合物在不发生热降解的情况下引入质谱仪。

LC-MS联用仪由液相色谱、接口、质量分析器、检测器组成。按接口技术可分为移动带接口、热喷雾接口、粒子束接口、快原子轰击接口等。按质量分析器分类有四极杆、离子阱、飞行时间、傅立叶质谱及质量分析器互相串联后形成的多级质谱（如四极杆质谱）等。

与GC-MS相比，LC-MS联用的优点非常显著，LC-MS可以分析易热裂解或热不稳定的物质（如蛋白质、多糖、核酸等大分子物质），弥补了GC-MS在这一领域的不足。目前LC-MS已成为生命科学、食品科学、医学、环境科学、化学和化工等诸多领域重要的检测工具之一。

六、GC-MS、LC-MS联用技术在食品安全检测中的应用

随着色谱与质谱联用技术的不断发展，GC-MS、LC-MS在食品安全检测中发挥的作用越来越大。

（一）GC-MS联用技术在食品安全检测中的应用

作为一种强有力的定量定性技术，GC-MS在食品有害残留物的分析中具有重要的地位。目前，在食品中多达上百种农药（包括有机磷类、有机氯类、氨基甲酸酯类、拟除虫菊酯类及有机杂环类等）残留量的检测，能同时做到定性和定量。在兽药残留检测方面，其用于磺胺类药物及一些禁用物，如肉中β受体激动剂（克仑特罗和沙丁胺醇等）和水产品、蜂蜜、奶制品及鸡肉中霉素残留等的确证分析；用于食品中持久性有机污染物，如二噁英、多溴联苯醚等的检测；用于食品加工中污染物，如N-亚硝基化合物、氯丙醇、苯并[α]芘等的检测及食品中添加剂的检测等。

随着世界各国对食品安全的日益重视，GC-MS联用技术在食品安全领域有极其广泛的应用，在农药残留、食品添加剂和其他有害物质残留的检测与确证方面发挥着越来越重要的作用。

（二）LC-MS联用技术在食品安全检测中的应用

随着LC-MS技术的不断完善，现已广泛应用于农药残留（如氨基甲酸酯）、兽药残留（如四环素类、磺胺类、硝基呋喃类、β-内酰胺类、大环内酯等）、食品添加剂、真菌毒素（如黄曲霉海索、赭曲霉毒素A、棒状曲霉、单端孢霉烯族化合物）和鱼贝类毒素（如贝类毒素、河豚毒素等）、食品污染物（如烷基酚、丙烯酰胺）、食品中非法添加物（如苏丹红、离子型色素、孔雀石绿、瘦肉精和三聚氰胺等）的定性定量分析等。

第四章 食品安全检验分析技术

第一节 食品中限量元素（重金属）检验分析技术

一、概述

重金属是指密度在5g/m³以上的金属，如铅（Pb）、镉（Cd）、汞（Hg）、铜（Cu）、金（Au）等。有些重金属如镉（Cd）、汞（Hg）、铬（Cr）、砷（As）、锡（Sn）等通过食物进入人体，会干扰人体正常生理功能，危害人体健康，称之为有毒重金属，其中砷（As）本属非金属元素，但根据其化学性质及其毒性，将其归为有毒重金属元素。一般情况下，根据重金属元素毒性的高低又分为中等毒性元素（Cu、Sn等）和强毒性元素（Hg、Pb、As、Cr等）。

大部分重金属在环境中均不能被生物所降解，相反的是，随着食物链的生物放大作用而进行富集，随后进入人体，出现各种反应危害健康，出现致畸、致癌或致突变等现象。而受到重金属污染的果蔬、粮食等食物并不能通过浸泡、清洗等措施达到去除所有重金属的目的。因此，进入人体的重金属一般都是经过较长时间的积累之后才会出现症状，导致在发现之时已危害较为严重。

目前，常见的重金属检测方法有化学法、电化学法、原子荧光法、原子吸收法、等离子发射光谱法（ICP）等。

原子吸收光谱法是进行无机化合物元素定量分析的主要方法，具有选择性强、准确度高、分析速度快等优点，但同时存在不利于多种元素同时测定、检出限较高、成本较高等缺点。

荧光光谱法是一种比相应吸收光谱法灵敏度高1~3个数量级的分析方法，该方法是以测定待测样品分子由激发态松弛到较低能级时发出的辐射为基础，待测组分由于吸收了光子就跃迁至激发态。如果大多数分子不产生荧光，则不能采用荧光法进行分析。

感应耦合等离子体原子发射光谱法在过去10年中变得越来越普及。该方法用等离子体作为原子化激发源。等离子体的温度非常高（5000~10000K），导致原子化效率非常高，而且可能是由于氩气电离产生了高浓度的电子，所以并没有产生原子的过剩电离问题。

二、食品中限量元素（重金属）检验分析技术——以食品中铅的石墨炉原子吸收光谱法分析为例

（一）原理

试样消解处理后，经石墨炉原子化，在283.3nm处测定吸光度。在一定浓度范围内，铅的吸光度值与铅含量成正比，与标准系列比较定量。

（二）试剂和仪器设备

除非另有说明，本方法所用试剂均为优级纯，水为GB/T 6682规定的二级水。

1. 试剂

（1）高氯酸。

（2）硝酸溶液（5+95）。量取50mL硝酸，缓慢加入950mL水中，混匀。

（3）硝酸溶液（1+9）。量取50mL硝酸，缓慢加入450mL水中，混匀。

（4）磷酸二氢铵—硝酸钯溶液。称取0.02g硝酸钯，加少量硝酸溶液（1+9）溶解后，再加入2g磷酸二氢铵，溶解后用硝酸溶液（5+95）定容至100mL，混匀。

（5）铅标准储备液（1000mg/L）。准确称取1.5985g（精确至0.0001g）硝酸铅。用少量硝酸溶液（1+9）溶解，移入1000mL容量瓶，加水至刻度，混匀。

（6）铅标准中间液（1.00mg/L）。准确吸取铅标准储备液（1000mg/L）1.00mL于1000mL容量瓶中，加硝酸溶液（5+95）至刻度，混匀。

（7）铅标准系列溶液。分别吸取铅标准中间液（1.00mg/L）0mL、0.500mL、1.00mL、2.00mL、3.00mL和4.00mL于100mL容量瓶中，加硝酸溶液（5+95）至刻度，混匀。此铅标准系列溶液的质量浓度分别为0μg/L、5.00μg/L、10.0μg/L、20.0μg/L、30.0μg/L和40.0μg/L。

2. 仪器和设备

原子吸收光谱仪（配石墨炉原子化器，附铅空心阴极灯）、分析天平（感量分别为0.1mg和1mg）、可调式电热炉、可调式电热板、微波消解系统（配聚四氟乙烯消解内罐）、恒温干燥箱、压力消解罐（配聚四氟乙烯消解内罐）。

注：所有玻璃器皿及聚四氟乙烯消解内罐均需用硝酸溶液（1+5）浸泡过夜，并用自来水反复冲洗，最后用水冲洗干净。

（三）操作方法

1.样品预处理

（1）粮食、豆类样品。去除杂物后，粉碎，储于塑料瓶中。

（2）蔬菜、水果、鱼类、肉类等样品。用水洗净，晾干，取可食部分，制成匀浆，储于塑料瓶中，保存备用。

（3）饮料、酒、醋、酱油、食用植物油、液态乳等液体样品，将样品摇匀。

（4）采样和制备过程中，应注意避免样品污染。

2.样品前处理

（1）湿法消解。称取固体试样0.2~3g（精确至0.001g）或准确移取液体试样0.500~5.00mL于带刻度消化管中，加入10mL硝酸和0.5mL高氯酸，在可调式电热炉上消解（参考条件：120℃/0.5~1h、升至180℃/2~4h、升至200~220℃）。若消化液呈棕褐色，再加少量硝酸，消解至冒白烟，消化液呈无色透明或略带黄色，取出消化管，冷却后用水定容至10mL，混匀备用，同时做试剂空白实验。亦可采用锥形瓶，于可调式电热板上，按上述操作方法进行湿法消解。

（2）微波消解。称取固体试样0.2~0.8g（精确至0.001g）或准确移取液体试样0.500~3.00mL于微波消解罐中，加入5mL硝酸，按照微波消解的操作步骤消解试样。冷却后取出消解罐，在电热板上于140~160℃赶酸至1mL左右。消解罐放冷后，将消化液转移至10mL容量瓶中，用少量水洗涤消解罐2~3次，合并洗涤液于容量瓶中并用水定容至刻度，混匀后备用。

（3）压力罐消解。称取固体试样0.2~1g（精确至0.001g）或准确移取液体试样0.500~5.00mL于消解内罐中，加入5mL硝酸。盖好内盖，旋紧不锈钢外套，放入恒温干燥箱，于140~160℃下保持4~5h。冷却后缓慢旋松外罐，取出消解内罐，放在可调式电热板上于140~160℃赶酸至1mL左右。冷却后将消化液转移至10mL容量瓶中，用少量水洗涤内罐和内盖2~3次，与洗涤液混合后置于容量瓶中并用水定容至刻度，混匀后备用。

3.测定

（1）标准曲线的制作。按质量浓度由低到高的顺序分别将10μL铅标准系列溶液和5μL磷酸二氢铵—硝酸钯溶液（可根据所使用的仪器确定最佳进样量）同时注入石墨炉，原子化后测其吸光度值，以质量浓度为横坐标，吸光度值为纵坐标，制作标准曲线。

（2）试样溶液的测定。在与测定标准溶液相同的实验条件下，将10μL空白溶液或试样溶液与5μL磷酸二氢铵—硝酸钯溶液（可根据所使用的仪器确定最佳进样量）同时注入石墨炉，原子化后对其吸光度值进行检测。

（四）结果分析

试样中铅的含量按式（4-1）计算。

$$X = \frac{(p - p_0) \times V}{m \times 1000} \tag{4-1}$$

式中：X——试样中铅的含量，单位为毫克每千克或毫克每升（mg/kg或mg/L）；

p——试样溶液中铅的质量浓度，单位为微克每升（μg/L）；

p_0——空白溶液中铅的质量浓度，单位为微克每升（μg/L）；

V——试样消化液的定容体积，单位为毫升（mL）；

m——试样称样量或移取体积，单位为克或毫升（g或mL）；

1000——换算系数。

当铅含量≥1.00mg/kg（或mg/L）时，计算结果保留3位有效数字；当铅含量<1.00mg/kg（或mg/L）时，计算结果保留两位有效数字。

（五）精密度

在重复性条件下获得的两次独立测定结果的绝对差值不得超过算术平均值的20%。

（六）其他

当称样量为0.5g（或0.5mL），定容体积为10mL时，方法的检出限为0.02mg/kg（或0.02mg/L），定量限为0.04mg/kg（或0.04mg/L）。

第二节　食品中多氯联苯检验分析技术

一、概述

多氯联苯（Polychlorinated biphenyls，PCBs）共有209种同系物异构体单体。在PCBs商品中已鉴定出130种同系物异构体单体，有些PCBs同系物异构体单体为平面的"二噁英类（dioxin—like）"化学结构，并在生化和毒理学特性上与2，3，7，8—TCDD（2，3，7，8—四氯二苯并—对—二噁英）极其相似，因此被称为二噁英多氯联苯（DL—PCBs）。纯的PCBs化合物为晶体，混合物为油状液体。一般的工业品为混合物，有各种商业名称，如Aroclor（美国）、Kanechlor（德国）、Cophen（法国）、Kenechlor（日本）和Sovol（苏联）等。在美国还使用号码数字命名，开头的两个数字代表多卤代联苯的分子类型，如12代表氯代联苯，后两个数字代表氯的百分含量。这些PCBs商品是工业品的混合物，同时含有共平面（coplanar）和非共平面（nonplanar）的同系物异构体单体。PCBs的理化性质高度稳定，耐酸、耐碱、耐腐蚀和抗氧化，对金属无腐蚀、耐热和绝缘性能好、阻燃性好。PCBs曾经被开放使用（如油漆、油墨、复写纸、黏胶剂、封闭剂、润滑油等）和密闭使用（如作为特殊传热介质用于变压器、电容等的绝缘流体，在热传导系统和水力系统中的介质等）多年。虽然在20世纪70年代大多数国家已禁止生产和使用PCBs，但因为这些设备系统的毁坏和渗漏，PCBs已进入人类生活环境。由于过去的不恰当使用已造成PCBs的环境污染，而正在使用设备的报废仍具有造成进一步污染的潜在危险。

二、原理

本方法应用稳定性同位素稀释技术，在试样中加入$^{13}C_{12}$标记的PCBs作为定量标准，经过索氏提取后的试样溶液经柱色谱层析净化、分离，浓缩后加入回收内标，使用气相色谱—低分辨质谱联用仪，以四极杆质谱选择离子监测（SIM）或离子阱串联质谱多反应监测（MRM）模式进行分析，采用内标法进行定量。该方法可测定食品中多氯联苯包括全球环境监测系统/食品规划中规定的指示性PCBs（PCB28、PCB52、PCB101、PCB118、PCB138、PCB153和PCB180）及PCB18、PCB33、PCB44、PCB70、PCB105、PCB128、PCB170、PCB187、PCB194、PCB195、PCB199和PCB206的含量。

三、试剂仪器

（一）试剂

（1）正己烷、二氯甲烷、丙酮、甲醇、异辛烷，均为农残级。

（2）无水硫酸钠。优级纯。将市售无水硫酸钠装入玻璃色谱柱，依次用正己烷和二氯甲烷淋洗两次，每次使用的溶剂体积约为无水硫酸钠体积的两倍。淋洗后，将无水硫酸钠转移至烧瓶中，在50℃下烘烤至干，然后在225℃下烘烤8~12h，冷却后在干燥器中保存。

（3）硫酸。含量95%~98%，优级纯。

（4）氢氧化钠、硝酸银均为优级纯。

（5）色谱用硅胶（75~250μm）。将市售硅胶装入玻璃色谱柱中，依次用正己烷和二氯甲烷淋洗两次，每次使用的溶剂体积约为硅胶体积的两倍。淋洗后，将硅胶转移到烧瓶中，以铝箔盖住瓶口置于烘箱中50℃烘烤至干，然后升温至180℃烘烤8~12h，冷却后装入磨口试剂瓶中，干燥器中保存。

（6）44%酸化硅胶。称取活化好的硅胶100g，逐滴加入78.6g硫酸，振摇至无块状物后，装入磨口试剂瓶中，干燥器中进行保存。

（7）33%碱性硅胶。称取已经活化好的硅胶100g，逐滴加入49.2g 1mol/L的氢氧化钠溶液，进行振摇，待无块状物后，置入磨口试剂瓶、干燥器中保存。

（8）10%硝酸银硅胶。将5.6g硝酸银溶解在21.5mL去离子水中，逐滴加入50g活化硅胶中，振摇至无块状物后，装入棕色磨口试剂瓶中、干燥器中保存。

（9）碱性氧化铝。色谱层析用碱性氧化铝，660℃烘烤6h，然后将其装入磨口试剂瓶中、干燥器中保存。

（二）标准溶液

（1）时间窗口确定标准溶液。由各氯取代数的PCBs在DB—5ms色谱柱上第一个出峰和最后一个出峰的同族化合物组成。

（2）定量内标标准溶液。

（3）回收率内标标准溶液。

（4）校正标准溶液。

（5）精密度和准确度实验标准溶液。

（三）仪器和设备

气相色谱—四极杆质谱联用仪（GC—MS）或气相色谱—离子阱串联质谱联用仪（GC—MS/MS）。

色谱柱：DB—5ms柱，30m×0.25mm×0.25μm，或等效色普柱。组织匀浆器、绞肉机、旋转蒸发仪、氮气浓缩器、超声波清洗器、振荡器、分析天平（感量为0.1g）。

四、分析步骤

（一）样品预处理

用避光材料如铝箔、棕色玻璃瓶等包装现场采集的试样，并放入小型冷冻箱中运输到实验室，-10℃以下低温冰箱保存。固体试样（如鱼、肉）等可使用冷冻干燥或使用无水硫酸钠干燥并充分混匀。油脂类可直接溶于正己烷中进行净化处理。

（二）提取

提取前，将一空纤维素或玻璃纤维提取套筒装入索氏提取器中，以正己烷＋二氯甲烷

（50+50）为提取溶剂，预提取 8h 后取出晾干。将预处理试样 5.0 ~ 10.0g 装入处理好的提取套筒中，加入 $^{13}C_{12}$ 标记的定量内标，用玻璃棉盖住试样，平衡 30min 后装入索氏提取器，以适量正己烷+二氯甲烷（50+50）为提取溶剂，提取 18 ~ 24h，回流速度控制在 3 ~ 4 次 /h。

提取完成后，将提取液转移到茄形瓶中，旋转蒸发浓缩至近干，如分析结果以脂肪计则需要测定试样的脂肪含量。

脂肪含量的测定：浓缩前准确称重茄形瓶，将溶剂浓缩至干后准确称重茄形瓶，两次称重结果的差值为试样的脂肪量。测定脂肪量后，加入少量正己烷溶解瓶中残渣。

（三）净化

1.酸性硅胶柱净化

（1）净化柱装填。玻璃柱底端用玻璃棉封堵后从底端到顶端依次填入4g活化硅胶、10g酸化硅胶、2g活化硅胶、4g无水硫酸钠，再用100mL正己烷预淋洗。

（2）净化。将浓缩的提取液全部转移至柱上，用约5mL正己烷冲洗茄形瓶3 ~ 4次，洗液转移至柱上。待液面降至无水硫酸钠层时加入180mL正己烷洗脱，洗脱液浓缩至约1mL。如果酸化硅胶层全部变色，表明试样中脂肪量超过了柱子的负载极限。洗脱液浓缩后，制备一根新的酸性硅胶净化柱，重复上述操作，直至硫酸硅胶层不再全部变色。

2.复合硅胶柱净化

（1）净化柱装填。玻璃柱底端用玻璃棉封堵后从底端到顶端依次填入1.5g硝酸银硅胶、1g活化硅胶、2g碱性硅胶、1g活化硅胶、4g酸化硅胶、2g活化硅胶、2g无水硫酸钠。然后用30mL正己烷+二氯甲烷（97+3）预淋洗。

（2）净化。将经过净化后浓缩洗脱液全部转移至柱上，用约5mL正己烷对茄形瓶冲洗3 ~ 4次，洗液转移到柱上。待液面降至无水硫酸钠层时加入50mL正己烷+二氯甲烷（97+3）洗脱，洗脱液浓缩到约1mL。

3.碱性氧化铝柱净化

（1）净化柱装填。玻璃柱底端用玻璃棉封堵后从底端到顶端依次填入2.5g经过烘烤的碱性氧化铝、2g无水硫酸钠，15mL正己烷预淋洗。

（2）净化。将经过净化后浓缩洗脱液全部转移到柱上，用大约5mL正己烷冲洗茄形瓶3 ~ 4次，洗液转移到柱上。当液面降至无水硫酸钠层时加入30mL正己烷（2×15mL）洗脱柱子，待液面降至无水硫酸钠层时加入25mL二氯甲烷+正己烷（5+95）洗脱。洗脱液浓缩至近干。

将净化后的试样溶液转移至进样小管中，在氮气流下浓缩，用少量正己烷洗涤茄形瓶3 ~ 4次，洗涤液也转移至进样内插管中，氮气浓缩至约50μL，加入适量回收率内标，然后封盖待上机分析。

五、仪器参考条件

（一）色谱条件

色谱柱（DB—5ms石英毛细管柱，30m×0.259m×0.25mm）；进样方式，不分流；进样口温度：300℃。

色谱柱升温程序：初始温度为100℃，保持2min；15℃/min升温至180℃；3℃/min升温至240℃；10℃/min升温至285℃并保持10min。

载气：氦气（纯度>99.999%）。

（二）质谱参数

1.四极杆质谱仪

电离模式：电子轰击源（EI），能量为70eV。离子检测方式：离子监测（SIM），离子源温度为250℃，传输线温度为280℃，溶剂延迟为10min，检测PCBs时选择特征离子为分子离子。

2.离子阱质谱仪

电离模式：电子轰击源（EI），能量为70eV。离子检测方式：多反应监测（MRM），传输线温度280℃，歧盒（manifold）温度40℃，离子阱温度为220℃。

检测PCBs时选择的母离子为分子离子（M+2或M+4），子离子为分子离子丢掉一个氯原子后形成的碎片离子（M-^{2}Cl）。

（三）灵敏度检查

进样1μL（20pg）CS1溶液，检查GC—MS灵敏度。要求3至7氯取代的各化合物检测离子的信噪比应达到3以上。否则，应重新进行仪器调谐，直至符合规定。

六、结果计算

1.RRF值的计算

采用RRF进行定量计算，使用校正标准溶液计算RRF值，计算公式见式（4-2）和式（4-3）。

$$RRF_n = \frac{A_n \times C_s}{A_s \div C_n} \qquad (4-2)$$

式中：RRF_n——目标化合物对定量内标的相对响应因子；

A_n——目标化合物的峰面积；

C_s——定量内标的浓度,单位为微克每升(μg/L);

A_s——定量内标的峰面积;

C_n——目标化合物的浓度,单位为微克每升(μg/L)。

$$RRF_r = \frac{A_s \times C_r}{A_r \div C_s} \quad (4-3)$$

式中:RRF_r——定量内标对回收内标的相对响应因子;

A_r——回收率内标的峰面积;

C_r——回收率内标的浓度,单位为微克每升(μg/L)。

各化合物5个浓度水平的RRF值的相对标准偏差(RSD)应小于20%。达到这个标准后,使用平均$RRFn$和平均$RRFr$进行定量计算。

2.PCBs含量计算

试样中PCBs含量的计算公式见式(4-4)。

$$C_n = \frac{A_n \times m_s}{A_s \times RRF_n \times m} \quad (4-4)$$

式中:C_n——试样中PCBs的含量,单位为微克每千克(μg/kg);

A_n——目标化合物的峰面积;

m_s——试样中加入定量内标的量,单位为纳克(ng);

A_s——定量内标的峰面积;

RRF_n——目标化合物对定量内标的相对响应因子;

m——取样量,单位为克(g)。

3.定量内标回收率计算

按式(4-5)计算定量内标回收率(R),其数值以%表示。

$$R(\%) = \frac{A_s \times m_r}{A_r \times RRF_r \times m_s} \quad (4-5)$$

式中:R——定量内标回收率(%);

A_s——定量内标的峰面积;

m_r——试样中加入回收率内标的量,单位为纳克(ng);

A_r——回收率内标的峰面积;

RRF_r——定量内标对回收率内标的相对响应因子;

m_s——试样中加入定量内标的量,单位为纳克(ng)。

定量结果保留小数点后两位数字。

4.检测限

本标准的试样检测限规定为当信噪比为3时,同位素丰度比符合要求的响应所对应的试样浓度。检测限的计算公式见式(4-6)。

$$DL = \frac{3 \times N \times m_s}{H \times RRF_n \times m} \tag{4-6}$$

式中：DL——检测限,单位为微克每千克(μg/kg);

N——噪声峰高;

m_s——加入定量内标的量,单位为纳克(ng);

H——定量内标的峰高;

RRF_n——目标化合物对定量内标的相对响应因子;

m——试样量,单位为克(g)。

试样基质、取样量、进样量、定量内标的回收率、色谱分离状况、电噪声水平以及仪器灵敏度,均可能对试样检出限造成影响,因此噪声水平应从实际试样谱图中获取。当某目标化合物的结果报告未检出时,应同时报告试样检测限。

第三节 食品中丙烯酰胺检验分析技术

一、概述

随着现代工业的发展,食品生产过程中的添加剂和化学物质日益增多,其中丙烯酰胺作为一种常见化合物,其安全性备受关注。

丙烯酰胺是一种白色晶体化学物质,是生产聚丙烯酰胺的原料。聚丙烯酰胺主要用于水的净化处理、纸浆的加工及管道的内涂层等。丙烯酰胺广泛存在于许多加工食品中。它不是食品中的添加剂和配料,而是每当富含碳水化合物的食品以高温烹调或加热时,便以副产物的形式自然形成。淀粉类食品在高温(>120℃)烹调下容易产生丙烯酰胺。人体可通过消化道、呼吸道、皮肤黏膜等多种途径接触丙烯酰胺,而饮水是其中的一条重要接触途径。丙烯酰胺具有多种毒性,具体如下。

(1)急性毒性。急性毒性是指短时间内大量摄入丙烯酰胺后对生物体产生的毒性作用。研究表明,丙烯酰胺的急性毒性相对较低,但在高剂量下仍可对生物体造成一定的损害，主要表现为中枢神经系统的抑制，如头晕、乏力、恶心等症状。因此，在日常生活中，应避免过量摄入含有丙烯酰胺的食品。

（2）发育毒性。发育毒性是指丙烯酰胺对生物体发育过程的潜在影响。动物实验表明，丙烯酰胺可干扰胚胎的正常发育，导致胚胎畸形、生长迟缓等不良后果。虽然人体内的发育毒性研究相对较少，但考虑到丙烯酰胺的广泛存在，我们应警惕其对人类发育可能带来的潜在风险。

（3）遗传毒性。遗传毒性是指丙烯酰胺对生物体遗传物质的损害作用。研究表明，丙烯酰胺可导致基因突变、染色体异常等遗传损伤，进而增加患遗传性疾病的风险。这种毒性作用对人类的健康具有长远影响，因此对食品中丙烯酰胺的严格控制至关重要。

（4）致癌性。致癌性是丙烯酰胺毒性研究中的一个重要方面。多项研究表明，长期接触或摄入丙烯酰胺可能增加患癌症的风险，尤其是神经胶质瘤和膀胱癌等。这一发现引起了广泛关注，促使人们更加关注食品中丙烯酰胺的含量及其潜在危害。

综上所述，丙烯酰胺作为一种常见的化合物，在食品生产中具有一定的积极应用。然而，其潜在的毒性作用也不容忽视。为了确保食品安全，我们需要加强对食品中丙烯酰胺的检验分析，并严格控制其在食品中的含量。同时，公众也应提高食品安全意识，选择健康、安全的食品，保障自身及家人的健康。

二、原理

本方法适用于热加工（如煎、炙烤、焙烤等）食品中丙烯酰胺的测定。本方法应用稳定性同位素稀释技术，在试样中加入 ^{13}C 标记的丙烯酰胺内标溶液，以水为提取溶剂，经过固相萃取柱或基质固相分散萃取净化后，以液相色谱—质谱/质谱的多反应离子监测（MRM）或选择反应监测（SRM）进行检测，内标法定量。

三、试剂和仪器

（一）试剂

（1）甲酸、甲醇均为色谱纯。

（2）正己烷。分析纯，重蒸后使用。

（3）乙酸乙酯。分析纯，重蒸后使用。

（4）无水硫酸钠。400℃，烘烤4h。

（5）硫酸铵。

（6）硅藻土。Extrelut™20或相当产品。

（7）丙烯酰胺标准品（纯度>99%）。

（8）$^{13}C_3$—丙烯酰胺标准品（纯度>98%）。

（9）丙烯酰胺标准储备溶液（1000mg/L）。准确称取丙烯酰胺标准品，用甲醇溶解并定容，使丙烯酰胺浓度为1000mg/L，置－20℃冰箱中保存。

（10）丙烯酰胺中间溶液（100mg/L）。移取丙烯酰胺标准储备溶液1mL，加甲醇稀释至10mL，使丙烯酰胺浓度为100mg/L，置－20℃冰箱中保存。

（11）丙烯酰胺工作溶液Ⅰ（10mg/L）。移取丙烯酰胺中间溶液1mL，用0.1%甲酸溶液稀释至10mL，使丙烯酰胺浓度为10mg/L。临用时配制。

（12）丙烯酰胺工作溶液Ⅱ（1mg/L）。移取丙烯酰胺工作溶液Ⅰ 1mL，用0.1%甲酸溶液稀释至10mL，使丙烯酰胺浓度为1mg/L。临用时配制。

（13）$^{13}C_3$—丙烯酰胺内标储备溶液（1000mg/L）。准确称取$^{13}C_3$—丙烯酰胺标准品，用甲醇溶解并定容，使$^{13}C_3$—丙烯酰胺浓度为1000mg/L，置－20℃冰箱保存。

（14）内标工作溶液（10mg/L）。移取内标储备溶液1mL，用甲醇稀释至100mL，使$^{13}C_3$—丙烯酰胺浓度为10mg/L，置－20℃冰箱保存。

（二）标准曲线工作溶液

取6个10mL容量瓶，分别移取0.1mL、0.5mL、1mL丙烯酰胺工作溶液Ⅱ（1mg/L）和0.5mL、1mL和3mL丙烯酰胺工作溶液Ⅰ（10mg/L）与内标工作溶液（10mg/L）0.1mL，用0.1%甲酸溶液稀释至刻度。标准系列溶液中丙烯酰胺的浓度分别为10μg/L、50μg/L、100μg/L、500μg/L、1000μg/L、3000μg/L，内标浓度为100μg/L，临用时配制。

（三）仪器和设备

液相色谱—质谱/质谱联用仪（LC—MS/MS）。

HLB固相萃取柱：6mL、200mg，或相当产品。

BondElut—Accucat固相萃取柱：3mL、200mg，或相当产品。

组织粉碎机、旋转蒸发仪、氮气浓缩器、振荡器、玻璃层析柱（柱长30cm，柱内径1.3cm）。

涡旋混合器、超纯水装置、分析天平：感量为0.1mg、离心机（转速≤10000r/m）。

四、分析步骤

（一）样品提取

取50g试样，经粉碎机粉碎，－20℃冷冻保存。准确称取试样1～2g（精确到0.001g），加入10mg/L $^{13}C_3$—丙烯酰胺内标工作溶液10μL（或20μL），相当于100ng（或

200ng）的$^{13}C_3$—丙烯酰胺内标，再加入超纯水10mL，振摇30min后，于4000r/min离心10min，取上清液待净化。

（二）样品净化

1. 基质固相分散萃取方法（选择1）

在试样提取的上清液中加入硫酸铵15g，振荡10min，使其充分溶解，于4000r/min离心10min，取上清液10mL，备用。如上清液不足10mL，则用饱和硫酸铵补足。取洁净玻璃层析柱，在底部填少许玻璃棉并压紧，依次填装10g无水硫酸钠、2g硅藻土。称取5g硅藻土Extrelut™20与上述试样上清液搅拌均匀后，装入层析柱中。用70mL正己烷淋洗，控制流速为2mL/min，弃去正己烷淋洗液。用70mL乙酸乙酯洗脱丙烯酰胺，控制流速为2mL/min，收集乙酸乙酯洗脱溶液，并在45℃水浴中减压旋转蒸发至近干，用乙酸乙酯洗涤蒸发瓶残渣3次（每次1mL），并将其转移至已加入1mL0.1％甲酸溶液的试管中，涡旋振荡。在氮气流下吹去上层有机相后，加入1mL正己烷，涡旋振荡，于3500r/min离心5min，取下层水相经0.22μm水相滤膜过滤，待LC—MS/MS测定。

2. 固相萃取柱净化（选择2）

在试样提取的上清液中加入5mL正己烷，振荡萃取10min，于10000r/min离心5min，除去有机相，再用5mL正己烷重复萃取一次，迅速取水相6mL经0.45μm水相滤膜过滤，待进行HLB固相萃取柱净化处理。HLB固相萃取柱使用前依次用3mL甲醇、3mL水活化。取上述滤液5mL上HLB固相萃取柱，收集流出液，并用4mL 80％的甲醇水溶液洗脱，收集全部洗脱液，并与流出液合并待进行BondElut—Accucat固相萃取柱净化；BondElut—Accucat固相萃取柱依次用3mL甲醇、3mL水活化后，将HLB固相萃取柱净化的全部洗脱液上样，在重力作用下流出，收集全部流出液，在氮气流下将流出液浓缩至近干，用0.1％甲酸溶液定容至1.0mL，待LC—MS/MS测定。

（三）仪器参考条件

1. 色谱条件

（1）色谱柱。AtlantisC_{18}柱，150mm×2.1mm×5μm。

（2）预柱。C_{18}保护柱（30mm×2.1mm×51μm）或等效柱。

（3）流动相。甲醇/0.1％甲酸（10∶90，体积分数）。

（4）流速。0.2mL/min。

（5）进样体积。25μL。

（6）柱温。26℃。

2.质谱参数

（1）检测方式。多反应离子监测（MRM）。电离方式：阳离子电喷雾电离源（ESI+）。

（2）毛细管电压：3500V。锥孔电压：40V。射频透镜1电压：30.8V。离子源温度：80℃。脱溶剂气温度：300℃。离子碰撞能量：6eV。丙烯酰胺：母离子m/z72、子离子m/z55、子离子m/z44。$^{13}C_3$丙烯酰胺：母离子m/z75、子离子m/z58、子离子m/z45。定量离子：丙烯酰胺为m/z55，$^{13}C_3$丙烯酰胺为m/z58。

（3）检测方式。选择反应离子监测（SRM）。电离方式：阳离子电喷雾电离源（ESI+）。喷雾电压：5000V。加热毛细管温度：300℃。鞘气：N_2，40Arb。辅助气：N_2，20Arb。碰撞诱导解离（CID）：10V。碰撞能量：40V。丙烯酰胺：母离子m/z72、子离子m/z55、子离子m/z44。

（4）$^{13}C_3$丙烯酰胺。母离子m/z75、子离子m/z58、子离子m/z45。定量离子：丙烯酰胺为m/z55，$^{13}C_3$丙烯酰胺为m/z58。

（四）标准曲线的绘制

将标准系列工作液分别注入液相色谱—质谱/质谱系统，测定相应的丙烯酰胺及其内标的峰面积，以各标准系列工作液的丙烯酰胺进样浓度（μg/L）为横坐标，以丙烯酰胺（m/z55）和$^{13}C_3$丙烯酰胺内标（m/z58）的峰面积比为纵坐标，绘制标准曲线。

（五）试样溶液的测定

将试样溶液注入液相色谱—质谱/质谱系统中，测得丙烯酰胺（m/z55）和$^{13}C_3$丙烯酰胺内标（m/z58）的峰面积比，根据标准曲线得到待测液中丙烯酰胺进样浓度（μg/L），平行测定次数不少于两次。

（六）质谱分析

分别将试样和标准系列工作液注入液相色谱—质谱/质谱仪中，记录总离子流图和质谱图及丙烯酰胺和内标的峰面积，以保留时间及碎片离子的丰度定性，要求所检测的丙烯酰胺色谱峰信噪比（S/N）大于3，被测试样中目标化合物的保留时间与标准溶液中目标化合物的保留时间一致，同时，被测试样中目标化合物的相应监测离子丰度比与标准溶液中目标化合物的色谱峰丰度比也应一致。

五、结果分析

试样中丙烯酰胺含量按公式（4-7）内标法计算。

$$X = \frac{A \times f}{M} \quad (4-7)$$

式中：X——试样中丙烯酰胺的含量，单位为微克每千克（μg/kg）；

A——试样中丙烯酰胺（m/z55）色谱峰与$^{13}C_3$丙烯酰胺内标（m/z58）色谱峰的峰面积比值对应的丙烯酰胺质量，单位为纳克（ng）；

f——试样中内标加入量的换算因子（内标为10μL时$f=1$或内标为20μL时$f=2$）；

M——加入内标时的取样量，单位为克（g）。

计算结果以重复性条件下获得的两次独立测定结果的算术平均值表示，结果保留3位有效数字（或小数点后1位）。

第四节 食品中黄曲霉毒素检验分析技术

一、概述

黄曲霉素（Aflatoxin，AFT）是由黄曲霉（Aspergillus flavus）、寄生曲霉（Aspergillus parasiticus）及温特曲霉等产毒菌株的一类代谢产物，是对肝脏剧毒，并有致畸、致突变和致癌作用的天然污染物。AFT主要污染粮油及其制品，如花生、花生油、玉米、大米、棉籽等被污染严重。此外，各种植物性与动物性食品也能被广泛污染，如在胡桃、杏仁、高粱、小麦、豆类、王豆、皮蛋、奶与奶制品、干咸鱼及辣椒中均有AFT污染。一般来说，富含脂肪的粮食易产生AFT。此外，收获季节高温、高湿，也易造成AFT污染。AFT属剧毒物质，其毒性比氰化钾还高，是目前所知致癌性最强的化学物质。

AFT一般分为三大系，即B系、G系和M族。B_1是二氢呋喃氧杂萘邻酮的衍生物，即含有一个双呋喃环和一个氧杂萘邻酮（香豆素）。前者为基本毒性结构，后者与致癌有关。黄曲霉毒素的主要分子型式含B_1、B_2、G_1、G_2、M_1、M_2等。其中M_1和M_2主要存在于牛奶中。B_1为毒性及致癌性最强的物质，因此在食品卫生监测中以AFB_1为污染指标。

二、食品中黄曲霉毒素检验分析技术——以食品中黄曲霉毒素B_1、B_2、G_1、G_2同位素稀释液相色谱—串联质谱法分析为例

（一）原理

同位素稀释液相色谱—串联质谱法适用于谷物及其制品、豆类及其制品、坚果及籽类、油脂及其制品、调味品、婴幼儿配方食品和婴幼儿辅助食品中$AFTB_1$、$AFTB_2$、$AFTG_1$和$AFTG_2$的测定。

试样中的黄曲霉毒素B_1、黄曲霉毒素B_2、黄曲霉毒素G_1和黄曲霉毒素G_2，用乙腈—水溶液或甲醇—水溶液提取，再用含1%TritonX—100（或吐温—20）的磷酸盐缓冲溶液稀释提取液后（必要时经黄曲霉毒素固相净化柱初步净化），通过免疫亲和柱净化和富集，净化液浓缩、定容和过滤后经液相色谱分离、串联质谱检测、同位素内标法定量。

（二）试剂和仪器

1.试剂

（1）乙酸铵溶液（5mmol/L）。称取0.39g乙酸铵（色谱纯），用水溶解后稀释至1000mL，混匀。

（2）乙腈—水溶液（84+16）。取840mL乙腈（色谱纯）加入160mL水，混匀。

（3）甲醇—水溶液（70+30）。取700mL甲醇（色谱纯）加入300mL水，混匀。

（4）乙腈—水溶液（50+50）。取50mL乙腈加入50mL水，混匀。

（5）乙腈—甲醇溶液（50+50）。取50mL乙腈加入50mL甲醇，混匀。

（6）10%盐酸溶液。取1mL盐酸，用纯水稀释至10mL，混匀。

（7）磷酸盐缓冲溶液（以下简称PBS）。称取8.00g氯化钠、1.20g磷酸氢二钠（或2.92g十二水磷酸氢二钠）、0.20g磷酸二氢钾、0.20g氯化钾，用900mL水溶解，用盐酸调节pH至（7.4±0.1），加水稀释至1000mL。

（8）1%TritonX—100（或吐温—20）的PBS。取10mL TritonX—100（或吐温—20），用PBS稀释至1000mL。

（9）$AFTB_1$标准品。纯度≥98%。

（10）$AFTB_2$标准品。纯度≥98%。

（11）$AFTG_1$标准品。纯度≥98%。

（12）$AFTG_2$标准品。纯度≥98%。

（13）同位素内标$^{13}C_{17}$—$AFTB_1$。纯度≥98%，浓度为0.5μg/mL。

（14）同位素内标$^{13}C_{17}$—$AFTB_2$。纯度≥98%，浓度为0.5μg/mL。

（15）同位素内标$^{13}C_{17}$—$AFTG_1$。纯度≥98%，浓度为0.5μg/mL。

（16）同位素内标$^{13}C_{17}$—$AFTG_2$。纯度≥98%，浓度为0.5μg/mL。

（17）标准储备溶液（10μg/mL）。分别称取$AFTB_1$、$AFTB_2$、$AFTG_1$和$AFTG_2$ 1mg（精确至0.01mg），用乙腈溶解并定容至100mL。此溶液浓度约为10μg/mL。溶液转移至试剂瓶中后，在−20℃下避光保存，备用。临用前进行浓度校准。

（18）混合标准工作液（100ng/mL）。准确移取混合标准储备溶液（1.0μg/mL）1.00~100mL容量瓶中，乙腈定容。此溶液密封后避光−20℃下保存，3个月内有效。

（19）混合同位素内标工作液（100ng/mL）。准确移取0.51μg/mL $^{13}C_{17}$—$AFTB_1$、$^{13}C_{17}$—$AFTB_2$、$^{13}C_{17}$—$AFTG_1$和$^{13}C_{17}$—$AFTG_2$各2.00mL，用乙腈定容至10mL。在−20℃下避光保存，备用。

（20）标准系列工作溶液：准确移取混合标准工作液（100ng/mL）10μL、50μL、100μL、200μL、500μL、800μL、1000μL至10mL容量瓶中，加入200μL、100ng/mL的同位素内标工作液，用初始流动相定容至刻度，配制浓度点为0.1ng/mL、0.5ng/mL、1.0ng/mL、2.0ng/mL、5.0ng/mL、8.0ng/mL、10.0ng/mL的系列标准溶液。

2.仪器和设备

匀浆机，高速粉碎机，组织捣碎机，超声波/涡旋振荡器或摇床，天平：感量分别为0.01g和0.00001g，涡旋混合器，高速均质器：转速6500~24000r/min，离心机：转速≥6000r/min，玻璃纤维滤纸：快速、高载量、液体中颗粒保留1.6μm，固相萃取装置（带真空泵），氮吹仪，液相色谱—串联质谱仪：带电喷雾离子源、液相色谱柱、免疫亲和柱：$AFTB_1$柱容量≥200ng、$AFTB_1$柱回收率≥80%、$AFTG_2$的交叉反应率≥80%，黄曲霉毒素专用型固相萃取净化柱或功能相当的固相萃取柱（以下简称"净化柱"）（对复杂基质样品测定时使用），微孔滤头（带0.22μm微孔滤膜），筛网（1~2mm实验筛孔径，pH计）。

（三）分析步骤

1.样品制备

（1）液体样品采样量需大于1L，对于袋装、瓶装等包装样品需至少采集3个包装（同一批次或号），将所有液体样品在一个容器中用匀浆机混匀后，取其中任意的100g（mL）样品进行检测。

（2）固体样品采样量需大于1kg，用高速粉碎机将其粉碎、过筛，使其粒径小于2mm孔径实验筛，混合均匀后缩分至100g，储存于样品瓶中，密封保存，供检测用。

2.样品提取

植物油脂称取5g试样（精确至0.01g）于50mL离心管中，加入100μL同位素内标工作液振荡混合后静置30min。加入20mL乙腈—水溶液（84+16）或甲醇—水溶液（70+30），涡旋混匀，置于超声波/涡旋振荡器或摇床中振荡20min（或用均质器均质3min），在

6000r/min下离心10min，取上清液备用。

（四）样品净化

1.上柱前准备

（1）上样液的准备。准确移取4mL上清液，加入46mL 1%TritionX—100（或吐温—20）的PBS（使用甲醇—水溶液提取时可减半加入），混匀。

（2）免疫亲和柱的准备。将低温下保存的免疫亲和柱恢复至室温。

2.试样的净化

待免疫亲和柱内原有液体流尽后，将上述样液移至50mL注射器筒中，调节下滴速度，控制样液以1~3mL/min的速度稳定下滴。待样液滴完后，往注射器筒内加入2×10mL水，以稳定流速淋洗免疫亲和柱。待水滴完后，用真空泵抽干亲和柱。脱离真空系统，在亲和柱下部放置10mL刻度试管，取下50mL的注射器筒，加入2×1mL甲醇洗脱亲和柱，控制1~3mL/min的速度下滴，再用真空泵抽干亲和柱，收集全部洗脱液至试管中。在50℃下用氮气缓缓地将洗脱液吹至近干，加入1.0mL初始流动相，涡旋30s溶解残留物，0.22μm滤膜过滤，收集滤液于进样瓶中以备进样。

3.黄曲霉毒素固相净化柱和免疫亲和柱同时使用（对花椒、胡椒和辣椒等复杂基质）

（1）净化柱净化。移取适量上清液，按净化柱操作说明进行净化，收集全部净化液。

（2）免疫亲和柱净化。用刻度移液管准确吸取上述净化液4mL，加入46mL1%TritionX—100（或吐温—20）的PBS[使用甲醇—水溶液提取时，加入23mL1%TritionX—100（或吐温—20）的PBS]，混匀。

注：全自动（在线）或半自动（离线）的固相萃取仪器可优化操作参数后使用。

（五）色谱条件

1.液相色谱参考条件

色谱柱：C_{18}柱，柱长100mm，柱内径2.1mm；填料粒径1.7μm，或相当者；流速，0.3mL/min；柱温，40℃；进样体积，10μL。

流动相：A相，5mmol/L乙酸铵溶液；B相，乙腈—甲醇溶液（50+50）。

梯度洗脱：32%B：0~0.5min，45%B：3~4min，100%B：4.2~4.8min。

2.质谱参考条件

检测方式：多离子反应监测（MRM）。

（六）定性测定

试样中目标化合物色谱峰的保留时间与相应标准色谱峰的保留时间相比较，变化范围应在4%~2.5%。每种化合物的质谱定性离子必须出现，至少应包括一个母离子和两个子离子，而且同一检测批次，对同一化合物，样品中目标化合物的两个子离子的相对丰度比与浓度相当的标准溶液相比，允许存在一定偏差。

（七）标准曲线的制作

在液相色谱串联质谱仪分析条件下，将标准系列溶液由低到高浓度进样检测，以$AFTB_1$、$AFTB_2$、$AFTG_1$和$AFTG_2$色谱峰与各对应内标色谱峰的峰面积比值作图，得到标准曲线回归方程，其线性相关系数应大于0.99。

（八）试样溶液的测定

取待测溶液，内标法计算待测液中目标物质的质量浓度，并计算样品中待测物的含量。待测样液中的响应值应在标准曲线线性范围内，超过线性范围则应适当减少取样量重新测定。

（九）空白实验

不称取试样，做空白实验。应确认不含有干扰待测组分的物质。

（十）结果分析

试样中$AFTB_1$、$AFTB_2$、$AFTG_1$和$AFTG_2$的残留量按式（4-8）计算。

$$X = \frac{\rho \times V_1 \times V_3 \times 1000}{V_2 \times m \times 1000} \qquad (4-8)$$

式中：X——试样中$AFTB_1$、$AFTB_2$、$AFTG_1$或$AFTG_2$的含量，单位为微克每千克（μg/kg）；

ρ——进样溶液中$AFTB_1$、$AFTB_2$、$AFTG_1$或$AFTG_2$按照内标法在标准曲线中对应的浓度，单位为纳克每毫升（ng/mL）；

V_1——试样提取液体积（植物油脂、固体、半固体按加入的提取液体积；酱油、醋按定容总体积），单位为毫升（mL）；

V_3——样品经净化洗脱后的最终定容体积，单位为毫升（mL）；

1000——换算系数；

V_2——用于净化分取的样品体积，单位为毫升（mL）；

m——试样的称样量，单位为克（g）。

计算结果保留三位有效数字。

第五节 食品中农药残留检验分析技术

一、概述

（一）农药残留定义

农药残留，指的是在农业生产中，施用农药后一部分农药直接或间接残存于谷物、蔬菜、果品、畜产品、水产品中以及土壤和水体中的微量农药原体、有毒代谢物、降解物和杂质的总称。农药残留问题是随着农药大量生产和广泛使用而产生的。目前使用的农药，有些在较短时间内可以通过生物降解成为无害物质，而包括有机氯、有机磷在内的多数农药难以降解，残留性强。农药残留数量超过最大残留限量时，会影响人体健康，甚至造成食物中毒。

农药残留问题是当今国内外农产品生产和食品安全领域关注的热点。农药残留不仅影响农产品的质量安全，而且影响人们的身体健康。农药残留问题已成为影响我国农产品出口的重要因素，尤其是发达国家制定的严格限量标准和检验检测方法，成为阻碍我国农产品出口的主要壁垒。因此，分析我国农药残留的现状，提出有效的控制对策，对于提高我国农产品质量安全水平和国际竞争力具有重要的现实意义。

农药残留量的大小，取决于农药的种类、剂型、施用方法、施药量、施药次数以及气象、土壤等方面的因素。农药残留量随时间的推移而逐渐减少，残留量与施药距采收的时间间隔长短成正比。一般来说，离施药的时间越长，残留量就越少。农药性质不稳定、挥发性强，残留量也较低；农药在动植物体内转化的产物，其毒性一般都比原药低。

各国都制定了严格的农药残留限量标准，并对食品中的农药残留进行了严格的监测和控制。同时，农业生产者也应遵循科学合理的用药原则，减少农药的使用量和使用频率，采用生物防治、物理防治等绿色防控技术，降低农药残留的风险。

农药残留是一个复杂重要的问题，它涉及农业生产、食品安全和人体健康等多个方面。因此，我们需要从多个角度出发采取综合措施，才能有效地控制农药残留，保障人们的饮食安全。

(二)农药残留的危害

农药作为农业生产中的重要工具,其对于防治病虫害、提高农作物产量具有显著作用。然而,农药的广泛使用也带来了不可忽视的问题——农药残留。这些农药残留不仅对人类健康造成威胁,也影响着农业生产和国际贸易的顺利进行。下面将从三个方面深入探讨食品中农药残留的危害。

首先,农药残留对人类健康的影响是深远的。农药中的化学物质能够进入食物链,最终进入人体,对人体各系统造成损害。长期摄入含有农药残留的食品,可能导致神经系统、消化系统、生殖系统等出现功能障碍。农药残留还可能影响人体内分泌系统的正常工作,导致激素水平失衡,从而引发不孕不育、胎儿畸形等问题。此外,农药残留中的某些化合物具有基因毒性,可能诱导细胞DNA突变,增加患癌症的风险。农药在体内蓄积不易排出,长期积累可能导致慢性中毒,对身体健康造成长期损害。

其次,农药残留对农业生产也产生了负面影响。农药的滥用和不合理使用会导致土壤和水源污染,破坏生态平衡。农药残留还会影响农作物的品质和产量,从而降低农产品的市场竞争力。此外,农药残留还可能引发药害事故,导致农作物减产甚至绝产,给农业生产带来巨大损失。

最后,农药残留对进出口贸易的不利影响也不容忽视。随着全球贸易的不断发展,各国对食品质量和安全的要求日益严格。农药残留超标往往成为制约农产品出口的关键因素。我国农产品在国际市场上因农药残留问题而屡遭退货和索赔的情况时有发生,这不仅给出口企业带来了巨大的经济损失,也影响了国家声誉和形象。农药残留问题还可能导致国际贸易壁垒的形成,限制我国农产品的出口市场,进一步影响农业生产和农民的收入。

针对食品中农药残留的危害,我们需要采取一系列措施加以应对。首先,加强农药使用的监管和管理,推广科学、合理的农药使用技术,减少农药残留。其次,加强农产品质量检测和监管,确保农产品符合国际标准和安全要求。最后,还应加强农产品贸易政策的协调与合作,推动国际贸易的公平和顺畅进行。

总之,食品中农药残留的危害不容忽视。我们需要从多方面入手提高农产品质量和安全水平,以应对农药残留对人类健康、农业生产及进出口贸易带来的挑战。只有这样,我们才能确保食品安全和人民健康,促进农业生产的可持续发展和国际贸易的繁荣。

二、食品中农药残留检验分析技术——以食品中多种有机氯农残分析为例

(一)原理

试样中有机氯农药组分经有机溶剂提取、凝胶色谱层析净化,用毛细管柱气相色谱分

离，电子捕获检测器检测，以保留时间定性，外标法定量。本方法适用于肉类、蛋类、乳类动物性食品和植物（含油脂）中 HCH、六氯苯、β—HCH、γ—HCH、五氯硝基苯、δ—HCH、五氯苯胺、七氯、五氯苯基硫醚、艾氏剂、氧氯丹、环氧七氯、反式氯丹、α—硫丹、顺式氯丹、p，p'—滴滴伊（DDE）、狄氏剂、异狄氏剂、β—硫丹、p，p'—DDD、o，p'—DDT、异狄氏剂醛、硫丹硫酸盐、p，p'—DDT、异狄氏剂酮、灭蚁灵的分析。

（二）试剂

（1）丙酮。分析纯，重蒸。

（2）石油醚。沸程30~60℃，分析纯，重蒸。

（3）乙酸乙酯。分析纯，重蒸。

（4）环己烷。分析纯，重蒸。

（5）正己烷。分析纯，重蒸。

（6）氯化钠。分析纯。

（7）无水硫酸钠。分析纯，将无水硫酸钠置干燥箱中，于120℃干燥4h，冷却后，密闭保存。

（8）聚苯乙烯凝胶（Bio—BeadsS—X3）。200~400目。

（9）农药标准品。α—六六六（α—HCH）、六氯苯（HCB）、β—六六六（β—HCH）、γ—六六六（γ—HCH）、五氯硝基苯（PCNB）、δ六六六（δ—HCH）、五氯苯胺（PCA）、七氯（Heptachlor）、五氯苯基硫醚（PCPs）、艾氏剂（Aldrin）、氧氯丹（Oxychlordane）、环氧七氯（Heptachlorepoxide）、反氯丹（trans—chlordane）、α—硫丹（Ot—endosulfan）、顺氯丹（cis—chlordane）、p，p'—滴滴伊（P，P'—DDE）、狄氏剂（Dieldrin）、异狄氏剂（Endrin）、β—硫丹（B—endosulfan）、p，p'—滴滴滴（p，p'—DDD）、o，p'—滴滴涕（o，p'—DDT）、异狄氏剂醛（Endrinaldehyde）、硫丹硫酸盐（Endosulfansulfate）、p，p'滴滴涕（P，P'DDT）、异狄氏剂酮（Endrinketone）、灭蚁灵（Mirex），纯度均应不低于98%。

（10）标准溶液的配制。分别准确称取或量取上述农药标准品适量，用少量苯溶解，再用正己烷稀释成一定浓度的标准储备溶液。准确量取适量标准储备溶液，并用正己烷稀释为系列混合标准溶液。

（三）仪器

气相色谱仪（GC）：配有电子捕获检测器（ECD）。

凝胶净化柱：长30cm，内径2.3~2.5cm，具活塞玻璃层析柱，柱底垫少许玻璃棉。用洗脱剂乙酸乙酯—环己烷（1+1）浸泡的凝胶，以湿法装入柱中，柱床高约26cm，凝胶始终保持在洗脱剂中。

全自动凝胶色谱系统：带有固定波长（254nm）紫外检测器，供选择使用。

旋转蒸发仪。

组织匀浆器。

振荡器。

氮气浓缩器。

（四）分析步骤

1.试样制备

蛋品去壳，制成匀浆；肉品去筋后，切成小块，制成肉糜；乳品混匀待用。

2.提取与分配

（1）蛋类。称取试样20g（精确到0.01g）于200mL具塞三角瓶中，加水5mL（视试样水分含量加水，使总水量约为20g。通常鲜蛋水分含量约75%，加水5mL即可），再加入40mL丙酮，振摇30min后，加入氯化钠6g，充分摇匀，再加入30mL石油醚，振摇30min。静置分层后，将有机相全部转移至100mL具塞三角瓶中经无水硫酸钠干燥，并量取35mL于旋转蒸发瓶中，浓缩至约1mL，加入2mL乙酸乙酯—环己烷（1+1）溶液再浓缩，如此重复3次，浓缩至约1mL，供凝胶色谱层析净化使用，或将浓缩液转移至全自动凝胶渗透色谱系统配套的进样试管中，用乙酸乙酯—环己烷（C1+1）溶液洗涤旋转蒸发瓶数次，将洗涤液合并至试管中，定容至10mL。

（2）肉类。称取试样20g（精确到0.01g），加水15mL（视试样水分含量加水，使总水量约20g）。加40mL丙酮，振摇30min，以下按照蛋类试样的提取、分配步骤处理。

（3）植物类。称取试样匀浆20g，加水5mL（视其水分含量加水，使总水量约20mL），加丙酮40mL，振荡30min，加氯化钠6g，摇匀。加石油醚30mL，再振荡30min。

3.净化

（1）手动凝胶色谱柱净化。将试样浓缩液经凝胶柱以乙酸乙酯—环己烷（1+1）溶液洗脱，弃去0~35mL流分，收集35~70mL流分。将其旋转蒸发浓缩至约1mL，再经凝胶柱净化收集35~70mL流分，蒸发浓缩，用氮气吹除溶剂，用正己烷定容至1mL，留待GC分析。

（2）全自动凝胶渗透色谱系统净化。试样由5mL试样环注入凝胶渗透色谱（GPC）柱，泵流速5.0mL/min，以乙酸乙酯—环己烷（1+1）溶液洗脱，弃去0~7.5min流分，收集7.5~15min流分，15~20min冲洗GPC柱。将收集的流分旋转蒸发浓缩至约1mL，用氮气吹至近干，用正己烷定容至1mL，留待GC分析。

4.测定

（1）气相色谱参考条件

色谱柱：DM—5石英弹性毛细管柱，长30m、内径0.32mm、膜厚0.25μm；或等效柱。

进样口温度：280℃。不分流进样，进样量1μL。

检测器：电子捕获检测器（ECD），温度300℃。

载气流速：氮气（N_2），流速1mL/min；尾吹，25mL/min。

柱前压：0.5MPa。

柱温：程序升温90℃（1min）→40℃/min→170℃（2.3℃/min）→230℃（17min）→40℃/min→280℃（5min）

（2）色谱分析。分别吸取1μL混合标准液及试样净化液注入气相色谱仪中，记录色谱图，以保留时间定性，以试样和标准的峰高或峰面积比较定量。

5.结果计算

试样中各农药的含量按式（4-9）进行计算。

$$X = \frac{m_1 \times V_1 \times f \times 1000}{m \times V_2 \times 1000} \quad (4-9)$$

式中：X——试样中各农药的含量，单位为毫克每千克（mg/kg）；

m_1——被测样液中各农药的含量，单位为纳克（ng）；

V_1——样液进样体积，单位为微升（μL）；

f——稀释因子；

m——试样质量，单位为克（g）；

V_2——样液最后定容体积，单位为毫升（mL）。

计算结果保留两位有效数字。

第五章　食品理化检验检测技术

第一节　食品营养成分检验检测

一、食品中蛋白质的检验

（一）蛋白质的组成

蛋白质是复杂的含氮有机化合物，相对分子质量高达数万到数百万，主要含有碳、氢、氧、氮4种元素，有的还含有少量的硫、磷、铁、镁、碘等元素。蛋白质中都含有氮元素，这是蛋白质区别于其他有机化合物的重要标志。蛋白质由20种氨基酸通过酰胺键以一定的方式结合，并具有一定的空间结构。蛋白质可以被酶、酸或碱水解，其水解的中间产物为脉、胨、肽等，最终产物为氨基酸。氨基酸是构成蛋白质最基本的物质。不同蛋白质其氨基酸构成比例及方式不同，故不同的蛋白质含氮量也不同。通常蛋白质含氮量为16%，即1份氮元素相当于6.25份蛋白质，6.25为氮换算为蛋白质的系数，不同种类食品蛋白质的换算系数有所不同。

（二）蛋白质的功能

蛋白质是生命的物质基础，是构成生物体细胞组织的重要成分。人体内的酸碱平衡、水平衡的维持、遗传信息的传递、物质的代谢及转运都与蛋白质有关。蛋白质是人体重要的营养物质，也是食品中重要的营养指标。蛋白质在生物体中有如下几种功能。

1.催化功能

有催化功能的蛋白质称酶，生物体新陈代谢的全部化学反应都是由酶催化来完成的。

2.运动功能

从最低等的细菌鞭毛运动到高等动物的肌肉收缩都是通过蛋白质实现的。肌肉的松弛与收缩主要是由以肌球蛋白为主要成分的粗丝以及以肌动蛋白为主要成分的细丝相互滑动来完成的。

3.运输功能

在生命活动过程中,许多小分子及离子的运输是由各种专一的蛋白质来完成的。例如,在血液中血浆白蛋白运送小分子、红细胞中的血红蛋白运送氧气和二氧化碳等。

4.机械支持和保护功能

高等动物具有机械支持功能的组织,如骨、结缔组织以及具有覆盖保护功能的毛发、皮肤、指甲等组织主要是由胶原蛋白、角蛋白、弹性蛋白等组成的。

5.免疫和防御功能

生物体为了维持自身的生存,拥有多种类型的防御手段,其中不少是靠蛋白质来执行的。例如,抗体即是一类高度专一的蛋白质,它能识别和结合侵入生物体的外来物质,如异体蛋白质、病毒和细菌等,消除其对生物体的有害作用。

蛋白质是机体主要的氮来源,食物中的蛋白质是人体中氮的唯一来源,具有糖类和脂肪不可替代的作用。食品中含蛋白质的多少不仅是评价食品质量高低的指标,还关系着人体的健康。一般成人每日应从食品中摄入蛋白质70g左右。如果长期缺乏,就会引起严重的疾病。

(三)蛋白质的检测方法

目前的蛋白质检测方法主要分为两类:一类是间接测定方法,即通过测定食品中氮的含量来推算蛋白质的含量;另一类是直接测定方法,即利用蛋白质的结构特点、物理或化学性质,通过检测仪器来进行测定,通过标准溶液绘制标准曲线,最终得到所检样品中蛋白质的含量。

间接测定方法主要有凯氏定氮法和杜马斯燃烧法,直接方法有光度法(考马斯亮蓝法、双缩脲法、Folin酚法和紫外吸收法)、近红外光谱法和超声波法等。由于蛋白质在样品中的存在形式和含量不同,测定时需要根据样品实际情况选择适宜的方法进行检测。

二、食品中脂肪的检验

(一)脂肪的结构

脂类物质存在于一切动植物中,是动植物体代谢所需能量的储存形式和运输形式,其热能为相同干重的蛋白质或碳水化合物的2.25倍,因此用蛋白质或碳水化合物取代脂肪,可有效地降低食品的热能。天然食品的脂肪中常含有其他成分,如脂肪中常含有维生素A、维生素D、维生素E、维生素K;动物脂肪中常含有胆固醇等;植物脂肪中常含有麦角甾醇、磷脂等。

（二）脂肪的分类

根据化学结构的不同，脂肪中的脂肪酸可以分为饱和脂肪酸和不饱和脂肪酸。有几种不饱和脂肪酸是人体不可缺少的营养物质，它们在人体内不能合成，必须从食物中摄取，称为必需脂肪酸，目前一般认为，亚油酸和α-亚麻酸为必需脂肪酸。脂肪酸根据碳链及双键数目的多少分成以下4类。

1.低级饱和脂肪酸

脂肪酸分子中不含双键，碳原子在10个以下。由于这类脂肪酸的相对分子质量低，易挥发，又称为挥发性脂肪酸，如丁酸、乙酸、辛酸等。这些脂肪酸存在于奶油、椰子油中。

2.高级饱和脂肪酸

脂肪酸分子中含有10个以上碳原子，不含双键。由于常温下呈固体，所以也称固体脂肪酸，如月桂酸、豆蔻酸。心血管病患者应少食饱和脂肪酸。

3.单不饱和脂肪酸

分子中碳之间有一个双键的称为单不饱和脂肪酸，自然界中主要为油酸。

4.多不饱和脂肪酸

分子中碳之间有两个以上双键的称为多不饱和脂肪酸，如二十碳五烯酸、二十二碳六烯酸、α-亚麻酸、花生四烯酸、亚油酸等。

甘油可与脂肪酸结合生成甘油一酯（一酰基甘油）、甘油二酯（二酰基甘油）和甘油三酯（三酰基甘油），它们是由一个甘油分子分别与一个、两个、三个脂肪酸反应而生成的。甘油一酯和甘油二酯具有特殊的乳化特性。天然油脂并非由一种分子组成，多数都是简单甘油三酯与混合甘油三酯的复杂混合物。

（三）脂类的生理功能

1.供给和储存热能，维持体温

氧化1g脂肪释放的能量约为39.5kJ（9.4kcal），比蛋白质和碳水化合物都多，正常健康人总热量有17%~30%来自脂肪。

2.构成机体组织细胞的成分

脂肪在人体内占体重的10%~14%，类脂中的磷脂、胆固醇与蛋白质结合成脂蛋白，构成了细胞的各种膜，如细胞膜、核膜、内质网、高尔基体、线粒体膜、叶绿体膜等，也是构成脑组织和神经组织的主要成分。胆固醇在体内可转化为胆汁酸盐、维生素D_3、肾上腺皮质激素及性激素等多种有重要生理功能的类固醇化合物。

3.供给必需脂肪酸

必需脂肪酸是细胞的重要构成物质,在体内具有多种生理功能,它能促进生长发育,维持皮肤和毛细血管的健康,促进神经轴突和树突的伸长,并与精子的形成及前列腺素的合成有密切关系,与胆固醇的代谢也有密切关系。

4.促进脂溶性维生素的吸收

脂肪是脂溶性维生素的溶媒,维生素A、维生素D、维生素E、维生素K均不溶于水,只有与脂肪共存时才能被人体吸收。

5.保护机体,滋润皮肤

脂肪是器官、关节和神经组织的隔离层,并可作为填充衬垫,避免各组织相互间机械摩擦,对重要器官起保护和固定作用。脂肪在皮下适量储存,可滋润皮肤,增强皮肤的弹性,充盈营养物质,延缓皮肤衰老。

6.提高膳食的饱腹感

脂类在胃中停留时间较长,一次进食含50g脂肪的高脂膳食,需4~6h才能从胃中排空,因而使人有高度的饱腹感。烹调食物时加入脂肪,可以改善食品的味道,增进食欲。

7.保证体征发育

有科学家证明,少女身体内脂肪含量正常时,才能使脑垂体产生性激素,从而促进少女的性成熟及特有的女性美。

(四)食品中脂肪检验方法

1.索氏抽提法

(1)原理。脂肪易溶于有机溶剂。试样直接用无水乙醚或石油醚等溶剂抽提后,蒸发除去溶剂,干燥,得到游离态脂肪的含量。

(2)试剂。无水乙醚($C_4H_{10}O$)、石油醚(C_nH_{2n+2}),石油醚沸程为30~60℃。

(3)试样处理。

①固体试样。称取充分混匀后的试样2~5g,准确至0.001g,全部移入滤纸筒内。

②液体或半固体试样。称取混匀后的试样5~10g,准确至0.001g,置于蒸发皿中,加入约20g石英砂,于沸水浴上蒸干后,在电热鼓风干燥箱中于100℃±5℃干燥30min后,取出,研细,全部移入滤纸筒内。蒸发皿及沾有试样的玻璃棒,均用沾有乙醚的脱脂棉擦净,并将棉花放入滤纸筒内。

(4)抽提。将滤纸筒放入索氏抽提器的抽提筒内,连接已干燥至恒重的接收瓶,由抽提器冷凝管上端加入无水乙醚或石油醚至瓶内容积的2/3处,于水浴上加热,使无水乙醚或石油醚不断回流抽提(6~8次/h),一般抽提6~10h。提取结束时,用磨砂玻璃棒接取1滴提取液,磨砂玻璃棒上无油斑表明提取完毕。

（5）称量。取下接收瓶，回收无水乙醚或石油醚，待接收瓶内溶剂剩余1~2mL时在水浴上蒸干，再于100℃±5℃干燥1h，放干燥器内冷却0.5h后称量。重复以上操作，直至恒重（直至两次称量的差不超过2mg）。

2.碱水解法

（1）原理。用无水乙醚和石油醚抽提样品的碱（氨水）水解液，通过蒸馏或蒸发去除溶剂，测定溶于溶剂中的抽提物的质量。

（2）试剂配制。

第一，淀粉酶。酶活力≥1.5U/mg。

第二，氨水（$NH_3 \cdot H_2O$）。质量分数约25%。

第三，乙醇（C_2H_5OH）。体积分数至少为95%。

第四，无水乙醚（$C_4H_{10}O$）。

第五，石油醚（C_nH_{2n+2}）。沸程为30~60℃。

第六，刚果红（$C_{32}H_{22}N_6Na_2O_6S_2$）。

第七，盐酸（HCl）。

第八，碘（I_2）。

第九，混合溶剂。等体积混合乙醚和石油醚，现用现配。

第十，碘溶液（0.1mol/L）。称取碘12.7g和碘化钾25g，于水中溶解并定容至1L。

第十一，刚果红溶液。将1g刚果红溶于水中，稀释至100mL。

注：可选择性地使用。刚果红溶液可使溶剂和水相界面清晰，也可使用其他能使水相染色而不影响测定结果的溶液。

第十二，盐酸溶液（6mol/L）。量取50mL盐酸缓慢倒入40mL水中，定容至100mL，混匀。

（3）试样碱水解。

①巴氏杀菌乳、灭菌乳、生乳、发酵乳、调制乳。称取充分混匀试样10g（精确至0.0001g）于抽脂瓶中。加入2.0mL氨水，充分混合后立即将抽脂瓶放入65℃±5℃的水浴中，加热15~20min，不时取出振荡。取出后，冷却至室温。静置30s。

②乳粉和婴幼儿食品。称取混匀后的试样，高脂乳粉、全脂乳粉、全脂加糖乳粉和婴幼儿食品1g（精确至0.0001g），脱脂乳粉、乳清粉、酪乳粉1.5g（精确至0.0001g），其余操作同①。

③不含淀粉样品。加入10mL 65℃±5℃的水，将试样洗入抽脂瓶的小球，充分混合，直到试样完全分散，放入流动水中冷却。

④含淀粉样品。将试样放入抽脂瓶中，加入0.1g的淀粉酶，混合均匀后，加入8~10mL 45℃的水，注意液面不要太高。盖上瓶塞于搅拌状态下，置65℃±5℃水浴中

2h，每隔10min摇混1次。为检验淀粉是否水解完全，可加入2滴0.1mol/L的碘溶液，如无蓝色出现说明水解完全，否则将抽脂瓶重新置于水浴中，直至无蓝色产生。抽脂瓶冷却至室温，其余操作同①。

⑤炼乳。脱脂炼乳、全脂炼乳和部分脱脂炼乳称取3~5g、高脂炼乳称取约1.5g（精确至0.0001g），用10mL水，分次洗入抽脂瓶小球中，充分混合均匀，其余操作同①。

⑥奶油、稀奶油。先将奶油试样放入温水浴中溶解并混合均匀后，称取试样0.5g（精确至0.0001g），稀奶油称取1g于抽脂瓶中，加入8~10mL 45℃的水，再加2mL氨水充分混匀。

⑦干酪。称取2g研碎的试样（精确至0.0001g）于抽脂瓶中，加10mL 6mol/L盐酸，混匀，盖上瓶塞，于沸水中加热20~30min，取出冷却至室温，静置30s。

（4）抽提。

①加入10mL乙醇，缓和且彻底地进行混合，避免液体太接近瓶颈。如果需要，可加入2滴刚果红溶液。

②加入25mL乙醚，塞上瓶塞，将抽脂瓶保持在水平位置，小球的延伸部分朝上夹到摇混器上，按100次/min振荡1min，也可采用手动振摇方式。但均应注意避免形成持久乳化液。抽脂瓶冷却后小心地打开塞子，用少量的混合溶剂冲洗塞子和瓶颈，使冲洗液流入抽脂瓶。

③加入25mL石油醚，塞上重新润湿的塞子，按②所述，轻轻振荡30s。

④将加塞的抽脂瓶放入离心机中，在500~600r/min下离心5min，否则将抽脂瓶静置至少30min，直到上层液澄清，并明显与水相分离。小心地打开瓶塞，用少量的混合溶剂冲洗塞子和瓶颈内壁，使冲洗液流入抽脂瓶。如果两相界面低于小球与瓶身相接处，则沿瓶壁边缘慢慢地加入水，使液面高于小球和瓶身相接处，以便于倾倒。将上层液尽可能地倒入已准备好的加入沸石的脂肪收集瓶中，避免倒出水层。

⑤用少量混合溶剂冲洗瓶颈外部，冲洗液收集在脂肪收集瓶中。应防止溶剂溅到抽脂瓶的外面。向抽脂瓶中加入5mL乙醇，用乙醇冲洗瓶颈内壁，按①所述进行混合。重复②~⑤操作，用15mL无水乙醚和15mL石油醚，进行第2次抽提。

⑥重复②~⑤操作，用15mL无水乙醚和15mL石油醚，进行第3次抽提。

⑦空白实验与样品检验同时进行，采用10mL水代替试样，使用相同步骤和相同试剂。

（5）称量。合并所有提取液，既可采用蒸馏的方法除去脂肪收集瓶中的溶剂，也可于沸水浴上蒸发至干来除掉溶剂。蒸馏前用少量混合溶剂冲洗瓶颈内部。将脂肪收集瓶放入100℃±5℃的烘箱中干燥1h，取出后置于干燥器内冷却0.5h后称量。重复以上操作，直至恒重（直至两次称量的差不超过2mg）。

3.盖勃法

（1）原理。在乳中加入硫酸破坏乳胶质性和覆盖在脂肪球上的蛋白质外膜，离心分离脂肪后测量其体积。

（2）试剂。硫酸（H_2SO_4）、异戊醇（$C_5H_{12}O$）。

（3）仪器和设备。乳脂离心机、10.75mL单标乳吸管、盖勃氏乳脂计（最小刻度值为0.1%）。

（4）分析步骤。于盖勃氏乳脂计中先加入10mL硫酸，再沿着管壁小心准确地加入10.75mL试样，使试样与硫酸不要混合，然后加入1mL异戊醇，塞上橡皮塞，使瓶口向下，同时用布包裹以防冲出；用力振摇使呈均匀棕色液体，静置数分钟（瓶口向下），置于65~70℃水浴中5min，取出后置于乳脂离心机中以1100r/min的转速离心5min，再置于65~70℃水浴水中保温5min（注意水浴水面应高于乳脂计脂肪层）。取出，立即读数，即为脂肪的百分数。

第二节　食品理化指标检验检测

一、食品中水分检验分析技术

水分（moisture）是绝大多数食品的最主要成分，也是动植物体内不可缺少的重要成分，具有极其重要的生理作用。水是体内各种生化反应的介质，也是营养素及其代谢产物的良好溶剂，能帮助营养素的吸收和代谢。

（一）水分的存在状态

水分子在食品中所处状态及与其他组分结合的强弱是不同的，因此可将食品中的水分分为结合水和自由水。

自由水是指食品组织、细胞中易结冰、能溶解溶质的水，自由水可以因蒸发而减少，因吸湿而增加，利用加热方法容易将其从食品中分离去除。

结合水是指与溶质分子之间通过氢键作用相结合的不能自由运动的那部分水，不易结冰、不流动、不能作为溶剂溶解溶质，一般的加热方法也不易使其蒸发而逸出。

（二）水分检测的意义

食品中水含量、分布和取向影响着食品的结构、外观、质地、风味、新鲜程度和腐败变质的敏感程度，是决定食品品质的关键成分之一。控制水分含量，可以控制微生物生长繁殖，保证食品的保质期限。水分含量数据还可用于使食品处于相同水分含量的基础上，与其他成分的含量进行比较。因此，食品中水分含量是国家食品安全标准规定的检测指标，也是评价食品质量的重要指标。

（三）水分检测方法的分类

食品中水的检测方法有直接法和间接法。直接法主要包括干燥法、蒸馏法和卡尔·费休法。干燥法和蒸馏法是基于当水受热时，能变成水蒸气而与食品中其他物质分离的原理而建立的；卡尔·费休法是利用有水存在时，碘与二氧化硫能定量发生氧化还原反应而建立的。间接法是利用食品的物理常数，如相对密度、折射率、电导率等，通过函数关系确定水分含量。通常情况下，直接法的准确度高于间接法。

（四）食品中水分的减压干燥法分析

1.减压干燥法的原理

利用大气中空气分压降低时，水沸点会降低的原理，将食品试样置于40~53kPa压力下加热至60℃±5℃，采用减压蒸干法使样品中水分去除，通过烘干前后的质量变化，计算样品中水分的含量。

2.减压干燥法的适用范围

减压干燥法适用于高温易分解的样品及水分较多的样品（如糖、味精等食品）中水分的测定，不适用于添加了其他原料的糖果（如奶糖、软糖等食品）中水分的测定，不适用于水分含量小于0.5g/100g的样品（糖和味精除外）中水分的测定。

3.仪器和设备

扁形铝制或玻璃制称量瓶、电热恒温干燥箱、干燥器（内附有效干燥剂）、天平（感量为0.1mg）。

4.分析步骤

（1）试样制备。粉末和结晶试样直接称取；较大块硬糖经研钵粉碎，混匀备用。

（2）测定。取已恒重的称量瓶称取2~10g（精确至0.0001g）试样，放入真空干燥箱内，将真空干燥箱连接真空泵，抽出真空干燥箱内空气（所需压力一般为40~53kPa），并同时加热至所需温度60℃±5℃。关闭真空泵上的活塞，停止抽气，使真空干燥箱内保持一定的温度和压力，经4h后，打开活塞，使空气经干燥装置缓缓通入真空干燥箱内，待压力恢复正常后再打开。取出称量瓶，放入干燥器中0.5h后称量，并重复以上操作至前后两次质量差不超过2mg，即为恒重。

5.注意事项

（1）对于黏稠样品，可在样品中掺入处理过的海沙，以使样品疏松透气，增加挥发面并防止样品表面结痂。

（2）采用低温度干燥，使富含脂肪的样品，避免高温下氧化；使含糖量高，特别是高果糖的样品，避免在高温下脱水、炭化。

（五）食品中水分的近红外光谱法分析

1.概述

近红外光谱是介于可见光和中红外之间的电磁辐射波，美国材料检测协会将近红外光谱区定义为780~2526nm的区域，是人们在吸收光谱中发现的一个非可见光区，通过对样品进行扫描，即可得到有机分子含氢基团的特征信息。利用这一技术分析样品具有方便、快速、准确和成本较低、不损坏样品、不污染环境等优点，因而备受人们青睐，成为20世纪90年代以来发展快、引人注目的分析技术之一。

作为一种新型检测技术，这一技术早在20世纪30年代就已经得到了认可，一直到20世纪50年代，近红外光谱分析技术发展奠基人Karl Norris在美国农业部的支持下，开始将近红外光谱分析技术用于谷物、水果、蔬菜等农产品成分快速定量检测。此时，这一技术才开始真正应用于食品检测行业。随着近年来食品安全问题备受瞩目，国内外学者也纷纷在近红外光谱技术研发方面投入更多精力并取得了重要突破。时至今日，近红外光谱已经广泛应用于酒类品质检测、奶制品品质检测、果汁品质检测、油类样品检测、食品微生物检测、食品掺伪检测等多方面食品检测，成为食品检测行业一种新型的分析技术，有着极为广阔的应用前景。

2.基本原理

近红外线反射光谱是在1964年应用于粮食水分测定的。由于不同的分子对不同波长的近红外光具有不同特征的吸收，当用近红外光（波长为1940nm）照射样品时，漫反射光的强度与样品的成分含量有关，服从朗伯—比尔定律。

3.方法的优缺点

该方法测量快速、简单，无须对粮食进行烘干，只需在仪器前流动即可检测，但仅属于表面测量技术，很难反映整个物料的体积水分（内部水分），测量精度受粮食籽粒的大小、形状和密度的影响。

(六)食品中水分的电容法分析

1.基本原理

电容法一般应用于粮食类的水分检测。

从物理学的角度分析,所有物质都有一定数值的介电常数,而粮食中水分含量的多少是引起谷物介电常数变化的主要原因,水分含量越高则介电常数就越大,可见水分含量与介电常数之间存在成正相关的关系。电容法水分测定仪的水分传感器实际上是一个(圆筒形)电容器,当它的物理尺寸确定后,其电容量的大小由放入其中的填充物的多少和其本身介电常数的大小所决定,谷物放入传感器后,水分传感器的电容量将会明显变大,变化的大小将由谷物的介电常数也就是谷物中水分含量的多少决定。当每次取样重量相同时,决定水分传感器的电容量大小的就是样品中的水分含量。因此,通过测量水分传感器电容量的变化,可根据相关的比例关系转换出谷物的水分含量。即水分仪的原理就是把谷物的含水量通过传感器转换成电量,通过对电量的测量得出谷物的含水量。

2.电容法谷物水分测定仪的构造

一般由水分传感器、温度传感器、称重传感器等组成。

(1)水分传感器由传感电容器和频率转换电路组成。由内外两个铝合金圆筒构成电容的两个极板。

(2)温度传感器起温度补偿作用。因绝大部分的谷物品种其自身的温度每变化1℃所引起的介电常数的变化会造成0.1%左右的测量误差,温度传感器就会对温度引起的测量误差进行自动修正。

(3)称重传感器采用的是重量补偿(定容取样)。样品放入水分传感器的数量有差异,水分传感器的电容量将会随样品数量的增减而增大或减小,采取定容取样则会消除样品重量变化所造成的测量误差。

3.水分仪使用注意事项

水分仪测量结果的准确与否,与标样的制备及仪器的正确使用是密不可分的。

(1)对水分仪进行定标,定标所用不同品种的谷物,最好采用当地种植的。

(2)人工烘干、掺水的谷物必须按国家标准及规程要求操作。

(3)一组标样高、低水分值,高低水分差以4%为宜。

(4)谷物样品因形状、颗粒大(玉米、黄豆)小(如菜籽、小麦),落入传感器中的堆集密度的原因,测量颗粒大的谷物重复性会较差,应测量至少3次取平均读数作为测量值。

(5)当被测谷物中含有石子、杂质或霉变时,必须经过筛选将其去除,否则测量结果也是不准确的。

（6）水分仪的机型有很多种，遇不同机型应细细读取说明，使用及标定程序大致相同，有其互通性，在此就不列举。正确使用水分仪将会在实际工作中较大程度地保证测量数据的准确、可靠。

电容法测粮食水分含量方便简单，可在线快速测量，但因电容法的影响因素较多，在精度和重复性方面较难达到国家规定标准。随着人工智能和数据融合技术的发展，为数据综合处理提供了新的途径，也取得了一些可喜的结果。

二、食品中灰分检验分析技术

（一）概念

食品的组成十分复杂，由大量有机物质和丰富的无机成分组成。在高温灼烧时，食品会发生一系列物理和化学变化，最后有机成分挥发逸散，而无机成分（主要是无机盐和氧化物）则残留下来，这些残留物称为灰分。它是标示食品中无机成分总量的一项指标。

简单地说，食品经高温灼烧后的残留物就叫作灰分。

但是食品在灼烧时，一些易挥发的元素如氯、碘、铅等也会挥发散失，磷、硫以含氧酸的形式挥发散失，使部分无机成分减少；某些金属氧化物会吸收有机物分解产生的二氧化碳而形成碳酸盐，又使无机成分增加了。

因此，灰分并不能准确地表示食品中原有的无机成分的总量。严格来说，应该把灼烧后的残留物叫作粗灰分。

（二）灰分的类型

1.水溶性灰分

粗灰分中可溶解于水的部分。反映的是可溶性K、Na、Ca、Mg等的氧化物和盐类的含量。如果酱、果冻等制品中灰分的含量。

2.水不溶性灰分

粗灰分中不可溶解于水的部分，反映的是污染的泥沙和Fe、Al等的氧化物及碱土金属的碱式磷酸盐的含量。

3.酸溶性灰分

反映的是Fe、Al等氧化物、碱土金属的碱式磷酸盐的含量。

4.酸不溶性灰分

反映的是污染的泥沙及机械物和食品中原来存在的微量SiO_2的含量。

（三）测定灰分的意义

（1）评判食品品质。①无机盐是六大营养要素之一，是人类生命活动不可缺少的物质，要正确评价某食品的营养价值，其无机盐含量是一个评价指标。例如，黄豆是营养价值较高的食物，除富含蛋白质外，它的灰分含量高达5.0%。故测定灰分总含量，在评价食品品质方面有其重要意义。②在生产果胶、明胶之类的胶质品时，灰分是这些制品的胶冻性能的标志。果胶分为HM和LM两种，HM只要有糖、酸存在即能形成凝胶，而LM除糖、酸外，还需要有金属离子，如Ca^{2+}、Al^{3+}。水溶性灰分可以反映果酱、果冻制品中原果汁的含量。

（2）评判食品加工精度。在面粉加工中，常以总灰分含量评定面粉等级。

（3）判断食品受污染的程度。某种食品的灰分常在一定范围内，如果灰分含量超过了正常范围，说明食品生产中使用了不合乎卫生标准要求的原料或食品添加剂，或食品在加工、储运过程中受到了污染。因此，测定灰分可以判断食品受污染的程度。

（4）测定植物性原料的灰分可以反映植物生长的成熟度和自然条件对其的影响，测定动物性原料的灰分可以反映动物品种、饲料组分对其的影响。

（四）常见食品的灰分含量

大部分新鲜食品的灰分含量不高于5%；纯净的油脂的灰分一般很少或不含灰分；乳制品含有0.5%～5.1%的灰分；水果和瓜类含有0.2%～0.6%的灰分，而干果含有2.4%～3.5%的灰分；面粉类含有0.3%～4.3%的灰分，而含糠的谷物及其制品比无糠的谷物及其制品灰分含量高；坚果及其制品含有0.8%～3.4%的灰分；肉、家禽和海产品类含有0.7%～1.3%的灰分。

（五）食品中总灰分的分析

1.原理

把一定量的样品经炭化后放入高温炉内灼烧，使有机物质被氧化分解，以二氧化碳、氮的氧化物及水等形式逸出，而无机物质以硫酸盐、磷酸盐、碳酸盐、氯化物等无机盐和金属氧化物的形式残留下来，这些残留物即为灰分，称量残留物的重量即可计算出样品的总灰分的含量。

2.试剂、材料及仪器设备

（1）试剂

①乙酸镁溶液（80g/L）。称取8.0g乙酸镁加水溶解并定容至100mL，混匀。

②乙酸镁溶液（240g/L）。称取24.0g乙酸镁加水溶解并定容至100mL，混匀。

③10%盐酸溶液。量取24mL分析纯浓盐酸用蒸馏水稀释至100mL。

（2）仪器和设备

高温炉：最高使用温度≥950℃。又叫马弗炉（茂福炉），有一个长方形炉膛，用电阻丝或硅碳棒加热，打开炉门即可放入各种待加热的器皿和样品。马弗炉的炉温由高温计测量，由一对热电偶和一只毫伏表组成温度控制装置，可以自动调温和控温。

分析天平：感量分别为0.1mg、1mg、0.1g。

坩埚：测定灰分通常以坩埚作为灰化容器。坩埚分为瓷坩埚、铂坩埚、石英坩埚、镍坩埚等多种，其中最常用的是瓷坩埚。瓷坩埚的优点是耐高温，温度可达1200℃，内壁光滑、耐酸、价格低廉；缺点是耐碱性差，灰化碱性食品（如水果、蔬菜、豆类等）时坩埚内壁的釉质会部分溶解，反复多次使用后，往往难以得到恒重，且温度骤变时易炸裂破碎。铂坩埚的优点是耐高温，可达1773℃，导热良好，耐碱，吸湿性小；缺点是价格昂贵，要有专人保管，以免丢失，使用不当会腐蚀或发脆，如易被金属铁、铅、锡、锑、铋腐蚀形成小洞，与磷化物生成共熔混合物。

干燥器（内有干燥剂）。

电热板。

恒温水浴锅：控温精度±2℃。

3.分析步骤

（1）坩埚预处理

①含磷量较高的食品和其他食品。取大小适宜的石英坩埚或瓷坩埚置高温炉中，在550℃±25℃下灼烧30min，冷却至200℃左右，取出，放入干燥器中冷却30min，准确称量。重复灼烧至前后两次称量相差不超过0.5mg为恒重。

②淀粉类食品。先用沸腾的稀盐酸洗涤，再用大量自来水洗涤，最后用蒸馏水冲洗。将洗净的坩埚置于高温炉内，在900℃±25℃下灼烧30min，并在干燥器内冷却至室温，称重，精确至0.0001g。

（2）称样

①含磷量较高的食品和其他食品。灰分≥10g/100g的试样称取2~3g（精确至0.0001g）；灰分≤10g/100g的试样称取3~10g（精确至0.0001g，对于灰分含量更低的样品可适当增加称样量）。

②淀粉类食品。迅速称取样品2~10g（马铃薯淀粉、小麦淀粉以及大米淀粉至少称5g，玉米淀粉和木薯淀粉称10g），精确至0.0001g。将样品均匀分布在坩埚内，不要压紧。

（3）测定

磷量较高的豆类及其制品、肉禽及其制品、蛋及其制品、水产及其制品、乳及乳制品。称取试样后,加入1.00mL乙酸镁溶液(240g/L)或3.00mL乙酸镁溶液(80g/L),使试样完全润湿。放置10min后,在水浴上将水分蒸干,在电热板上以小火加热使试样充分炭化至无烟,然后置于高温炉中,在550℃±25℃灼烧4h。待冷却至200℃左右取出,放入干燥器中冷却30min,称量前如发现灼烧残渣有炭粒时,应向试样中滴入少许水湿润,使结块松散,蒸干水分再次灼烧至无炭粒即表示灰化完全,方可称量。重复灼烧至前后两次称量相差不超过0.5mg为恒重。

吸取3份与上述相同浓度和体积的乙酸镁溶液,做3次试剂空白实验。当3次实验结果的标准偏差小于0.003g时,取算术平均值作为空白值。若标准偏差大于或等于0.003g时,应重新做空白值实验。

4.注意事项

(1)马福炉使用时的注意事项。

①检查高温炉所接电源的电压是否与电炉所需电压相符。

②灼烧结束后,先关电源,不要立即打开炉门,以免炉膛骤冷而碎裂。一般温度降至200℃以下方可打开炉门,用坩埚钳取出样品。

③高温炉不可放在木质桌面上,以免过热引起火灾。

④炉膛内应保持清洁,炉周围不要放置易燃物品,也不能放精密仪器。

(2)取样量。根据试样种类和性状来定,同时应考虑称量误差。一般控制灼烧后灰分为10~100mg。

(3)灰化温度。由于各种食品中无机成分的组成、性质及含量各不相同,灰化温度也应有所不同,一般为500~550℃。

①温度过高,将引起K、Na、Cl等元素的挥发损失,而且磷酸盐、硅酸盐也会熔融,将碳粒包藏起来,使碳粒无法继续氧化。

②温度过低,则灰化速度慢,时间长,不宜灰化完全,也不利于除去过剩的碱(碱性食物)吸收的CO_2。因此,必须选择合适的灰化温度,在保证灰化完全的前提下,尽可能减少无机成分的挥发损失和缩短灰化时间。加热速度不可太快,防止急剧干馏时灼热物局部产生大量气体,而使微粒飞散、爆燃。

一般以观察残留物(灰分)灼烧至呈白色或浅灰色,内部无残留碳粒存在并达到恒重为止。灰化至达到恒重的时间因试样不同而异,一般需2~5h,个别样品有规定温度、时间。

对于已做过多次测定的样品,可根据经验限定时间。对某些样品即使灰化完全,残灰也不一定呈白色或浅灰色,如铁含量高的食品,残灰呈褐色。锰、铜含量高的食品,残灰呈蓝绿色。

（4）使用坩埚的注意事项。

①由于温度骤升或骤降，常使坩埚破裂，最好将坩埚放入冷的（未加热）的炉膛中逐渐升高温度。灰化完毕后，应使炉温度降到200℃以下，再打开炉门。

②灼烧后的坩埚应冷却到200℃以下再移入干燥器中，否则因热的对流作用，易造成残灰飞散，且冷却速度慢，冷却后干燥器内形成较大真空，盖子不易打开；从干燥器内取出坩埚时，因内部形成真空，开盖恢复常压时，应注意使空气缓缓流入，以防残灰飞散。

③灰化后的残渣可留作Ca、Mg、Fe等成分的分析。

④用过的坩埚，应把残灰及时倒掉，初步洗刷后，用粗HCl（废）浸泡10~20min，再用水冲刷洗净。

（5）炭化时的注意事项。

①样品炭化时要注意热源强度，防止产生大量泡沫溢出坩埚；对特别容易膨胀的试样可先于试样上加数滴辛醇或纯植物油，再进行炭化。

②炭化操作一般在电炉上进行，把坩埚置于电炉上，半盖坩埚盖，小心加热使试样在通气情况下逐渐炭化，直至无黑烟产生。

（六）食品中水溶性和水不溶性灰分的分析

1.原理

用热水提取总灰分，经无灰滤纸过滤、灼烧、称量残留物，测得水不溶性灰分，由总灰分和水不溶性灰分的质量之差计算水溶性灰分。

2.仪器和设备

高温炉，最高温度≥950℃；分析天平，感量分别为0.1mg、1mg、0.1g；石英坩埚或瓷坩埚；干燥器（内有干燥剂）；无灰滤纸；漏斗；表面皿（直径6cm）；烧杯（高型）（容量100mL）；恒温水浴锅（控温精度±2℃）。

3.分析步骤

（1）坩埚预处理、称样、总灰分的制备。

（2）测定。用约25mL热蒸馏水分次将总灰分从坩埚中洗入100mL烧杯中，盖上表面皿，用小火加热至微沸，防止溶液溅出。趁热用无灰滤纸过滤，并用热蒸馏水分次洗涤杯中残渣，直至滤液和洗涤体积约达150mL为止，将滤纸连同残渣移入原坩埚内，放在沸水浴锅上小心地蒸去水分，然后将坩埚烘干并移入高温炉内，以550℃±25℃灼烧至无炭粒（一般需1h）。待炉温降至200℃时，放入干燥器内，冷却至室温，称重（准确至0.0001g）。再放入高温炉内，以550℃±25℃灼烧30min，如前冷却并称重。如此重复操作，直至连续两次称重之差不超过0.5mg为止，记下最低质量。

（3）结果计算。水不溶性灰分结果的计算，水溶性灰分由总灰分减去水不溶性灰分即得。

（七）食品中酸溶性和酸不溶性灰分的分析

取水不溶性灰分或总灰分的残留物，加入盐酸溶液，放在小火上轻微煮沸，用无灰滤纸过滤后，再用热水洗涤至不显酸性为止，将残留物连同滤纸置坩埚中进行干燥、灰化，直到恒重。

第三节　食品添加剂检验检测

一、食品添加剂概述

食品添加剂是为改善食品色、香、味等品质，以及为防腐和加工工艺的需要而加入食品中的化学合成物质或天然物质。食品添加剂一般可以不是食物，也不一定有营养价值，但必须符合上述定义的概念，既不影响食品的营养价值，又具有防止食品腐败变质、增强食品感官性状或提高食品质量的作用，且必须是一定剂量内对人体无害的，食品添加剂具有以下几个特征。

（1）它是人为加入食品中的物质，因此，它一般不单独作为食品来食用。

（2）既包括人工合成的物质，也包括天然物质。

（3）加入食品中是为改善食品品质和色、香、味以及为防腐、保鲜和加工工艺的需要。

一般来说，按其来源的不同，食品添加剂可分为天然的和化学合成的两大类。天然食品添加剂是指利用动植物或微生物的代谢产物等为原料，经提取所获得的天然物质；化学合成的食品添加剂是指采用化学手段，使元素或化合物通过氧化、还原、缩合、聚合、成盐等合成反应而得到的物质。目前使用的大多属于化学合成的食品添加剂。

《食品添加剂使用标准》和卫生部公告允许使用的食品添加剂分为23类，共2400多种，并制定国家或行业质量标准的有364种，主要有酸度调节剂、抗结剂、消泡剂、抗氧化剂、漂白剂、膨松剂、胶基糖果中基础剂物质、着色剂、护色剂、乳化剂、酶制剂、增味剂、被膜剂、水分保持剂、营养强化剂、防腐剂、稳定剂、凝固剂、甜味剂、增稠剂、食用香料、食品工业用加工助剂、其他等23类。

食品添加剂主要作用大致如下：①有利于食品的保藏，防止食品败坏变质。②改善食品的感官性状。③保持或提高食品的营养价值。④增加食品的品种和方便性。⑤有利于食品加工制作，适应生产的机械化和自动化。⑥满足其他特殊需要。

食品添加剂的发展有以下几大趋势：①研究开发天然食品添加剂。②大力研究生物食品添加剂。③研究新型食品添加剂合成工艺。④研究食品添加剂的复配及其他应用技术。⑤研究专用功能性食品添加剂。⑥研究高分子型食品添加剂。⑦积极开发保鲜剂及保鲜技术。

食品添加剂一般都有毒性，为达到安全使用的目的，需要进行安全毒理学评价，制定具有法规效力的标准，推荐使用量。其具体过程如下（动物毒性实验）。

（1）急性毒性实验。指给予一次较大剂量后，对动物体产生的作用进行判断。可考察受试物质在摄入后短时间内所呈现的毒性，从而判断对动物的致死量（LD）或半致死量（LD_{50}）。LD_{50}指能使一群实验动物中毒致死一半数量所需要的剂量。对食品添加剂动物实验一般采用大白鼠或小白鼠，经口服测定LD_{50}常根据大白鼠的LD_{50}将受试物质的毒性分为以下6级（mg/kg）：极剧毒<1、剧毒1~50、中等毒性50~500、低毒性500~5000、相对无毒5000~15000、实际无毒>15000。

（2）亚急性毒性实验。指在急性毒性实验的基础上，进一步检验被测试物质的毒性对重要器官或生理功能的影响，以及估计发生这些影响的相应剂量，并为慢性毒性实验做准备。其实验内容与慢性毒性实验一样，但实验期相对较短，一般为3个月左右。

（3）慢性毒性实验。指研究在少量被测试物的长期作用下所呈现的毒性，从而确定被测试物质的最大无作用量和中毒阈剂量。慢性毒性实验在确定被测试物能否作为食品添加剂使用上有重要的决定作用。最大无作用量（MNL），指长期摄入被测试物仍无任何中毒现象的每日摄入量（mg/kg体重）。中毒阈剂量是指最低中毒剂量，指能引起机体某种轻微中毒的最低剂量。

（4）特殊实验。对动物实验中的一些可疑现象，要进一步确诊需要进行的实验，如繁殖实验、致癌实验、致突变实验、致敏实验等。

食品添加剂使用标准的确定包括以下几步：①通过慢性毒性实验得到最大无作用量。②将动物数据用于人体，考虑到个体或品种的差异，需要一个安全系数，一般缩小1/100倍。③MNL/100就可得到人体每日允许摄入量（mg/kg体重）——ADI值。④ADI×平均体重得到每日允许摄入总量（A）。⑤进行膳食调查，确定膳食中含有被测试物的每日摄入量（C），再分别计算出每种食品含有该物质的最高含量（D），从而制定出某种食品添加剂在某种食品中的最大使用量（E）。

在对食品添加剂进行安全性评估时，一般均要求进行毒理学评价，并根据被评价物质的性质、使用范围和使用量，被评价物质的结构，被评价物质的暴露量等因素决定毒理学实验的程度。物质的自身毒性和人群的暴露量之间的关系形成了潜在有毒化学物质危险性评估的基础。因此，暴露量评估是量化安全性的关键因素，也最终决定一种物质是否会给公共健康带来不可接受的危险性。

根据我国国情，考虑到社会资源因素，如果需要批准使用的食品添加剂新品种是已由国际组织进行了毒理学安全评价的物质，我国只需要进行暴露量评估；如果是一种没有毒理学安全评价的全新物质，则按要求进行安全性毒理学评价。

二、食品中防腐剂及其检测方法

（一）食品防腐剂概述

防腐剂是指天然或合成的化学成分，用于加入食品，以延迟微生物生长或化学变化而引起的问题。规定使用的防腐剂有苯甲酸、山梨酸、山梨酸钾等32种。从防腐剂的发展趋势来看，天然防腐剂将发展成为主角。

防腐剂的防腐原理：①干扰微生物的酶系，破坏其正常的新陈代谢，抑制酶的活性。②使微生物的蛋白质凝固和变性，干扰其生存和繁殖。③改变细胞浆膜的渗透性，抑制其体内的酶类和代谢产物的排除，导致其失活。

防腐剂应符合以下标准：①合理使用对人体无害。②不影响消化道菌群。③在消化道内降解为食物的正常成分。④不影响药物抗生素的使用。⑤对食品热处理时不产生有害成分。

食品防腐剂在中国被划定为17类，有28个品种。防腐剂按来源分，有化学防腐剂和天然防腐剂两大类。化学防腐剂又分为有机防腐剂和无机防腐剂。前者主要包括苯甲酸、山梨酸等，后者主要包括亚硫酸盐和亚硝酸盐。天然防腐剂通常是从动物、植物和微生物的代谢产物中提取出来的物质，如鱼蛋白、蜂胶等。

使用防腐剂时应注意以下几点：①在添加防腐剂之前，应保证食品灭菌完全。②应了解各类防腐剂的毒性和适用范围，按照安全使用量和使用范围进行添加。③应了解各类防腐剂的有效使用环境。④应了解各类防腐剂所能抑制的微生物种类。⑤根据各类食品加工工艺的不同，应考虑到防腐剂的价格和溶解性以及对食品风味是否有影响等因素，综合其优缺点，再灵活添加使用。

（二）食品中苯甲酸（或山梨酸）的高效液相色谱法测定

1.原理

样品经水提取，高脂肪样品经正已烷脱脂、高蛋白样品经蛋白沉淀剂沉淀蛋白，采用液相色谱分离、紫外检测器检测，外标法定量。

2.试剂和材料

除非另有说明,本方法所用试剂均为分析纯,水为GB/T 6682规定的一级水。

(1)试剂。氨水（$NH_3·H_2O$）、乙酸锌[$Zn(CH_3COO)_2·2H_2O$]、无水乙醇（CH_3CH_2OH）、正己烷（C_6H_{14}）、亚铁氰化钾[$K_4Fe(CN)_6·3H_2O$]、甲醇（CH_3OH）（色谱纯）、乙酸铵（CH_3COONH_4）（色谱纯）、甲酸（HCOOH）（色谱纯）。

(2)试剂配制。

①氨水溶液（1+99）,取氨水1mL,加到99mL水中,混匀。

②亚铁氰化钾溶液（92g/L）。称取106g亚铁氰化钾,加入适量水溶解,用水定容至1000mL。

③乙酸锌溶液（183g/L）。称取220g乙酸锌溶于少量水中,加入30mL冰乙酸,用水定容至1000mL。

(3)标准品。

①苯甲酸钠（C_6H_5COONa,CAS号:532-32-1）,纯度≥99.0%;或苯甲酸（C_6H_5COOH,CAS号:65-85-0）,纯度≥99.0%,或经国家认证并授予标准物质证书的标准物质。

②山梨酸钾（$C_6H_7KO_2$,CAS号:590-00-1）,纯度≥99.0%;或山梨酸（$C_6H_8O_2$,CAS号:110-44-1）,纯度≥99.0%,或经国家认证并授予标准物质证书的标准物质。

(4)标准溶液配制。

①苯甲酸和山梨酸标准储备溶液（1000mg/L）,分别准确称取苯甲酸钠0.118g和山梨酸钾0.134g（精确到0.0001g）,用水溶解并分别定容至100mL。于4℃储存,保存期为6个月。当使用苯甲酸和山梨酸标准品时,需要用甲醇溶解并定容。

②苯甲酸和山梨酸混合标准中间溶液（200mg/L）。分别准确吸取苯甲酸和山梨酸标准储备溶液各10.0mL于50mL容量瓶中,用水定容。于4℃储存,保存期为3个月。

③苯甲酸和山梨酸混合标准系列工作溶液。分别准确吸取苯甲酸和山梨酸混合标准中间溶液 0mL、0.05mL、0.25mL、0.50mL、1.00mL、2.50mL、5.00mL和10.0mL,用水定容至 10mL,配制成质量浓度分别为 0mg/L、1.00mg/L、5.00mg/L、10.0mg/L、20.0mg/L、50.0mg/L、100mg/L 和 200mg/L 的混合标准系列工作溶液,临用现配。

(5)材料。水相微孔滤膜（0.221xm）、塑料离心管（50mL）。

(三)仪器和设备

高效液相色谱仪（配紫外检测器）、分析天平（感量分别为0.001g和0.0001g）、涡旋振荡器、离心机（转速>8000r/min）、匀浆机、恒温水浴锅、超声波发生器。

（四）分析步骤

1.试样制备

取多个预包装的饮料、液态奶等均匀样品直接混合；非均匀的液态、半固态样品用组织匀浆机匀浆；固体样品用研磨机充分粉碎并搅拌均匀；奶酪、黄油、巧克力等采用50~60℃加热熔融，并趁热充分搅拌均匀。取其中的200g装入玻璃容器中，密封，液体试样于4℃保存，其他试样于-8℃保存。

2.试样提取

（1）一般性试样。准确称取约2g（精确到0.001g）试样于50mL具塞离心管中，加水约25mL，涡旋混匀，于50℃水浴超声20min，冷却至室温后加亚铁氰化钾溶液2mL和乙酸锌溶液2mL，混匀，于8000r/min离心5min，将水相转移至50mL容量瓶中，于残渣中加水20mL，涡旋混匀后超声5min，于8000r/min离心5min，将水相转移到同一50mL容量瓶中，并用水定容至刻度，混匀。取适量上清液过0.22μm滤膜，待液相色谱测定。

（2）含胶基的果冻、糖果等试样。准确称取约2g（精确到0.001g）试样于50mL具塞离心管中，加水约25mL，涡旋混匀，于70℃水浴加热溶解试样，于50℃水浴超声20min，之后的操作同（1）。

（3）油脂、巧克力、奶油、油炸食品等高油脂试样。准确称取约2g（精确到0.001g）试样于50mL具塞离心管中，加正己烷10mL，于60℃水浴加热约5min，并不时轻摇以溶解脂肪。然后加氨水溶液（1+99）25mL，乙醇1mL，涡旋混匀，于50℃水浴超声20min，冷却至室温后，加亚铁氰化钾溶液2mL和乙酸锌溶液2mL，混匀，于8000r/min离心5min，弃去有机相，水相转移至50mL容量瓶中，残渣同（1）再提取一次后测定。

3.仪器参考条件

（1）色谱柱。C18柱，柱长250mm，内径4.6mm，粒径5μm，或等效色谱柱。

（2）流动相。甲醇+乙酸铵溶液=5+95。

（3）流速。1mL/min。

（4）检测波长。230nm。

（5）进样量。10μL。

4.标准曲线的制作

将混合标准系列工作溶液分别注入液相色谱仪中，测定相应的峰面积，以混合标准系列工作溶液的质量浓度为横坐标，以峰面积为纵坐标，绘制标准曲线。

5.试样溶液的测定

将试样溶液注入液相色谱仪中，得到峰面积，根据标准曲线得到待测液中苯甲酸和山梨酸的质量浓度。

三、食品中抗氧化剂及其检测方法

（一）食品抗氧化剂概述

抗氧化剂是能防止或延缓油脂或食品成分氧化分解、变质，提高食品稳定性的物质。食品抗氧化剂按溶解性可分为油溶性、水溶性两类。油溶性抗氧化剂常用于油脂类的抗氧化作用，如丁香羟基茴香醚、二丁基羟基甲苯、没食子酸丙酯、维生素E等；水溶性抗氧化剂多用于食品色泽的保持及果蔬的抗氧化，如抗坏血酸及其盐类、异抗坏血酸及其盐类及植酸等。

食品变质除因微生物引起腐败外，氧化也是一个重要因素，特别是油脂和含油食品。油脂和含油脂的食品在贮藏、加工及运输过程中均会自然地氧化，产生哈喇味，造成食品品质下降，营养价值降低。此外，肉类食品的变色、果蔬的褐变、啤酒的异臭味及变色，也与氧化有关。因此，防止氧化已成为食品企业的一个重要问题。

防止食品氧化，除采用密封、排气、避光及降温等措施外，适当地使用一些安全性高、效果显著的抗氧化剂，是一种简单、经济而又理想的方法。

作为食品抗氧化剂应具备的条件是：抗氧化效果优良，低浓度有效；稳定性好，与食品可以共存，对食品的感官性质无影响；本身及分解产物都无毒、无害；使用方便，价格便宜。

氧化的发生机理：由活性氧引起的游离基反应可产生许多变化，如生物体内的氧化还原、老化及食品品质的劣变等。活性氧即单重态氧，可以还原为过氧化氢（H_2O_2），H_2O_2与金属离子在紫外线照射的作用下生成氢氧自由基（·OH）和其他种类的游离基，所有这些活性物质与生物体或食品中的成分均可发生明显的相互作用，其结果是通过成分的氧化而发生老化、变质。过剩的活性氧（自由基）如缺乏抗氧化剂的保护，将引起大量的有害反应。

（二）食品中抗氧化剂的液相色谱串联质谱法测定

1.范围

液相色谱串联质谱法适用于食品中THBP、PG、OG、NDGA、DG的测定。

2.原理

油脂样品经有机溶剂溶解后，使用凝胶渗透色谱（GPC）净化；固体类食品样品用正己烷溶解，用乙腈提取，固相萃取柱净化。液相色谱串联质谱联用仪测定，外标法定量。

3.试剂和材料

除非另有说明，本方法所用试剂均为色谱纯，水为GB/T 6682规定的一级水。

（1）试剂。甲酸（HCOOH）、乙腈（CH_3CN）、甲醇（CH_3OH）、正己烷（C_6H_{14}）（分析纯）、乙酸乙酯（$CH_3COOCH_2CH_3$）、环己烷（C_6H_{12}）、氯化钠（NaCl）（分析纯）、无水硫酸钠（Na_2SO_4）（分析纯），650℃灼烧4h，储存于干燥器中，冷却后备用。

（2）试剂配制。

①乙腈饱和的正己烷溶液。正己烷中加入乙腈至饱和。

②正己烷饱和的乙腈溶液。乙腈中加入正己烷至饱和。

③乙酸乙酯和环己烷混合溶液（1+1）。取50mL乙酸乙酯和50mL环己烷混匀。

④乙腈和甲醇混合溶液（2+1）。取100mL乙腈和50mL甲醇混合。

⑤饱和氯化钠溶液。水中加入氯化钠至饱和。

⑥甲酸溶液（0.1+99.9）。取0.1mL甲酸移入100mL容量瓶，定容至刻度。

（3）标准品。没食子酸辛酯（纯度≥98%）、没食子酸十二酯（纯度≥98%）、没食子酸丙酯（纯度≥98%）、去甲二氢愈创木酸（纯度≥98%）、2,4,5—三羟基苯丁酮（纯度≥98%）。

（4）标准溶液配制。

①标准物质储备液。准确称取0.1g（精确至0.1mg）固体抗氧化剂标准物质，用乙腈溶于100mL棕色容量瓶中，定容至刻度，配制成浓度为1000mg/L的标准储备液，0~4℃避光保存。

②标准物质中间液。移取标准物质储备液1.0mL于100mL容量瓶中，用乙腈定容，配制成浓度为10mg/L的混合标准中间液，0~4℃避光保存。

③标准物质使用液。移取适量体积的标准物质中间液分别稀释至浓度为0.01mg/L、0.02mg/L、0.05mg/L、0.1mg/L、0.2mg/L、0.5mg/L、1mg/L、2mg/L的混合标准使用液。

（5）材料。C^{18}固相萃取柱（2000mg/12mL）、有机系滤膜（孔径0.22μm）。

4.仪器和设备

离心机（转速≥3000r/min）、旋转蒸发仪、液相色谱串联质谱仪、凝胶渗透色谱仪、分析天平（感量分别为0.01g和0.1mg）、涡旋振荡器。

5.分析步骤

（1）试样制备。固体或半固体样品粉碎混匀，然后用对角线法取2/4或2/6，或根据试样情况取有代表性试样，密封保存；液体样品混合均匀，取有代表性试样，密封保存。

（2）测定步骤。

①提取。称取1g（精确至0.01g）试样于50mL离心管中，加入5mL乙腈饱和的正己烷

溶液，涡旋1min充分混匀，浸泡10min。加入5mL饱和氯化钠溶液，用5mL正己烷饱和的乙腈溶液涡旋2min，3000r/min离心5min，收集乙腈层于试管中，再重复使用5mL正己烷饱和的乙腈溶液提取2次，合并3次提取液，加0.1%甲酸溶液调节pH=4，待净化，同时做空白实验。

②净化。在C^{18}固相萃取柱中装入约2g的无水硫酸钠，用5mL甲醇活化萃取柱，再以5mL乙腈平衡萃取柱，弃去流出液。将所有提取液倾入柱中，弃去流出液，再以5mL乙腈和甲醇的混合溶液洗脱，收集所有洗脱液于试管中，40℃下旋转蒸发至干，加入2mL乙腈定容，过0.22μm有机系滤膜，供液相色谱测定。

③凝胶渗透色谱法（纯油类样品可选）。称取样品10g（精确至0.01g）于100mL容量瓶中，以乙酸乙酯和环己烷混合溶液定容至刻度，作为母液；取5mL母液于10mL容量瓶中以乙酸乙酯和环己烷混合溶液定容至刻度，待净化。取10mL待测液加入凝胶渗透色谱（GPC）进样管中，使用GPC净化（凝胶渗透色谱净化条件见附录B），收集流出液，40℃下旋转蒸发至干，加2mL乙腈定容，过0.22μm有机系滤膜，供液相色谱测定，同时做空白实验。

（3）液相色谱—串联质谱仪条件。

①色谱柱：C^{18}键合硅胶色谱柱，柱长50mm，内径2.0mm，粒径1.8μm，或等效色谱柱。

②流动相A：水。流动相B：乙腈。

③流速。0.2mL/min。

④洗脱梯度。0~3min流动相（B）从10%增至30%，3~5min流动相（B）30%，5~10min流动相（B）从30%增至80%，10~12min流动相（B）80%，12~12.01min流动相（B）从80%降至10%，12.01~14min流动相（B）10%。

⑤柱温。35℃。

⑥进样量。2μL。

⑦电离源模式。电喷雾离子化。

⑧喷雾流速。3L/min。

⑨干燥气流速。15L/min。

⑩离子喷雾电压。3500V。

（4）定性测定。在相同实验条件下进行样品测定时，如果检出的色谱峰的保留时间与标准样品相一致，并且在扣除背景后的样品质谱图中，所选择的离子均出现，而且所选择的离子丰度比与标准样品相一致（相对丰度>50%，允许±20%偏差；相对丰度>20%~50%，允许±25%偏差；相对丰度>10%~20%，允许±30%偏差；相对丰度≤10%，允许±50%偏差），则可判断样品中存在这种抗氧化剂。

（5）标准曲线的制作。将标准系列工作液进行液相色谱串联质谱仪测定，以定量离子对峰面积对应标准溶液浓度绘制标准曲线。

（6）试样溶液的测定。将试样溶液进行液相色谱串联质谱仪测定，根据标准曲线得到待测液中抗氧化剂的浓度。

（三）食品中抗氧化剂的气相色谱法测定

1.范围

气相色谱法适用于食品中BHA、BHT、TBHQ的测定。

2.原理

样品中的抗氧化剂用有机溶剂提取、凝胶渗透色谱（GPC）净化后，用气相色谱氢火焰离子化检测器检测，采用保留时间定性，外标法定量。

3.试剂和材料

除非另有说明，本方法所用试剂均为色谱纯，水为GB/T 6682规定的一级水。

（1）试剂。环己烷（C_6H_{12}）、乙酸乙酯（$CH_3COOCH_2CH_3$）、石油醚（沸程30~60℃）、乙腈（CH_3CN）、丙酮（CH_3COCH_3）。

（2）试剂配制。乙酸乙酯和环己烷混合溶液（1+1）：量取50mL乙酸乙酯和50mL环己烷混匀。

（3）标准品。BHA标准品：纯度≥99.0%、BHT标准品：纯度≥99.3%、TBHQ标准品：纯度≥99.0%。BHA、BHT、TBHQ标准储备液：准确称取BHA、BHT、TBHQ标准品各50mg（精确至0.1mg），用乙酸乙酯和环己烷混合溶液定容至50mL，配制1mg/mL的储备液，于4℃冰箱中避光保存。BHA、BHT、TBHQ标准使用液：吸取标准储备液0.1mL、0.5mL、1.0mL、2.0mL、3.0mL、4.0mL、5.0mL于一组10mL容量瓶中，用乙酸乙酯和环己烷混合溶液定容，此标准系列的浓度为0.01mg/mL、0.05mg/mL、0.1mg/mL、0.2mg/mL、0.3mg/mL、0.4mg/mL、0.5mg/mL，现用现配。

（4）材料。有机系滤膜（孔径0.45μm）。

4.仪器和设备

气相色谱仪（GC）、配氢火焰离子化检测器（FID）、凝胶渗透色谱仪（GPC）、分析天平（感量为0.01g和0.1mg）、旋转蒸发仪、涡旋振荡器、粉碎。

5.分析步骤

（1）试样制备。将样品粉碎混匀，采用对角线法取2/4或2/6密封保存；将液体样品混合均匀，取有代表性试样进行密封保存。

（2）试样处理。

①油脂样品。混合均匀的油脂样品，过0.45μm滤膜后，准确称取0.5g（精确至

0.1mg），用乙酸乙酯和环己烷的混合溶液准确定容至10.0mL，混合均匀待净化。

②油脂含量较高或中等的样品（油脂含量15%以上的样品）。根据样品中油脂的实际含量，称取5g混合均匀的样品，置于250mL具塞锥形瓶中，加入适量石油醚，使样品完全浸没，放置过夜，用快速滤纸过滤后，旋转蒸发回收溶剂，得到的油脂用乙酸乙酯和环己烷混合溶液准确定容至10.0mL，混合均匀待净化。

（3）净化。试样处理得到的试样经凝胶渗透色谱装置净化（凝胶渗透色谱净化条件见附录A），收集流出液，蒸发浓缩至近干，用乙酸乙酯和环己烷混合溶液定容至2mL，进气相色谱仪分析。不同试样的前处理需要同时做试样空白实验。

（4）色谱参考条件。

①色谱柱。5%苯基—甲基聚硅氧烷毛细管柱，柱长30m，内径0.25mm，膜厚0.25μm，或等效色谱柱。

②进样口温度。230℃。

③升温程序。初始柱温80℃，保持1min，以10℃/min升温至250℃，保持5min。

④检测器温度。250℃。

⑤进样量。1μL。

⑥进样方式。不分流进样。

⑦载气。氮气，纯度≥99.999%，流速1mL/min。

（5）标准曲线的制作。将标准系列工作液分别注入气相色谱仪中，测定相应的抗氧化剂，以标准工作液的浓度为横坐标，以响应值（如峰面积、峰高、吸收值等）为纵坐标，绘制BHA、BHT、TBHQ3种抗氧化剂标准曲线。

（6）试样溶液的测定。将试样溶液注入气相色谱仪中，得到相应抗氧化剂的响应值，根据标准曲线得到待测液中相应抗氧化剂的浓度。

第四节　食品微生物检验检测

一、食品微生物检验分析的重要意义

食品微生物（Food microorganisms）是与食品有关的微生物的总称，是导致食品腐败的重要源头，也是导致食源性疾病的重要原因之一。食品微生物包括生产型食品微生物醋酸杆菌、酵母菌等和使食物变质的霉菌、细菌等，以及一些食源性病原微生物如大肠杆菌、肉毒杆菌等。食品具有丰富的营养，是微生物理想的栖息地，因比，微生物一旦污染了食品，就会大量繁殖。食品无论在产地或加工前后，均可能遭受微生物的污染。食品受到污染的机会和原因很多，一般有食品生产环境的污染、食品原料的污染、食品加工过程的污染等。

根据食品被微生物污染的原因和途径，进行以下几方面的检验：①生产环境的检验，包括车间用水、空气、地面和墙壁的检验等。②原辅料检验，包括食用动植物、谷物、添加剂等一切原辅材料的检验。③食品加工储存、销售诸环节的检验，包括食品从业人员的个人卫生状况、加工工具、运输车辆、包装材料的检验等；食品的检验重要的是对出厂食品、可疑食品及食物中毒食品的检验。食品微生物检验的指标是根据食品卫生的要求，从微生物学的角度对不同食品所提出的与食品有关的具体指标要求。我国卫生部颁布的食品微生物检验指标主要有细菌菌落总数、大肠菌群数和致病菌等。

食品微生物与人类关系紧密，对食品微生物的了解、利用和防治在很早以前就已取得了一定的进展。随着人们生活水平的日益提高，对于食品安全和食品质量的要求也越发严格，食品安全关系到人们生命健康安全，因此引起公众、各国政府的广泛关注。总体来说，中国食品安全面临的问题纷繁复杂，微生物检验检测工作的质量和效率需要不断的提升，因此，微生物检验工作任重而道远。面临琳琅满目的食品种类和纷繁复杂的微生物类别，全面、合理、科学的检验方法才能确保检验结果的可靠性和精准性，守护每一位民众舌尖上的安全。近年来，中国的食品安全问题频发，人们对于食品安全的担忧日益加深，食品安全问题亟须解决，甚至刻不容缓。

食品微生物检验是衡量食品卫生质量的重要手段，也是判定被检食品能否食用的科学依据。通过食品微生物检验，可以判断食品加工环境及食品卫生状况，能够对食品被细菌等微生物污染的程度做出正确的评价，为各项卫生管理工作提供科学依据，提供食物中毒复发的防治措施。食品微生物检验贯彻"预防为主"的卫生方针，可以有效地防止或者减少食物中毒以及人畜共患病的发生，保障人们的身体健康；同时，它对提高产品质量、避免经济损失、保证出口等方面具有重要意义。

(一) 食品中细菌总数检验的意义

菌落总数是指食品检测样品经过一定方式的处理和一定条件下的培养后，1mL（或1g、1cm^2）检测样品中所含有的菌落的总数。细菌菌落总数是指食品检验样品经过处理，在一定条件下培养后1g或1mL或1cm^{2}待检样品中所含细菌菌落的总数。单个细菌肉眼无法识别，需要人为地通过特定的培养基，设置适宜的温度、湿度、时间、pH等适宜培养条件，最后在培养基上培养成肉眼可见的菌落。菌落总数包括一切能在普通琼脂糖培养基平板上生长的细菌菌落总数，包括所有的厌氧菌和微需氧菌，而那些对营养有特殊要求以及非嗜中温的细菌,由于培养条件不能满足其生长需求,故难以繁殖生长。菌落总数并不表示实际中的所有细菌总数,菌落总数也不能区分其中细菌的种类,因此菌落总数也被称为杂菌数、需氧菌数等。食品中的菌落总数的测定,目的在于了解食品在生产过程中,从原料的加工到成品包装的过程是否受到外界污染,判定食品被细菌污染的程度及卫生质量,也可以应用这一方法观察细菌在食品中繁殖的动态,预测食品存用的期限长短,确定食品的保存期,以便对被检样品进行卫生学评价时提供依据。食品中细菌总数的检验也能反映出食品的新鲜度、被细菌污染的程度、生产过程中食品是否变质和食品生产的一般卫生状况等。因此,食品中细菌总数的检验也是判断食品卫生质量的重要依据之一。

(二)食品中大肠菌群检验的意义

大肠菌群(Cruciformgroup)属于革兰氏阴性无芽孢杆菌,属于细菌的范畴,根据国家1994年颁布的食品卫生检验方法微生物学部分,大肠菌群是指一群在35~39℃条件下培养48h能够分解乳糖、产酸、产气,需氧和兼性厌氧的革兰氏阴性无芽孢杆菌,普通的营养琼脂平板上就能够很好地生长,因此,如果在一个样品中检出有大肠菌群的话,就代表所检测的样品的菌落总数中有一部分是大肠菌群。大肠杆菌并不是细菌学上的分类,它是一组与粪便污染有关的细菌,大肠菌群主要包括大肠杆菌和产气肠杆菌之间的一些生理上比较接近的中间类型(如弗氏柠檬酸杆菌、阴沟肠杆菌、肺炎克雷伯菌等),大肠菌群中以埃希氏菌属为主,埃希氏菌属即是俗称的典型大肠杆菌,大肠菌群都是直接或间接地来自人和温血动物的粪便,本群中典型大肠杆菌以外的菌属,除直接来自粪便外,也可能来自典型大肠杆菌排出体外7~30d后在环境中的变异。所以,食品中大肠菌群的检出,表明食品直接或间接受到人和温血动物的粪便污染,其中典型大肠杆菌为粪便近期污染,其他菌属则可能为粪便的陈旧污染。

大肠菌群最初作为肠道致病菌而被用于水质检验,现已被我国和国外许多国家广泛用于食品卫生质量检验的指示菌。大肠菌群的食品卫生学意义是作为食品被粪便污染的指示菌,食品中粪便的含量达到10~3mg/kg即可检出大肠菌群。故以大肠菌群数作为粪便污染食品的卫生指标来评价食品的质量具有广泛意义。一般认为,作为食品被粪便污染的理想指示菌应具备以下几个重要特征:①仅来自人或动物的肠道,并在肠道中占有极高的数量。②在肠道以外的环境中,具有与肠道病原菌相同的对外界不良因素的抵抗力,能生存一定时间,生存时间应与肠道致病菌大致相同或稍长。③食品污染理想指示菌应该具有容易培养、分离和鉴定的特点。大肠菌群比较符合以上3条标准,然而由于大肠菌群在低温条件下不适宜生长,特别是在冰冻条件下容易死亡,所以用大肠菌群作为冷冻食品的粪便污染指示菌并不理想。由于肠球菌对冷冻条件有强烈的抵抗力,因而有人主张以它作为冷冻食品的粪便污染指示菌更为合适。

肠道致病菌如沙门氏菌菌属和志贺氏菌属，以上两种菌属是引起食物中毒的重要致病菌，然而对食品经常进行逐批逐件地检验又不可能，鉴于大肠菌群与肠道致病菌来源相同，而且一般在外环境中生存时间也与主要肠道病原菌一致，所以大肠菌群的另一个重要食品卫生学意义是作为肠道病原菌污染食品的指示菌。当然，一个食物样品中检测出大肠菌群，只能说明有肠道病原菌存在的可能性，但是，只要检出大肠菌群，则说明有粪便污染，即使无病原菌，该食品仍可能被认为是不卫生的。大肠菌群是人及温血动物肠道内的常驻菌，随着粪便排出体外，故以大肠菌群作为粪便污染指标评价食品的卫生状况，推断食品中肠道致病菌污染的可能性。目前，大肠菌群已被许多国家（包括我国）用作食品卫生质量评价的指标菌。

检测大肠菌群的食品卫生学意义总结如下：粪便污染食品的指示菌，大肠菌群数的高低表明了食品被粪便污染的程度和对人体健康危害程度的大小。肠道致病菌污染食品的指标菌，当食品中检出大肠菌群数值越多，肠道致病菌存在的可能性就越大。

（三）食品中病原微生物检验的意义

致病性微生物污染是指具有病原性的微生物对食品、水等造成的污染，病原微生物中有一大类是致病性微生物，致病性微生物引起的食源性疾病是全世界头号食品安全问题，也是目前中国食品安全排在第一位的问题。人们食用的食品种类繁多，通过食物所传播的病原也各种各样，有细菌、病毒、立克次体、产毒藻类、寄生虫及蕈菇类等大型真菌。致病菌即能引起人体发病的细菌，对不同的食品和不同的场合应选择对应的参考菌群进行检验。例如，海产品以副溶血性弧菌、沙门菌、志贺菌、金黄色葡萄球菌等作为参考菌群；蛋与蛋制品以沙门菌、志贺菌等作为参考菌群；糕点、面包以沙门菌、志贺菌、金黄色葡萄球菌等作为参考菌群；软饮料以沙门菌、志贺菌、金黄色葡萄球菌等作为参考菌群。

随着科技的发展和人们生活水平的提高，食品微生物检验成为食品质量安全控制方面的重要技术之一，对食源性病原微生物进行准确、灵敏、省时、省力和省成本的快速检验方法已经成为保证食品安全的迫切需求，对控制微生物引起的食源性疾病具有重要作用。

二、食品微生物检验基础技术

（一）染色与细菌的形态观察技术

1.细菌基本形态的观察

细菌的形态一般有3种主要的类型，即球菌、杆菌、螺旋菌，有些细菌有荚膜、鞭毛、芽孢、菌毛等特殊结构。

（1）固体琼脂平板培养基上细菌生长状态的观察。固体琼脂培养板上有不同菌落长出，可以通过观察固体琼脂培养板上菌落形态进一步确定细菌的基本形态，观察内容主要包括菌落大小、菌落形状（圆形或不规则）、硬度、透明度、边缘状态、颜色等。

（2）显微镜观察细菌的基本形态。除了固体琼脂培养板通过细菌菌落观察细菌的基本形态，也可以借助显微镜（低倍镜、高倍镜、油镜）来观察细菌的基本形态。一般显微镜有几个放大倍数不同的物镜，如4×、10×为低倍物镜，40×为高倍物镜，这类物镜与标本之间不需要加任何液体介质进行观察的称为干燥物镜；而100×的称为油浸物镜，使用时需在标本和物镜之间加入折射率大于1的液体，如香柏油（折射率为1.515）作为介质，才能符合该物镜数值孔径本身对介质折射率的需求。而数值孔径又与显微镜的分辨率成正比例关系，即数值孔径越大，分别率则越高。

2.常用的细菌染色方法

细菌是无色半透明的微小生物，肉眼看不到，必须借助于显微镜才能够观察。然而，未经染色的细菌标本，在普通光学显微镜下只能粗略地看见其形态和大小，只有经过染色后才能观察清楚。染色后镜检，不但可以识别细菌的各种不同结构，还可以辅助鉴别细菌。细菌染色多采用碱性染料，如亚甲基蓝、碱性复红、结晶紫等，原因在于细菌蛋白质是两性电解质，等电点较低，pI值在2~5。故在近于中性的环境中，细菌多带负电荷，易与带正电荷的碱性染料结合。另一个原因是细菌胞质中含有大量呈酸性的RNA，也与碱性染料有亲和性。细菌的染色方法分为单染和复染两种，单染是用一种染料进行染色，复染是2种或2种以上的染料进行染色。染色方法有革兰染色、抗酸染色、荚膜染色等。

（1）简单染色。简单染色法是利用单一染料对细菌进行染色的一种方法，一般用于观察个体形态与细菌排列。由于细菌在中性、碱性或弱酸环境中带负电荷，所以通常采用一种碱性染料如亚甲基蓝、碱性复红、结晶紫对细菌进行染色。亚甲基蓝是亚甲基蓝的盐酸盐，可解离为带正电荷的亚甲基蓝，很容易与细菌结合使菌体着色。染色后的细菌细胞与背景形成鲜明的对比，在显微镜下更易于识别。单染染色步骤主要分为以下几步。

①涂片。在玻片上滴一滴生理盐水，然后刮取少许菌苔在盐水中乳磨使之乳化，涂成直径为0.5~1cm的菌膜。

②干燥。最后在室温中自然干燥，也可在远离火焰上方微微烘干，但切勿靠火焰以免烤焦标本。

③固定。火焰固定，固定的作用是杀死细菌，使细菌与玻片黏附牢固；使细菌蛋白凝固后保持其固有的外形，改变对染料的通透性。

④染色。滴加结晶紫、稀释复红或碱性美兰液1~2滴，使染液盖满菌膜。1~2min后，用细小的流水洗去多余的染液，在空气中自然干燥或用吸水纸轻轻地吸干（切忌拖、拉）。

⑤镜检观察结果。用结晶紫染色的葡萄球菌、大肠杆菌或变形杆菌呈紫色；复红染色

者为红色，碱性美兰染色者均为蓝色。

（2）革兰染色法。革兰氏染色法是1884年由丹麦细菌学家Hans Christiangram发明的，它是细菌学中很重要的鉴别染色法，革兰氏染色的意义在于可以将细菌分为革兰氏阳性菌、革兰氏阴性菌两大类，可以分析细菌的致病性，还可以指导临床用药。革兰染色的原理有3种学说：等电点学、化学学说、通透性学说。

①等电点学说。革兰阳性菌的等电点（pI值2～3）比革兰氏阴性菌的等电点（pI值4～5）低，在pH=7的染液中，革兰阳性菌所带的负电荷比阴性菌多，因而社区碱性染料比较多且牢固，不易被酒精脱色。

②化学学说。革兰阳性菌的细胞内含有某些特殊化学物质，一般认为是核糖核酸镁盐，能与染料和碘液结合成为稳定的化学物，不易被酒精溶解脱色。

③通透性学说。脱色剂较易通过G^-菌的细胞壁，将染料和碘的复合物溶解洗出，故易脱色。G^+菌的细胞壁通透性低，酒精不易通过，故不易脱色。有研究认为，95%酒精可使G^+菌的细胞壁脱水形成屏障，染料和碘的复合物不能透出；而G^-菌不仅无此屏障，且其细胞壁的脂类含量较G^+菌多，酒精对其表面脂类的溶解也可能是G^-菌容易脱色的一个因素。

革兰氏染色的步骤：制片、干燥、固定、染色。在固定好的抹片上，滴加草酸铵结晶紫染色液，染色1～3min，水洗后加革兰氏碘液媒染，作用1～2min后水洗。加95%酒精脱色30s至1min，水洗后加稀释石炭酸复红或沙黄水溶液复染30s左右，水洗，吸干后镜检。

（3）瑞士染色法。细菌抹片自然干燥后，滴加瑞士染色液与涂片上以固定标本，1～3min后，再滴加与染色液等量的磷酸盐缓冲液或中性整理水于玻片上，轻轻摇晃使染色液混合均匀，5min后左右水洗，干燥后镜检，菌体呈现蓝色，组织细胞的胞浆呈现红色，细胞核呈现蓝色。

（4）姬姆萨染色。血片或组织触片自然干燥后，用甲醇固定3～5min，干燥后在其上滴加足量染色液或将抹片浸入盛有染色液的缸里，染色30min，或者染色数小时或24h，取出后水洗，吸干或烘干后镜检。细菌呈现藏青色，组织细胞浆呈现红色，细胞核呈现蓝色。

3.细菌染色标本的制备技术

细菌标本片的制备主要分为以下几个主要步骤。

（1）抹片。

①固体培养物。取洁净的载玻片一张，把接种环在酒精灯火焰上灼烧灭菌后，取1～2环无菌生理盐水，滴加在载玻片的中央位置，再将接种环灭菌，冷却后，从固体培养基上挑取菌落或菌苔少许放于载玻片中央位置，与水混匀，做成直径约为1cm的涂面。接种环使用后需要灭菌。

②液体培养物。可直接用灭菌接种环钩取细菌培养液1~2环，在玻片上做直径1cm涂面。

③液体病料（血液、渗出液、腹水等）。取一张边缘整齐的载玻片，用一端蘸取血液等液体材料少许，在另一张洁净的玻片上，以45°角均匀摊成一薄层的涂面。

④组织病料。以无菌剪刀、镊子剪去被检组织的一小块，以其新鲜切面在玻片上做3~5个压印或涂抹成适当大小的一薄层。

（2）干燥。涂片应在室温下自然干燥，必要时将涂片涂面向上，置于火焰高处微加热干燥。

（3）固定。

①火焰固定。是常用方法，将干燥好的抹片涂面向上，在火焰上来回通过4~6次，以手背触及玻片微烫手为宜。

②化学固定。有的血片，组织触片用姬姆萨染色时，要用甲醇固定3~5min。

（二）放线菌、酵母菌和霉菌的形态观察

1.放线菌的形态观察

放线菌是指能形成分枝丝状体或菌丝体的一类革兰氏阳性细菌，一般由分枝状菌丝组成，它的菌丝可以分为基本菌丝（营养菌丝）、气生菌丝和孢子丝3种。放线菌生长到一定阶段，大部分气生菌丝分化成孢子丝，通过横割分列的方式产生成串的分生孢子。孢子丝形态多样，有直线形、波曲状、钩状、螺旋状、轮生等多种形态。孢子也有球形、椭圆形、杆状和瓜子状等形态。它们的形态构造都是放线菌分类鉴定的重要依据。放线菌的菌落早期绒状同细菌菌落月牙状相似，后期形成孢子菌落呈粉状、干燥，有各种颜色呈同心圆放射状。常见的放线菌大多数能形成菌丝体，紧贴培养基表面或深入培养基内生长的叫基内菌丝，基内菌丝生长到一定阶段还能向空气中生长出气生菌丝，并进一步分化产生孢子丝及孢子，孢子的表面光滑或粗糙，圆或椭圆，孢子有各种颜色，这些形态特点都是鉴定放线菌的重要依据。

（1）菌落形态及菌苔特征的观察。观察放线菌菌落的表面形状、大小、颜色和边缘等，用接种环挑取菌落，注意放线菌在基质上着生紧密情况，区别基内菌丝、气生菌丝及孢子丝的着生部位，取斜面培养的白色链霉菌、红色链霉菌观察菌苔特征，注意孢子颜色\营养菌丝颜色和色素分泌情况等。

（2）个体形态特征观察。用接种铲连着菌苔一薄层培养基取下一小块，平置于载玻片上进行观察，注意放线菌菌丝直径大小、孢子丝的形状。在低倍显微镜下观察基内菌丝和气生菌丝，在高倍镜下观察孢子丝。

（3）放线菌的插片培养法。首先将放线菌菌种制成一定浓度的孢子菌悬液后，吸取

0.2mL放在供放线菌生长的高氏培养基平板上，用玻璃棒涂布均匀，然后将灭过菌的盖玻片以45°角斜插入固体培养基中，置28~32℃下培养，3~5d后取出盖玻片放在载玻片上镜检，可见放线菌生长的个体形态。

2.酵母菌的形态观察

酵母菌是单细胞的真核微生物，细胞核和细胞质有明显的分化，个体比细菌大得多。酵母菌的形态通常有球形、卵圆形、椭圆形、柱形或香肠形等多种形态，酵母菌的无性繁殖有芽殖、裂殖和产生孢子，酵母菌的有性繁殖形成子囊和子囊孢子，酵母菌母细胞在一系列的芽殖后，如果长大的子细胞与母细胞并不分离，就会形成藕节状的假菌丝。

（1）菌落特征和菌苔特征的观察。观察菌落表面干燥或湿润、隆起形状、边缘整齐度、大小、颜色等，并用接种环挑菌，注意与培养基结合是否紧密。取斜面培养的啤酒酵母、面包酵母、热带假丝酵母观察菌苔特征。

（2）个体形态与出芽生殖。采用水浸片法。即在载玻片上加一滴0.1%亚甲基蓝染液（或一滴蒸馏水），挑取少许啤酒酵母与染液混匀，将盖玻片斜置，慢慢放下，以免产生气泡，用滤纸片吸取多余的水分，即可观察酵母菌的形态和出芽方式。

3.霉菌的形态观察

霉菌的形态比细菌、酵母菌复杂，个体比较大，具有分枝的菌丝体和分化的繁殖器官。霉菌营养体的基本形态单位是菌丝，包括有隔菌丝和无隔菌丝。营养菌丝分布在营养基质的内部，气生菌丝伸展到空气中。营养菌丝体除基本结构以外，有的霉菌还有一些特化形态，如假根、匍匐菌丝、吸器等。霉菌的繁殖体不仅包括无性繁殖体，如分生孢子、子囊孢子等，包裹其内或附着其上的有各类无性孢子，还包括有性繁殖结构，如子囊果，其内形成有性孢子。在观察时要注意细胞的大小、菌丝的构造和繁殖的方式。

（1）肉眼观察。用肉眼观察生长在PDA琼脂平板上的各种霉菌菌落，并根据下列要求对各种霉菌的菌落特征加以描述。

①菌落的大小。局限生长或蔓延生长，菌落的直径和高度。

②菌落的颜色。正面和背面的颜色，培养基的颜色变化。

③菌落的形态。棉絮状、网状、疏松或紧密、同心轮纹、放线状的皱褶等。

（2）霉菌个体形态的观察。

①乳酸石炭酸制片法的观察。由于霉菌的菌丝较粗大，而且孢子容易飞散，如将菌体置于水中易变形，故观察时不用水浸片法制片，而将其置于乳酸石炭酸溶液中，使细胞不易干燥，并有杀菌作用，有时为了增加反差在乳酸石炭酸溶液里溶入棉蓝制成的乳酸石炭酸棉蓝染液。其步骤是：在干净的载玻片上加一滴乳酸石炭酸，用接种针从菌落边缘处取少量带有孢子的菌丝置于液体中，再小心地把菌丝放开，然后用盖玻片盖上，注意不要产生气泡。

②插片培养观察。将已灭菌的盖玻片斜插入培养基平板上，一半露在外面，然后沿盖玻片与培养基交接处接种霉菌孢子悬液。24~26℃恒温培养2~4d，然后，乳酸石炭酸制片、镜检观察。

③注意事项。制片时，应用接种铲取菌落边缘处带有孢子的菌丝；取得菌丝或孢子要少，如果铲太多，反而不易观察；标本片制好后，先用低倍镜观察，必要时再换高倍镜观察。

（三）微生物大小的测定技术

微生物细胞的大小是微生物重要的形态特征之一，由于菌体很小，只能在显微镜下测量，用于测定微生物细胞大小的工具有目镜测微尺和镜台测微尺。

1.目镜测微尺

目镜测微尺是一块圆形玻片，在玻片中央把5mm长度刻成50等份，或把10mm长度刻成100等份。测量时，将其放在接目镜中的隔板上（此处正好与物镜放大的中间像重叠）来测量，经显微镜放大后的细胞物象。由于不同目镜、物镜组合的方法倍数不相同，目镜测微尺每格实际表示的长度也不一样，因此目镜测微尺测量微生物大小时须先用置于镜台上的镜台测微尺校正，以求出在一定放大倍数下，目镜测微尺每小方格所代表的相对长度。

2.镜台测微尺

镜台测微尺是中央部分有精确等分线的载玻片，一般将1mm等分为100格，每格长10μm（0.01mm），是专门用来校正目镜测微尺的，校正时，将镜台测微尺放在载物台上。由于镜台测微尺与细胞标本是处于同一位置，都要经过物镜和目镜的两次放大成像进入视野，即镜台测微尺随着显微镜总放大倍数的放大而放大，因此从镜台测微尺上得到的读数就是细胞的真实大小，所以用镜台测微尺的已知长度在一定放大倍数下校正目镜测微尺，即可求出目镜测微尺每格所代表的长度，然后移去镜台测微尺，换上待测标本片，用校正好的目镜测微尺在同样放大倍数下测量微生物的大小。

（四）消毒与灭菌技术

1.消毒与灭菌的概念

灭菌是指清除或杀灭物品上的一切微生物，以杀灭芽孢为准，消毒与灭菌的概念有所区别，消毒是相对的，不一定达到无菌的要求，而灭菌是绝对的，一定要达到无菌的要求。

2.常用的消毒与灭菌的方法

常用的消毒灭菌的方法主要包括物理法和化学法。

（1）物理消毒灭菌法。利用热力或光照等物理作用，使微生物的蛋白质及酶变性或凝固，以达到消毒灭菌的目的，包括干热消毒灭菌法、湿热消毒灭菌法、光照消毒法。

①干热消毒灭菌法。干热是指相对湿度在20%以下的高热，由空气导热，传热较慢，干热消毒灭菌常用的方法有燃烧灭菌法和微波消毒灭菌法。

②湿热消毒灭菌法。湿热由空气和水蒸气导热，传热快，穿透力强，湿热消毒灭菌常用的方法有煮沸消毒法、高压蒸汽灭菌法，一般高压蒸气灭菌的压力为102.97~137.30kPa，温度为121~126℃，经15~30min可达到灭菌目的。

③光照消毒法。光照消毒法主要利用紫外线照射，使菌体蛋白发生光解变性而导致细菌死亡，常用方法有：日光暴晒消毒法，用于枕头、床褥、床垫、棉絮等的消毒，一般暴晒6h可达到消毒，暴晒时注意2h翻面一次；紫外线消毒法，用于空气消毒与物品表面的消毒。

（2）化学消毒灭菌法。化学消毒灭菌法是利用化学药物渗透细菌体内，使菌体蛋白凝固变性，干扰细菌酶的活性，抑制细菌代谢和生长或损害细菌膜的结构，改变其渗透性，破坏其生理机能等，从而达到消毒灭菌的目的。

①化学消毒剂的使用原则。a.根据物品的性能及微生物的特性，选择合适的消毒剂；b.严格掌握消毒剂的有效浓度、消毒时间及使用方法；c.消毒剂应定期更换，易挥发的消毒剂要加盖，并定期检测，调整其浓度；d.浸泡前将物品洗净擦干，浸没在消毒液内的物品应注意打开轴节或套盖，管腔内应注满消毒液；e.在使用前用无菌生理盐水冲净消毒后的物品，避免消毒剂刺激人体组织。

②化学消毒剂的分类。a.高效消毒剂，高效消毒剂可杀灭一切微生物，包括芽孢（碘酊、福尔马林等）；b.中效消毒剂，中效消毒剂可杀灭细菌繁殖体，不能杀灭芽孢（乙醇、碘伏等）；c.低效消毒剂，低效消毒剂可杀灭细菌繁殖体，但不能杀灭结核杆菌、亲水性病毒或芽孢（苯扎溴铵、氯己定等）。

③化学消毒剂的使用方法。a.浸泡法，浸泡法是将物品洗净、擦干后，浸泡在消毒液中进行消毒灭菌的方法；b.擦拭法，擦拭法是用消毒剂直接擦拭人体或物品表面，如皮肤、桌椅等，达到消毒灭菌的方法；c.喷雾法，喷雾法是利用喷雾器将消毒剂变成微粒气雾弥散在空气中，对空气和物品表面进行消毒灭菌的方法；d.熏蒸法，熏蒸法是将消毒剂加热或加入氧化剂，使其产生气体来进行消毒灭菌的方法。

3.无菌实验室的要求

首先实验室工作面积和总体布局应能满足从事检验工作的需要，实验室布局应采用单方向工作流程，避免交叉污染。实验室环境的温度、湿度、光照度、噪声和洁净度应符合工作需要。一般样品检验应在洁净区域（包括超净工作台和洁净实验室）进行，洁净区域应有明显的标识，可参照《实验室生物安全通用要求》GB 19489—2008和《生物安全实验室建设技术规范》GB 50346—2004等进行立项和建造。其次是实验室的布局。布局时一般要求将工作人员的办公区和实验区分开，办公区用于实验人员的学习和休息。按功能，实验区可分为一般操作区、培养区和无菌区。一般操作区可进行洗涤，配制试剂、培养基并灭菌、洗涤，还可进行一些生化实验，显微镜观察、检验结果计数，无菌操作前需要的准备工作和收样、写报告等其他一些工作，因此又可细分为准备区、洗涤区、灭菌区、观察计数区等。布局时要注意各个工作过程的衔接，使工作人员少走弯路，同时避免交叉污染。

（五）微生物的分离、纯化与接种技术

1.微生物的分离与纯化

从混杂微生物群体中获得只含有某一种或某一株微生物的过程称为微生物的分离与纯化。平板分离法普遍用于微生物的分离与纯化。微生物在固体培养基上生长形成的单个菌落通常是由一个细胞繁殖而成的集合体。因此，可通过挑取单菌落而获得一种纯培养，获取单菌落可用稀释平板法、划线分离法等。

2.微生物的接种

将微生物接到适于它生长繁殖的人工培养基上或活的生物体内的过程叫作接种。接种是微生物实验及科研的一项最基本的操作技术，是将一种微生物移接到灭过菌的新培养基的过程，接种方法有斜面接种、液体接种、平板接种、穿刺接种等。在接种过程中，为了确保纯种不被杂菌污染，必须采用严格的无菌操作。

接种工具和方法：在实验室或工厂实践中，用得最多的接种工具是接种环、接种针。由于接种要求或方法不同，接种针的针尖常做成不同的形状，有刀形、耙形等之分，有时滴管、吸管也可作为接种工具进行液体接种。在固体培养基表面要将菌液均匀涂布时，需要用到涂布棒。常用的接种方法有以下几种。

（1）划线接种。这是最常用的接种方法，即在固体培养基表面做来回直线形的移动，就可达到接种的作用。常用的接种工具有接种环、接种针等。在斜面接种和平板划线中就常用此法。

（2）三点接种。在研究霉菌形态时常用此法。此法即把少量的微生物接种在平板表面上，成等边三角形的三点，让它各自独立形成菌落后，来观察、研究它们的形态，除三点外，也有一点或多点进行接种的。

（3）穿刺接种。在保藏厌氧菌种或研究微生物的动力时常采用此法。做穿刺接种时，用的接种工具是接种针，用的培养基一般是半固体培养基，它的做法是用接种针蘸取少量的菌种，沿半固体培养基中心向管底做直线穿刺，如某细菌具有鞭毛而能运动，则在穿刺线周围能够生长。

（4）浇混接种。该法是将待接的微生物先放入培养皿中，然后再倒入冷却至45℃左右的固体培养基，迅速轻轻摇匀，这样菌液就达到稀释的目的。待平板凝固之后，置合适温度下培养，就可长出单个微生物菌落。

（5）涂布接种。与浇混接种略有不同，就是先倒好平板培养基，让其凝固，然后再将菌液倒入平板上面，迅速用涂布棒在表面做来回左右的涂布，让菌液均匀分布，就可以长出单个的微生物菌落。

（6）液体接种。从固体培养基中将菌洗下，倒入液体培养基中，或者从液体培养物中，用移液管将菌液接至液体培养基中，或从液体培养物中将菌液移至固体培养基中，都可以称为液体接种。

（7）注射接种。注射接种是用注射的方法将待接的微生物转接至活的生物体内，如人或其他动物中，常见的疫苗预防接种就是用注射接种，接入人体，来预防某些疾病。

（8）活体接种。活体接种是专门用于培养病毒或其他病原微生物的一种方法，因为病毒必须接种至活的生物体内才能生长繁殖，所用的活体可以是整个动物，也可以是某个离体组织，如猴肾等，也可以是发育的鸡胚，接种的方式是注射，也可以是拌料喂养。

（六）微生物菌种保藏技术

菌种是国家的重要资源，是从事微生物学以及生命科学研究的基本材料，特别是利用微生物进行有关生产更离不开菌种。因此，菌种保藏是进行微生物学研究和微生物育种工作的重要组成部分，其任务是采用最合适的保存方法，使菌种的变异和死亡减少到最低限度。

1.微生物菌种保藏的基本原理

菌种保藏主要是根据微生物生理生化特点，人工创造条件，使微生物代谢处于不活跃、生长繁殖受抑制的休眠状态，即采取低温、干燥、缺氧3个条件，使菌种暂时处于休眠状态，一种好的保藏方法首先应能长期保持菌种原有的优良性状不变，同时需要考虑到方法本身的简便和经济，以便生产上能推广使用。

2.微生物菌种的保藏方法

（1）定期移植法。定期移植法也称为传代培养保藏法，包括斜面培养、穿刺培养、液体培养（厌氧细菌保藏用）等。将菌种接种于适宜的培养基中，最适条件下培养，待生长充分后，于4~6℃进行保存并间隔一定时间进行移植培养。保藏时间依据微生物的种类不同而不同。此法操作过程简单，但是菌种保存时间较短，需要不定期地经常移种，易于变异，只能作为菌种的短期保藏。

（2）液体石蜡保藏法。液体石蜡保藏法也称为矿物油保藏法，是传代培养的改进方法。此法是将高压灭菌好的液体石蜡在斜面培养物或穿刺培养物上覆盖，使培养物与空气隔绝。优选优质化学纯液体石蜡，采用以下两种方式进行灭菌：一种方法是120℃湿热灭菌30min后，置于40℃恒温箱中蒸发水分，经无菌检查后备用。另一种灭菌方式为160℃干热灭菌2h冷却后，经无菌检查后备用，然后把液体石蜡注入已长好菌的斜面上并高出斜面顶端1cm，使菌种与空气隔绝。将试管直立，放置于低温环境下（4~6℃）干燥处或室温下保存。保存期间应定期检查，如果发现培养基露出液面，应及时补充无菌的液体石蜡。此方法简便有效，保藏时间为2~10年，可用于丝状真菌、酵母、细菌和放线菌的保藏。特别对难于冷冻干燥的丝状真菌和难以在固体培养基上形成孢子的担子菌等的保藏更为有效。其缺点是必须直立存放，不便携带，某些以石蜡为碳源，或对液体石蜡保藏敏感的菌株都不能用这种方法进行保藏。

（3）沙土管保藏法。此法多用于能产生孢子和有芽孢的菌种保藏，可保存2年左右，但应用于营养细胞效果不佳。先将河沙加入10%盐酸浸泡2~4h，让酸和有机质充分结合，弃去酸水，用自来水冲洗数次至中性后烘干，去除粗颗粒用40目筛子过筛备用。另取贫瘠且黏性较小的非耕作层土，加自来水浸泡洗涤数次到中性后烘干并碾碎，去除粗颗粒要通过100目筛子过筛备用。将处理好的黄土、沙子按照1∶2的比例（或根据需要而用其他比例）混合均匀，装入小试管或安瓿管中，每管装1g左右，塞上棉塞，121.3℃灭菌30min，烘干备用。选择培养成熟的（一般指孢子层生长丰满的）优良菌种，以无菌水洗下，制成孢子悬液。每支沙土管中加入约0.5mL的孢子悬液（一般以刚刚使沙土润湿为宜），用接种针搅拌均匀，用接种环取出少量的沙粒接种在斜面培养基中观察生长情况是否良好，有无杂菌。经检查没有问题后再用真空泵抽干沙土管中的水分，要快速抽干，时间越短越好。沙土管密封后，放置于4℃冰箱或室内干燥阴凉处保存。每半年验证一次菌种活力和有无杂菌情况。

（4）冷冻真空干燥保藏法。此法是迄今为止菌种保藏最有效、最安全的方法之一。购置的标准菌种多采用此方法保藏。对无芽孢菌及一般生命力强的微生物及其孢子都适用，即使对一些很难保存的致病菌，如脑膜炎球菌和淋病球菌也适用，具有保藏菌种范围广、时间长、存活率高等特点。将血清、脱脂奶、卵白放入三角瓶中高压灭菌，用接种环将培养基中生长良好的菌体或孢子悬浮于此中制成菌悬液，将菌悬液约0.2mL以无菌操作分装于灭菌的玻璃安瓿瓶中，将安瓿瓶放在冷冻槽中于−40~−30℃迅速冷冻，并在冷冻状态下抽真空干燥，并在真空状态下熔封安瓿，于−20℃冰箱保存，一般可保存20年以上，能较好地保持菌种原始的遗传特征。但成本较高，操作复杂。

（5）半固体穿刺保藏法。按比例将配制好的半固体培养基，高压灭菌后倒入无菌试管中，约占试管体积的1/3，冷却凝固。用接种环从培养基中挑取多个单个菌落，穿刺入培养基若干次。放置于4℃冰箱或室内干燥阴凉处保存，具体保存温度随菌种而变。此法简单易操作，适用于大肠杆菌、金黄色葡萄球菌等细菌的保藏。

(6)脱脂奶保藏法。此法适用于基层实验室,简单,可操作性强。将普通的牛奶加热煮沸,弃去上层脂肪层即为脱脂奶,放置室温备用。用接种环挑取培养基中的多个菌落与脱脂奶混合均匀,分装到无菌的小试管中。分装的数量可以根据实验室实际工作情况而定。置于-20℃冰箱保存,一般可保存5年。

(7)冷冻保藏法。冷冻保藏法分为普通冷冻保藏技术、超低温冷冻保藏技术和液氮超低温保藏技术。普通冷冻保藏技术一般是指-20℃保藏,将培养好的固体或液体菌种用橡胶塞封口,置于普通冰箱中保藏。这一方法虽然操作简单,但是不适合菌种的长期保存。超低温冷冻保藏法一般是指在-80~-60℃低温环境下保藏,将生长至对数生长中后期的微生物细胞,加入新鲜培养基使其悬浮,然后加入等体积的20%甘油或10%二甲基亚砜作为冷冻保护剂,混匀后分装入冷冻管中,于-70℃超低温冰箱中保藏,若干细菌和真菌菌种可以此保藏方法保藏5年,且菌种活力不会受到影响。液氮超低温保藏法主要程序与超低温冷冻保藏技术(-80~-60℃)相同,需要注意的是,分装好的冷冻管在放入液氮前需要用控速冷冻机预冻,冷冻速率以1℃/min为宜,冷冻到-30℃,如果无控速冷冻机,可将冷冻管置于-70℃冰箱中迅速冷冻4h后,然后迅速移入液氮罐中保存。使用时从液氮罐中取出,立即放置在38~40℃水浴中使其融化,而后直接将其接种到适宜的培养基中即可。液氮超低温保藏方法存活率高,稳定性强,保藏时间相对较长,目前是长期保藏菌种的最好方法,适用于各种菌种的保藏,特别适用于难以用真空干燥等方法保藏的菌种。此法需要定期向液氮罐中补充液氮,以保证液氮罐中的温度。

第六章　不同种类食品质量安全检测

第一节　食用油质量安全检测

一、酸价的检测

酸价是油脂中游离油脂酸含量的标志，油脂在长期的保存、储藏过程中，由于微生物、酶在热环境下发生缓慢水解，产生游离油脂酸。而油脂的质量与其中游离油脂酸的含量有关。一般常用酸价作为衡量标准之一。在油脂产生的条件下，酸价可作为水解程度的指标；在其贮藏的条件下，则可作为酸败的指标。酸价越小，说明油脂质量越好，新鲜度和精炼程度就越好。油脂酸价的大小与制取油脂的原料、油脂制取与加工的工艺、油脂的储运方法、储运条件等有关。例如，成熟油料种子较不成熟或正发芽生霉的种子制取油脂的酸价要小。甘油三酸酯在制油过程受热或受解脂酶的作用而分解产生游离油脂酸，从而使油中酸价增加。在储藏期间，油脂由于水分、温度、光线、油脂酶等因素的作用，被分解为游离油脂酸，从而使酸价增大，储藏稳定性降低。

酸价的大小不仅是衡量毛油和精油品质的一项重要指标，也是计算酸价炼耗比这项主要技术经济指标的依据。而毛油酸价则是炼油车间在碱炼操作过程中计算加碱量、碱液浓度的依据。在一般情况下，酸价和过氧化值略有升高不会对人体的健康产生损害。但如果酸价过高，则会导致人体肠胃不适、腹泻并损害肝脏。

在化学中，酸价（或称中和值、酸值、酸度）表示中和1克化学物质所需的氢氧化钾（KOH）的毫克数。酸价是对化合物（如油脂酸）或混合物中游离羧酸基团数量的一个计量标准。典型的测量程序是，将一份分量已知的样品溶于有机溶剂，用浓度已知的氢氧化钾溶液滴定，并以酚酞溶液作为颜色指示剂。酸价可作为油脂变质程度的指标。油脂中的游离油脂酸与KOH发生中和反应，从KOH标准溶液消耗量可计算出游离油脂酸的量，其反应式如下：

$$RCOOH+KOH \rightarrow RCOOK+H_2O$$

酸价的单位：(KOH)/(mg/g)。

酸价测定的方法主要有滴定法（国标法）、试纸法、比色法、色谱法、近红外光谱法、电位滴定法。《动植物油脂酸值和酸度测定》（BG/T 5530—2005)规定了测定动植物油脂酸度的方法包括热乙醇测定法、冷溶剂测定法和电位滴定法，其中热乙醇测定法为参考标准法，冷溶剂测定法只适用于浅色油脂，电位滴定法是利用pH计判断滴定终点，然后根据滴定所需氢氧化钾的量计算油脂酸值。

（一）实验原理

酸价的滴定是根据酸碱中和的原理进行。即以酚酞作为指示剂，用氢氧化钾标准溶液滴定中和植物油中的游离脂肪酸，以每克植物油消耗氢氧化钾的毫克数，称为酸价。

（二）试剂和仪器

中性乙醚—乙醇混合液：将乙醚—乙醇按2:1混合，临用前用氢氧化钾溶液（3g/L）中和至酚酞指示液呈中性。氢氧化钾标准滴定溶液：[C(KOH)]=0.05 mol/L。酚酞指示液：10g/L乙醇溶液。

（三）操作步骤

称取3.00～5.00g混匀的试样，置于锥形瓶中，加入50mL中性乙醚—乙醇混合液，振摇使油溶解，必要时可置于热水中，温热促其溶解，冷却至室温，加入酚酞指示液2～3滴，以氢氧化钾标准溶液（0.05mol/L）滴定，至初现微红色，且0.5min内不褪色为终点。

（四）结果计算

试样的酸价按下式进行计算。

$$X = V \times c \times 56.11 / m$$

式中：X——试样的酸价（以氢氧化钾计），单位为毫克每克（mg/g）；

V——试样消耗氢氧化钾标准滴定溶液体积，单位为毫升（mL）；

c——氢氧化钾标准滴定的实际浓度，单位为摩尔每升（mol/L）；

m——试样质量，单位为克（g）；

56.11——与1.0mL氢氧化钾标准滴定溶液相当的氢氧化钾[C(KOH)]=1.000mol/L。

注：计算结果保留两位有效数字。

（五）注意事项

测定深色油的酸价，可减少试样用量，或适当增加混合试剂的用量，不便观察终点时可以改变指示剂，改用10g/L麝香草酚酞乙醇溶液，从无色到蓝色即为终点。

试验中加入乙醇可以使碱和游离脂肪酸的反应在均匀状态下进行，以防止反应生成的脂肪酸钾盐离解。氢氧化钾标准溶液用30%乙醇溶液配制，滴定终点更为清晰。

滴定所用氢氧化钾溶液的量应为乙醇量的1/5，以免皂化水解，如过量则有混浊沉淀，造成结果偏低。

二、过氧化值的检测

过氧化值是表示油脂和脂肪酸等被氧化程度的一种指标，是1千克样品中的活性氧含量，以过氧化物的毫摩尔数表示，用于说明样品是否因已被氧化而变质。

油脂氧化后生成过氧化物、醛、酮等。氧化能力较强，能将碘化钾氧化成游离碘。可用硫代硫酸钠来滴定。

过氧化物是油脂氧化酸败过程中所生成的一种中间产物，它很不稳定，能继续分解成醛、酮类及其他氧化物，致使油脂进一步变质。因此，过氧化值是国家成品油脂卫生检验的必检项目，是判断油脂酸败程度的主要指标。一般来说，过氧化值越高，其酸败就越高。

因为油脂氧化酸败产生的一些小分子物质会在体内对人体产生不良影响，如产生自由基，所以过氧化值太高的油对身体不好。因此，对于食用油中过氧化值的测定是十分重要的。测定方法有很多，比如，化学方法（碘量法、硫氰酸铁法、二甲酚橙法、基于酶促反应方法）、物理方法（紫外检测法、近红外光谱法、傅里叶变换红外光谱法、色谱法、气相色谱法、高压液相色谱法、电化学方法）。通常使用国标规定的方法。

测定方法：《食用油卫生标准分析方法过氧化值测定》GB/T 5009.37—2005。测定过程如下。

（一）试剂

饱和碘化钾溶液：称取14g碘化钾，加10mL水溶解，必要时微热以加速溶解，冷却后贮于棕色瓶中，现用现配。

三氯甲烷冰乙酸混合液：量取40mL三氯甲烷，加60mL冰乙酸，混匀。

0.02mol/L硫代硫酸钠标准溶液：称取5g硫代硫酸钠（或3g无水硫代硫酸钠），溶于1000mL水中，缓缓煮沸10 min，冷却。放置两周后过滤备用。

1%淀粉指示剂：称取可溶性淀粉0.5g，加入少许水调成糊状，倒入50mL沸水中调匀，煮沸，现用现配。

（二）测定步骤

精确称取2.0~3.0g混匀的样品，置于250mL碘量瓶中，加30mL三氯甲烷冰乙酸混合液（因为纯品对光敏感），遇光照会与空气中的氧作用，逐渐分解而生成剧毒的光气（碳酰氯）和氯化氢。可加入0.6%~1%的乙醇作稳定剂，能与乙醇、苯、乙醚、石油醚、四氯化碳、二硫化碳和油类等混溶，使样品完全溶解。加入1.00mL饱和碘化钾溶液。紧密塞好瓶塞，并轻轻振摇0.5 min，然后在暗处放置5 min，取出，加75mL水，摇匀。立即用硫代硫酸钠标准溶液滴定，至淡黄色时，加1mL淀粉指示剂，继续滴定至蓝色消失为终点。同时做空白试验。

（三）0.02 mol/L硫代硫酸钠标准溶液的标定

精确称取0.15g于120℃烘3h至恒重的基准重铬酸钾，置于碘量瓶中，溶于25mL水，加2g碘化钾及20mL硫酸溶液（20%），摇匀，于暗处放置10 min。加150mL水，用配制好的硫代硫酸钠溶液滴定。近终点时，加3mL淀粉指示液（5g/L），继续滴定至溶液由蓝色变为亮绿色，同时做空白试验。

（四）测定结果的计算与分析

1.计算

$$X=[(V-V_0) \times N \times 0.1269]/m$$

式中：X——样品的过氧化值，单位为%；
V——样品消耗硫代硫酸钠溶液的体积，单位为mL；
V_0——空白消耗硫代硫酸钠溶液的体积，单位为mL；
N——硫代硫酸钠标准溶液的物质的量浓度，单位为mol/L；
0.1269——1N硫代硫酸钠1mL相当于碘的克数。

2.分析

油脂新鲜，其过氧化值应不大于0.15%。

（五）注意事项

1.避光

油脂长时间放置于自然光下也会加速油脂氧化，使测定结果偏高。故油脂保存时一定要装在深色玻璃瓶中，应避免强光照射，放在阴凉干燥处。在测定时称量后剩下的油脂也要尽量避光放置。

2.振摇

在油脂测定过程中，振摇的次数和力度大小都会影响测定结果。

3.氧气

空气中的氧与油脂接触，能加快油脂氧化，使油脂过氧化值测定结果偏高，因此在过氧化值测定中使用的所有试剂和水中都尽量减少溶解氧。其具体措施为：使用前一定要用纯净、干燥的惰性气体（二氧化碳或氮气）气流清除氧，尽量消除试剂带来的影响；使用的蒸馏水要新煮沸去氧并冷却；碘化钾饱和溶液要求现配现用；使用的所有器皿不得含有还原性或氧化性物质，磨砂玻璃表面不得涂油；被测定的油脂样品不能长时间暴露在空气中，必须充满容器并密封保存。

4.温度

温度越高，过氧化值结果越高，变化也越快，测定结果也越不稳定。在测定油脂过氧化值时，虽然要求是室温，但不同的季节温度是不一样的，在不同的温度下测得的过氧化值是有一定差异的，因此在进行试验时室温控制在20℃左右最好。

5.反应时间

油脂称量后放置时间对测定结果有很大的影响，时间越长，过氧化值就越高，与立即测定的结果有显著的差异。

影响油脂过氧化值的因素很多，稍不注意就可能使测定结果与真实值相差很大。在实际操作中应注意控制好这些影响因素，以得到准确可靠的测定结果。

三、浸出油溶剂残留的检测

在食用油脂的生产过程中，利用适当的有机溶剂将植物组织中的油脂提取出来，然后脱去并回收溶剂的方法称为浸出法。浸出法由于出油率较高，所以备受生产企业的青睐。目前我国浸出油生产使用的溶剂是一种混合物，称作六号溶剂，成分主要是正己烷、甲基环戊烷、2-甲基戊烷和3-甲基戊烷。这些残留的组分除了会对食用油的理化性质产生影响，更严重的是会造成神经性病变，对人类健康危害极大，所以有必要对食用油中溶剂残留的量进行监测。《食品植物油卫生标准的分析方法》（GB/T5009.37—2003）规定了食用油中溶剂残留量的检测方法。

浸出法制油是应用萃取的原理，选择某种能够溶解油脂的有机溶剂，使其与经过预处理的油料进行接触——浸泡或喷淋，使油料中油脂被溶解出来的一种制油方法。这种方法使溶剂与它所溶解出来的油脂组成一种溶液，这种溶液被称为混合油。利用被选择的溶剂与油脂的沸点不同，对混合油进行蒸发、汽提，蒸出溶剂，留下油脂，得到毛油。被蒸出来的溶剂蒸汽经冷凝回收，可循环使用。

当前世界食用植物油制取工艺中，浸出法应用于花生油、大豆油、玉米油、菜籽油等食用油的加工。浸出法是指有机溶剂与粉碎后的油料充分混合后再进行油脂的抽提。有关服食含有过量溶剂残留的食用油造成的中毒事件，在近几年媒体时有报道，各国对使用浸出法制取的食用油脂提出了更高更新的要求，对浸出油溶剂的种类和残留量亦进行严格限制。浸出油溶剂其主要成分正己烷会引起多发性神经病变，对人体健康有着极其严重的危害。测定油脂中浸出油溶剂残留常用方法主要是顶空气相色谱法。

压榨棉籽油不存在溶剂残留量超标的问题，压榨棉籽油品质纯、无添加物，保持了原有的营养特性，但出油率低。浸出棉籽油是在生产过程中加入一定量的有机化工溶剂，使棉籽中的油脂充分溶解在溶剂中，提高油脂产出率，然后对油脂和溶剂再进行分离。由于分离效果不同，油脂中或多或少残留了微量的有机溶剂，分离温度和分离压力会影响其分离效果。因此，浸出棉籽油中微量有机溶剂残留量的多少是由生产工艺决定的。

溶剂浸出法生产的食用油，虽经脱溶处理，但仍有少量溶剂残留，我国食用浸出植物油的卫生指标为：植物原油的溶剂残留量不得大于100mg/kg，浸出食用油的溶剂残留量不得大于50mg/kg。

食用油中溶剂残留的测定：早期通常采用闪电法、蒸汽压法、比色法、烘箱法、折光指数法以及直接进油样的气相色谱分析法等，现行国家标准规定以六号溶剂为标准物配制标准溶液，以顶空气相色谱法测定食用植物油中的溶剂残留。食用油中浸出油溶剂残留的测定方法以国标为准（GB/T 5009.37—2003）。

（一）原理

将植物油试样放入密封的平衡瓶中，在一定温度下，使残留溶剂气化达到平衡时，取液上气体注入气相色谱仪中测定，与标准曲线比较定量。

（二）试剂

N-N-二甲基乙酰胺（简称DMA）：吸取1.0mL放入100~150mL顶空瓶中，在50℃环境中放置0.5 h，取液上气0.10mL注入气相色谱仪，在0~4 min内无干扰即可使用；如有干扰可用超声波处理30 min或通入氮气用曝气法蒸去干扰。

六号溶剂标准溶液：称取洗净干燥的具塞20~25mL气化瓶的质量为m_1，瓶中放入比气化瓶体积少1mL的DMA密塞后称量为m_2。用1mL的注射器取约0.5mL六号溶剂标准溶液通过塞注入瓶中（不要与溶液接触），混匀，准确称量为m_3。用下式计算六号溶剂油的浓度：

$$x = (m_3 - m_2) / (m_2 - m_1) / 0.935$$

式中：x——六号溶剂的浓度，单位为毫克每毫升（mg/mL）；

m_1——瓶和塞的质量，单位为克（g）；

m_2——瓶、塞和DMA的质量，单位为克（g）；

m_3——m_2加六号溶剂的质量，单位为克（g）；

0.935——为DMA在20℃时的密度，单位为克/毫升（g/mL）。

（三）仪器

气化瓶（顶空瓶）：体积为100～150mL具塞。

气密性试验：把1mL己烷放入瓶中，密塞后放入60℃热水中30 min（密封处无气泡外漏）。

气相色谱仪：带氢火焰离子化检测器。

（四）分析步骤

1.气相色谱参考条件

（1）色谱柱：不锈钢柱，内径3mm，长3m，内装涂有50%DEGS的白色担体102（60～80目）。

（2）检测器：氢火焰离子化检测器。

（3）柱温：60℃。

（4）汽化室温度：140℃。

（5）载气（N_2）：30mL/min。

（6）氢气：50mL/min。

（7）空气：500mL/min。

2.测定

称取25.00g食用油样，密塞后于50℃恒温箱中加热30 min。取出后立即用微量注射器或注射器吸取0.10～0.15mL液上气体（与标准曲线进样体积一致）注入气相色谱，记录单组分或多组分（用归一化法）测量峰高或峰面积，与标准曲线比较，求出液上气体六号溶剂的含量。

3.标准曲线的绘制

取预先存于气相色谱仪上测试管六号溶剂量较低的油为曲线制备的体底油（或经70℃开放式去除大部分残留溶剂的食用油或压榨油），分别称取25.0g放入6支气化瓶中，密塞。通过塞子注入六号溶剂标准液0μL、20μL、40μL、60μL、80μL、100μL（含量分别为0，0.02×Xμg，…，0.10×Xμg，其中X为六号溶剂的浓度）。放入50℃烘箱中，平衡30min，分别取液上气体注入色谱，各响应值扣除空白值后，绘制标准曲线（多个色谱峰用归一化法计算）。

（五）结果计算

油样中六号溶剂的含量按下式进行计算：

$$X = (m_1 \times 1000) / (m \times 1000)$$

式中：X——油样中六号溶剂的含量，单位为毫克/千克（mg/kg）；
m_1——测定气化瓶中六号溶剂的质量，单位为微克（μg）；
m_2——试样的质量，单位为克（g）。
注：计算结果保留三位有效数字。

（六）精密度

在重复性条件下获得的两次独立测定结果的绝对差值不得超过算术平均值的15%。

四、黄曲霉毒素的检测

（一）黄曲霉毒素的分析检测

根据我国国家标准《食品中真菌毒素限量》（GB 2761—2005）的规定，我国食品中黄曲霉毒素B1的标准允许量为：玉米、花生仁、花生油中不得超过20μg/kg，玉米及花生仁制品（按原料折算）中不得超过20μg/kg，大米与其他食用油中不得超过10μg/kg，其他粮食、豆类、发酵食品中不得超过5μg/kg，婴儿代乳品中不得检出；牛乳及其制品中黄曲霉毒素M1限量卫生标准规定不得超过0.5μg/kg。目前检测黄曲霉毒素的主要方法有薄层色谱法（TLC）、高效液相色谱法（HPLC）、免疫分析法、金标试纸法以及生物传感器法等。

1.薄层色谱法
薄层色谱法样品前处理烦琐，提取和净化效果不够理想，结果灵敏度低、重现性差、操作烦琐，且安全性差，此法越来越不适合现代分析的要求。

2.高效液相色谱法
高效液相色谱法具有高效快速、准确性好、灵敏度高、重现性好、检测限低、定量准确等特点，可同时分离多种黄曲霉毒素，操作简便。倪梅林等用高效液相色谱法的最低检出限为1.0μg/kg。李培武等用HPLC结合荧光检测器对花生中的黄曲霉毒素进行测定，检测范围可达0.125～2.5ng/g。高效液相色谱法是目前国内测定黄曲霉毒素比较权威的方法，但该法的样品前处理相对复杂，所用试剂种类繁多，操作时需要专门的技术人员，很难满足快速、现场化的要求。

3.免疫分析法

免疫分析法是以抗原抗体的化学反应为基础进行抗原抗体含量测定的方法。该法具有高度的特异性、灵敏性，快速简便，分析费用低，重现性好，短时间内能处理大量的药品和易于普及等优点。

4.金标试纸法

金标试纸法是利用单克隆抗体原理设计的固相免疫分析法，用于黄曲霉毒素的定性检查。测定简单、快速、灵敏度高，无须设备配合，场所要求简单。赵晓联等用具有特异性的抗体金标探针利用免疫色谱法分析黄曲霉毒素B1，在标准品对照下，最低检测限可达2.5ng/mL。由于此法具有低耗、快速等优点，已经被世界许多国家广泛采用。

5.生物传感器法

生物传感器是将生物技术和电子技术相结合，以生物学组件作为主要功能性元件，能够感受规定的被测量，并按照一定规律转换成可识别信号的器件或装置。生物传感器具有选择性高、响应快、操作简单、携带方便以及适于现场检测等优点。因此，用生物传感器检测黄曲霉毒素的研究是科学家积极探索的热点。Ammida等利用一种电化学免疫传感器测定大麦中的黄曲霉毒素B_1，检测限可达30 pg/mL，且有很好的回收率。此法极大地简化了黄曲霉毒素的分析检测方法，其快速、灵敏、简便的特点便于实现自动化，使黄曲霉毒素的现场检测成为可能。

（二）预防措施

1.防霉

防霉是预防食品被黄曲霉毒素污染的最根本措施。在收获季节，及时排除霉变的玉米棒，粮食脱粒后及时晾晒，将水分降至安全水分之下，如一般粮食含水宜在14%以下、花生宜在8%以下等，使霉菌不易繁殖以除去产毒温床。

2.去毒

在食品加工和日常生活中可采用一些物理或化学方法去除毒素。

（1）挑选霉粒法。黄曲霉毒素主要存在于霉变、破损及皱皮的花生、玉米、大米颗粒上，食用前将发霉变质的颗粒挑出弃去，可大大减少危害。

（2）食盐爆锅法。花生油中有少量黄曲霉毒素，污染时可用此法。即炒菜时先将油倒入锅内加热，当有微烟冒出时，加少许食盐爆锅1 min左右，再倒入菜同炒，此法可除去90%以上的毒素。

（3）碾轧加工法。此法适用于受污染的大米，碾轧加工可降低精米中的毒素含量。

（4）加水搓洗或用高压锅煮饭。此法适用于家庭中大米去毒。

（5）紫外线照射去毒。在紫外线照射下，可使黄曲霉毒素分解以达到去毒的目的。

虽然黄曲霉毒素对食品的污染可造成人类急慢性中毒、导致基因突变、诱发癌症等，但只要我们在生产生活等方面加强防毒意识，如控制黄曲霉毒素生长繁殖条件，注意粮食的存储方法，家庭烹调中采用适当的祛毒方法等，就可以将它的污染、毒性和危害降至最低。

3.快速辨别方法

黄曲霉素味道很苦，在食用花生、核桃等食物时，如果感觉很苦，马上吐出来并漱口。发霉的花生、核桃等都容易产生黄曲霉素。

五、矿物油的检测

把通过物理蒸馏方法从石油中提炼出的基础油称为矿物油，加工流程是在原油提炼过程中，在分馏出有用的轻物质后，残留的塔底油再经提炼而成（称为老三套，即溶剂精制、酮苯脱蜡、白土补充精制）。其主要步骤是溶剂精制去除芳烃等非理想组分和溶剂脱蜡以保证基础油的低温流动性。生产过程基本以物理过程为主，不改变烃类结构，生产的基础油取决于原料中理想组分的含量与性质；矿物油在提炼过程中因无法将所含的杂质清除干净，因此沉动点较高，不适合寒带作业使用。因此，矿物油类基础油在性质上受到一定限制。

矿物油是不同馏分的液态烃类混合物，如液体石蜡、煤油、柴油、机油等。过量摄入矿物油会对机体产生不良影响。但是，不法商贩为改变食品表观性状，不惜损害群众健康，向多种食品中添加矿物油。矿物油是工业用油，属于非食用油脂，它的化学组成与食用油完全不同。据医学资料介绍，矿物油不能被人体吸收，不易挥发，吃了掺有矿物油的食品可能引起厌油、腹痛、腹泻。急性中毒者会出现全身乏力、恶心、头晕、头痛等症状，严重时引发油脂性肺炎，还易引发皮炎、痤疮、神经衰弱综合征等。此外，工业用油中的添加剂和杂质的毒性很强，也会对人体造成危害。

（一）实验原理

矿物油是分馏石油或干馏页岩等矿物所得的油质产品的统称，如汽油、煤油、柴油、润滑油、石蜡（液体石蜡）等。由于油脂的主要成分是三高级脂肪酸的甘油酯（又叫三酰甘油），加热时能被过量的氢氧化钾完全皂化，生成甘油和钾肥皂，两者均溶于水，呈透明溶液；而矿物油之类不被皂化，又不溶于水，所以溶液浑浊或液面有油状物。通过测定油脂中不皂化物的含量，可确定矿物油的含量。

（二）仪器与试剂

电热板、锥形瓶、漏斗、具塞广口瓶、量筒。石油醚（沸程：30~60℃）、无水乙醇、饱和氢氧化钾，以上试剂均为分析纯。

（三）实验方法（《食用植物油卫生标准的分析方法 GB/T 5009.37—2003》）

先进行样品处理，称取混匀样品约500g，置于500mL具塞广口瓶中，加石油醚（沸程：30~60℃）至封住样品，加盖放置过夜，用定性滤纸过滤后，滤液置于烧杯中，放在电热板上，在通风橱内挥去石油醚后备用。取2mL上述备用液，置于50mL的锥形瓶中，加入2mL饱和氢氧化钾溶液和20mL的无水乙醇，瓶口插一小漏斗，于电热板上冷凝回流皂化2 min，取下锥形瓶，拿下漏斗，于锥形瓶中稍放凉的沸水20mL，摇匀进行观察。如液面有油状物，表示有不能皂化的矿物油存在。透明清亮者为阴性。如液面无油状物，但浑浊，可将锥形瓶剧烈振摇观察泡沫消失速度。如泡沫消失缓慢且无油花，为阴性。如消化很快，再加热数分钟，观察有无油花，如有为阳性，如无为可疑。对于可疑样品需用GC/MS（气相色谱—质谱）联用做进一步定性定量鉴定。

（四）定性分析

食品中矿物油的定性检验方法一般有两种：一是荧光反应法，二是化学方法。

1.荧光反应法

取油样和已知的矿物油各一滴，分别滴在滤纸上，然后放在荧光灯下照射，如果有天青色荧光出现，说明油样中含有矿物油。

2.化学检验法

取油样1mL置于125mL锥形瓶中，加入600g/L氢氧化钾溶液1mL，乙醇25mL，接空气冷凝管回流皂化5 min，皂化时应振摇使加热均匀。皂化后加入25mL沸水，摇匀，如有浑浊或有油状物析出，表示有不能皂化的矿物油存在。

3.油脂皂化

准确称取3~5g油样（精确至0.01g）放入250mL的锥形瓶中，加入1.0 mol/L氢氧化钾乙醇溶液50mL和一些沸石。连接冷凝管，在水浴锅上煮沸回流1h（皂化过程中应无水乙醇的损失）。停止加热，从回流管顶部加入水100mL并旋摇，得到皂化液。

4.乙醚提取法

将制得的皂化液冷却后转移到500mL的分液漏斗中，用100mL乙醚分次洗涤锥形瓶和沸石，并将洗液倒入分液漏斗。剧烈振荡1 min，倒转分液漏斗，小心打开活塞，间歇释放内压。静止分层后，尽量将下层皂化液放入第二只分液漏斗中（如果形成乳化液，可加少量乙醇或浓氢氧化钾或氢氧化钠破乳）。将乙醇皂化液提取两次以上，每次用100mL乙醚，并使用相同方法。收集三次乙醚提取液放入装有40mL水的分液漏斗中，轻轻转动，将有40mL水和提取液的分液漏斗（在此阶段剧烈摇动会形成乳化液），待完全分层后弃去下面水层。每次用40mL水洗涤乙醚溶液两次以上，并剧烈振摇，分层后弃去下面的水层。排出洗涤液时需留2mL，然后沿其轴线旋转分液漏斗，等几分钟让水层继续收集。弃去水层，当乙醚溶液到达活塞口时关闭活塞。先用0.5mol/L氢氧化钾溶液40mL，后用40mL水连续洗涤乙醚溶液两次，然后按上法用40mL水洗涤两次以上。继续用水洗涤，直到加入10g/L酚酞乙醇溶液1滴，洗涤液不再呈粉红色为止。通过分液漏斗的上口每次少量的将乙醚溶液定量转移至（103±2）℃的电热恒温干燥箱中干燥，冷却后称重，称重准确至0.1mg的250mL烧瓶中，在沸水浴上蒸馏回收溶剂。加入丙酮5mL，在缓缓的空气流下，将挥发性溶剂完全蒸发。残留物在（103±2）℃的电热恒温干燥箱中干燥15 min，烧瓶水平放置。在干燥器中冷却，并称重准确至0.1mg。按以上方法重复干燥，直至两次称重质量不超过1.5mg。

5. 己烷提取快速法

将制得的皂化液冷却后转移到500mL的分液漏斗中，用50mL己烷分次洗涤锥形瓶和沸石，并将洗液并入分液漏斗。剧烈振荡1 min，倒转分液漏斗，小心打开活塞，间歇释放内压。静止分层后，尽量将下层皂化液放入第二只分液漏斗中（如果形成乳化液，可加少量乙醇或浓氢氧化钾或氢氧化钠破乳）。用相同方法每次用50mL己烷对皂化液再提取两次以上，三次己烷提取物收集在同一分液漏斗中。用10%乙醇溶液洗涤混合的提取物三次，每次用25mL，并剧烈摇动，洗涤后弃去乙醇水溶液。每次排出洗涤液时需留2mL，然后沿其轴线旋转分液漏斗，等几分钟让剩余的乙醇水层继续收集。弃去水层，当己烷溶液到达活塞口时关闭活塞。继续用乙醇溶液洗涤，直到洗涤液在加入10g/L酚酞乙醇溶液1滴后不再出现粉红色为止。通过分液漏斗的上口每次少量的将己烷溶液定量转移至（103±2）℃的电热恒温干燥箱中干燥，冷却后称重，称准至0.1mg的250mL烧瓶中。

目前，就食品安全严峻的形势而言，进一步加强食用植物油脂的质量管理，尤其对食用植物油掺（混）入矿物油的鉴别检验具有重要意义。

六、食用油安全质量问题

食用油安全质量问题所造成的危害是十分严重的，不但危害人体健康，影响社会稳定，同时会影响我国食用油工业整体的发展。当然，同其他食品安全问题一样，食用油安全问题是科技发展、经济发展、社会发展等问题总的体现。这与整个食品行业生产力水平不高、自我约束能力不强、食品消费水平总体偏低、消费安全知识匮乏及食品安全面临新挑战等问题有关。为提高食用油的安全质量，应努力做到以下几点。

（一）加快食用油质量管理体系HACCP建设

HACCP为危害分析和关键控制点，它是一套完整预防性食品安全控制的体系。是企业建立在具有良好操作规范（CMP）和卫生标准操作程序（SSOP）的基础上，按照HACCP执行文件内容进行工作。可建立从原料采购到生产、储藏、运输、销售每个环节的质量监控，严格"质量关键控制点"管理，从源头杜绝食用油质量问题发生，以生产符合安全、卫生及健康标准的食用油。

（二）以实施食用油新标准为契机，加快我国食用油企业重组与整合

我国现有各类食用油生产企业达1.6万多家，各种品牌食用油达500多个，其中大中型生产企业5169家，其余大部分是小型企业或家庭作坊，而问题油大部分出在这些小型企业与家庭作坊中。因此，以我国食用油新标准实施和市场准入制度为契机，加快我国食用油企业重组与整合，让信誉好、质量有保证的大中型企业逐步占领农村，小城镇二、三级食用油市场，且逐步淘汰易出现掺假、劣质油的散装油，大力推广小包装食用油，以保证食用油质量监督的可追溯性。

（三）我国建立健全食用油标准体系

应充分研究国际食用油标准现状与发展动向，加快我国食用油国家标准制定和修订，细化食用油质量标准指标，如溶剂残留、芬酸、食品添加剂、游离棉酚、异硫氰酸酯、农药残留、黄曲霉毒素等，尽快制定调和油国家标准和小品种食用油质量标准，完善我国食用油质量标准体系；增加对检验检测基础设施和技术装备的投入，尽快形成统一有效的食用油安全卫生检验检测体系；加快质量认证体系建设，促进食用油企业质量管理体系国际化；逐步实现我国食用油标准体系和标准管理体系与国际惯例接轨，从而确保监督监管的规范化和科学化。

（四）实行市场准入制度，建立食品安全诚信信用体系

实行食用油市场准入制度，一要实行食用油质量认证、认可制度，对符合质量安全标准的食用油，实行标识管理，发展品牌食用油。二要建立监测制度。三要实行标识管理，扩大消费者知情权。四要推行追溯和承诺制度。通过政府监管、行业自律和社会监督，建立以法制和道德为基础的食品安全诚信体系。强化企业法人作为食品安全第一责任人的责任，集中力量打击制售假冒伪劣食用油行为。

（五）建立食用油生产、流通立体检验检测体系

建立健全食用油质量安全执法检测和自律检测双重机制，国家和省、市、县级质量监督管理部门要在食用油生产基地、批发市场、农贸市场和连锁超市等食用油生产、流通地点建立快速检测站，加大对散装食用油及摊点抽检力度，大力开展自律性检测。加大投入，完善仪器设备和检测手段，充实检测力量，提高检测能力，尤其是开发和利用快速检测仪器和手段。严格检测机构的资质认证和计量认证，统一检测标准，做到检测结果互认。加强检验检测人员培训，提高检验检测水平；大力推广快速、简易检测技术和便携式食用油检测装置、设备，如酸价试纸、油脂水分仪、过氧化值测定仪等，提高检测效率，降低检测成本。鼓励消费者对所购买的食用油产品自行检测，扩大消费者知情权和监督权。

（六）建立废弃油脂收集监管和利用体系

根据废弃食用油脂产生、加工、销售等整体系列的各个环节，整合相应管理部门，合理划分管理权限。有效监控废弃食用油脂流动，对废弃食用油脂产生单位要实行不间断监控，确保其不流入食用油市场。建立有关废弃油脂使用、生产、交易网站，公开信息，使地下不法泔水油黑窝点无处藏身。

尽快开发大规模处理废弃食用油脂设备与工艺，以大幅消耗废弃食用油脂，开发新的废弃食用油脂利用途径，加强废弃食用油加工技术和治理的科研课题研究，在国家、省级等有关科技计划中予以支持，例如，将废弃食用油脂转化为生物柴油，可为缓解目前石油供应紧张作出贡献。

（七）食用油质量安全知识宣传与普及教育

从食用油"概念炒作事件"到"抽检风波"，普通消费者面对纷繁复杂的"专业术语"和"概念界定"，往往无所适从，消费者也没心情关注口水战或程序战。因此，质量监督管理部门、食用油行业科技工作者、专业新闻媒介有责任和义务宣传与普及食用油相关营养、安全知识，用通俗易懂的语言给消费者一个明明白白的科学概念，使消费者在购买食用油时明白如何鉴别各种食用油及避免购买劣质食用油。

第二节 果蔬质量安全检测

一、天然食品有毒物质的检测

随着科技的发展与生活水平的提高，人们对食品安全问题日益重视。近年来，非人工培植的、未经加工的天然食品受到越来越多消费者的青睐。但是，天然的就是安全的吗？实际情况并非如此，在可作为食物的很多有机体中，也存在一些对人体健康有害的物质，如果不进行正确的加工处理或食用不当，也易造成食物中毒。

（一）概述

由天然食物引起的食物中毒主要有五类。一是人体遗传因素。食品成分和食用量都正常，却由于个别人体遗传因素的特殊性而引起的症状。如有些特殊人群因先天缺乏乳糖酶，不能将牛乳中的乳糖分解为葡萄糖和半乳糖，因而不能吸收利用乳糖，饮用牛乳后出现腹胀、腹泻等乳糖不耐受症状。二是过敏反应。食品成分和食用量都正常，却因过敏反应而发生的症状。某些人日常食用无害食品后，因体质敏感而引起局部或全身不适症状，称为食物过敏。各种肉类、鱼类、蛋类、蔬菜和水果都可以成为某些人的过敏原食物。三是食用量过大。食品成分正常，但因食用量过大引起各种症状。如荔枝含维生素C较多，如果连日大量食用，可引起"荔枝病"，出现饥饿感、头晕、心悸、无力、出冷汗，重者甚至死亡。四是食品加工处理不当。对含有天然毒素的食品处理不当，不能彻底清除毒素，食用后会引起相应的中毒症状。例如，鲜黄花菜、发芽的马铃薯等处理不当，少量食用亦可引起中毒。五是误食含毒素的生物。某些外形与正常食物相似，而实际含有有毒成分的生物有机体，被作为食物误食而引起中毒，如毒蕈等。

作为食品原材料的生物中，包括植物、动物和微生物，本身也都含有一些天然有毒物质，也叫天然毒素。这些天然毒素是指生物体本身含有的或生物体在代谢过程中产生的某些有毒成分，根据这些毒素的化学组成和结构，存在于果蔬食品中的天然毒素主要有苷类、生物碱、有毒蛋白或复合蛋白、酚类等。

（二）苷类

苷类是糖分子中的环状半缩醛形式的羟基和非糖类化合物分子中的羟基脱水缩合而成

的具有环状缩醛结构的化合物，所以苷类又称配糖体或糖苷。苷类一般味苦，可溶于水及醇中，极易被酸或共同存在于植物中的酶水解，水解的最终产物为糖及苷元。苷元化学结构类型不同，所生成的苷的生理活性也不相同。苷类广泛分布于植物的根、茎、叶、花和果实中，其中皂苷和氰苷等常引起食物中毒。

1. 皂苷

皂苷又称皂素，是由皂苷元（基本结构为甾体或三萜类物质）和糖、糖醛酸或无机酸而形成的一类复杂的苷类化合物，其水溶液在振摇时能产生大量持久的蜂窝状泡沫，因与肥皂相似而得名。

皂苷广泛存在于植物中，曾有人对104个科中的1730种植物进行了分析发现，有79个科的860种植物中含有皂苷。皂苷主要存在于单子叶植物和双子叶植物中，尤以蔷薇科、石竹科、无患子科、薯蓣科、远志科、天南星科、百合科、玄参科和豆科等植物中含量较高，含有皂苷的果蔬类食品主要有菜豆（也叫四季豆）和大豆。食用不当易引起食物中毒，一年四季皆可发生。比如，烹调不当、炒煮不够熟透的豆类，所含皂苷不能完全被破坏，即可引起中毒，主要病症是胃肠炎。潜伏期一般2~4h，表现为呕吐、腹泻（水样便）、头疼、胸闷、四肢发麻，病程为数小时或1~2d。但是恢复快，愈后良好。因此，烹调时应使菜豆充分炒熟，煮透，至青绿色消失、无豆腥味、无生硬感，以破坏其中所含有的全部毒素。

2. 氰苷

生氰糖苷是由氰醇上的羟基和D-葡萄糖缩合形成的β-糖苷衍生物，广泛存在于豆科、蔷薇科、稻科等1000余种植物中。生氰糖苷物质可水解生成高毒性的氰氢酸，从而对人体造成危害。氰苷和β-葡萄糖苷酶处于植物的不同位置，当咀嚼或破碎含氰苷的植物食品时，其细胞结构被破坏，使得β-葡萄糖苷酶释放出来，与氰苷作用产生氰氢酸，这便是食用新鲜植物引起氰氢酸中毒的原因。在植物氰苷中与食物中毒有关的化合物主要有苦杏仁苷和亚麻苦苷。

（三）生物碱

生物碱是一类具有复杂环状结构的含氮有机化合物。有毒的生物碱主要有茄碱、秋水仙碱、甜菜碱、烟碱、吗啡碱、罂粟碱、麻黄碱、黄连碱和颠茄碱（阿托品与可卡因）等。生物碱主要分布于罂粟科、茄科、毛茛科、豆科、夹竹桃科等100多种植物中。存在于食用植物中的生物碱主要是龙葵碱、秋水仙碱及吡啶烷生物碱，在医药中常有独特的药理活性，如具有镇痛、镇痉、镇静、镇咳、收缩血管、兴奋中枢、兴奋心肌、散瞳和缩瞳等作用。

1.龙葵碱

龙葵碱,又名茄碱,广泛存在于马铃薯、西红柿及茄子等植物中,当人体摄入0.2~0.4g时,就能发生严重中毒。马铃薯中的龙葵碱主要集中在芽眼、表皮和绿色部分,如马铃薯中龙葵碱一般含量为2mg/100g~10mg/100g,发芽、皮变绿后可达35mg/100g~40mg/100g,尤其在幼芽及芽基部的含量最多,其中芽眼部位的龙葵碱数量约占生物碱糖苷总量的40%。马铃薯如储藏不当,容易发芽或部分变黑绿色,烹调时又未能除去或破坏龙葵碱,食用后便易发生中毒。其潜伏期为数十分钟至数小时,发作后会出现舌、咽麻痒,胃部灼痛及胃肠炎症状;瞳孔散大,耳鸣等症状;重病者抽搐,意识丧失甚至死亡。

检测方法:测定样品中的龙葵碱时,可采用乙酸酸化的乙醇溶液提取,浓缩干燥,用适量5%硫酸溶液溶解残渣得到试液,必要时根据龙葵碱溶于酸而不溶于碱的性质对试液进行纯化。龙葵碱在稀硫酸中可与甲醛作用生成橙红色物质,据此可进行定性分析或采用分光光度法进行定量分析。

2.秋水仙碱

秋水仙碱是不含杂环的生物碱,主要存在于鲜黄花菜等植物中,为黄花菜致毒的主要化学物质。秋水仙碱为灰黄色针状结晶体,易溶于水,对热稳定,煮沸10~15 min可充分破坏。秋水仙碱本身并无毒性,但当它进入人体并在组织中被氧化后,迅速生成毒性较大的二秋水仙碱,这是一种剧毒物质,对人体胃肠道、泌尿系统具有毒性并产生强烈的刺激作用。成人一次摄入0.1~0.2mg秋水仙碱可引起中毒,摄入3~20mg可致死。采用未经处理的鲜黄花菜煮汤或大锅炒食,食后可引起中毒。食用鲜黄花菜时一定要用开水焯,浸泡后,再经充分烹饪,以防中毒,食用干黄花菜较安全。

3.甜菜碱

甜菜碱广泛分布于动物、植物、微生物中。植物是外源性甜菜碱的主要来源,如麦麸、麦胚、菠菜、甜菜等都富含这种生物碱,谷物中含量较少,在大多数植物体和海生无脊椎动物以及微生物体内含量较高。甜菜及一些中草药(如地骨皮、枸杞子、黄芪、连翘等)含有较多的甜菜碱。甜菜是甜菜碱含量最高的植物之一,甜菜的糖蜜是甜菜碱的主要来源。甜菜碱分子式为$C_5H_{11}NO_2$,相对分子质量117.15,化学名称为三甲铵乙内酯或三甲基甘氨酸,分子结构比较简单,与氨基酸、甲硫氨酸、胆碱化学结构比较相似,都属于季铵碱类物质。甜菜碱无强吸湿性,无毒,物化性质稳定,耐高温(200℃),熔点为293℃。广泛分布于自然界,易溶于水、乙醇和甲醛,微溶于乙醚。甜菜碱具有良好的理化性状和较好的稳定性及抗氧化能力,耐高温及酸碱;常温下吸湿呈鳞状白色结晶,味甜,具有多种生物学功能。

检测方法归纳起来有化学法、电解法、裂解法、离子交换树脂法、离子排斥提取法、色谱分离法、置换碱金属法等,这里主要介绍两种方法。

一是化学法。将300g甜菜制糖后的母液加热到50℃，在搅拌下加入80g的$CaCl_2$，趁热过滤，在滤液中加入盐酸，在20~30℃下结晶、分离、干燥，得到纯度为98.8%的甜菜碱粗品。

二是离子交换树脂法。分阳离子和阴离子交换树脂两种，用甜菜制糖后的废液通过强酸性阳离子交换树脂的两个层析柱，然后用NH_4OH处理，制得甜菜碱盐酸盐；阴离子交换树脂法以甜菜碱盐酸盐为原料制备得到甜菜碱，用强碱型阴离子交换去掉Cl^-，通过阴离子交换柱得到甜菜碱的水合物，然后减压浓缩到适当浓度，放冷、析出结晶、过滤、干燥，得到甜菜碱结晶。运用该方法所制备得到的甜菜碱纯度高，且具有操作简便、成本低等优点。

4. 烟草碱

烟草碱简称烟碱，是一类生物碱，是衡量烟草品质的重要因素。在烟草中烟碱约占全部生物碱的95%以上。在烟草中，大部分烟碱与柠檬酸或苹果酸结合为盐类而存在于植物体中，以质子态的形式存在，而非质子化的游离态烟碱含量较少，随烟草碱性的增强，非质子化的游离态烟碱含量增加。烟碱又名尼古丁，化学名称为1-甲基-2-（3'-吡啶基）吡咯烷，也称四氢吡咯，分子式为$C_{10}H_{14}N_2$，其分子量162.28，沸点246.1℃。由于N-甲基四氢吡咯在吡咯环上的位置不同，可产生一系列的异构体，即α-烟碱、β-烟碱、γ-烟碱。在烟草体内主要为β-烟碱，通常所说的烟碱也是指β-烟碱。

目前对于烟碱提取的方法主要有三种：离子交换法、蒸馏法和萃取法。虽然这三种方法都有着不同的优点和缺点，但是随着科技的进步，提取烟碱的方法也在向高效、节能等方向发展，但大体上还是属于这三种方法。烟碱可与甲基橙、铬蓝黑、溴甲酚绿等显色剂反应生成难溶于水的显色络合物，因此可采用络合萃取-分光光度法测定烟碱的含量。

5. 罂粟碱

罂粟碱，化学名为1-（3,4-二甲氧基苄基）-6,7-二甲氧基异喹啉，分子式为$C_{20}H_{21}NO_4$。吗啡，化学名为17-甲基-3-羟基4,5A-环氧-7,8-二脱氢吗啡喃-6A-醇，分子式$C_{17}H_{19}NO_3$；可待因，化学名为17-甲基-3-甲氧基-4,5A-环氧-7,8-二去氢吗啡喃-6A-醇，分子式$C_{18}H_{21}NO_3$，这3种化合物在罂粟果壳中含量较高，比较有代表性。罂粟碱为罂粟科植物，在罂粟果壳中含量较高。吸食罂粟果壳及制品可造成吸食者在心理、生理上产生很强的依赖性（即成瘾）。近年来，一些不法商贩为招揽生意，在卤制品、火锅底料、烧烤调味料等食品中掺用罂粟果壳，使人在食用几次后上瘾，极大地危害人民群众的身体健康。

（四）有毒蛋白或复合蛋白

异体蛋白质注入人体组织可引起过敏反应，某些蛋白质经食品摄入亦可产生各种毒性反应。植物中的胰蛋白酶抑制剂、红血球凝集素、蓖麻毒素、巴豆毒素、刺槐毒素、硒蛋白等均属于有毒蛋白或复合蛋白，如果处理不当则会对人体造成危害。

1. 外源凝集素

外源凝集素又称植物红细胞凝集素，是植物合成的一类对红细胞有凝聚作用的糖蛋白。外源凝集素广泛存在于800多种植物（主要是豆科植物）的种子和荚果中，其中有许多种是人类重要的食物原料，如大豆、菜豆、刀豆、豌豆、小扁豆、蚕豆和花生等。

外源凝集素在80℃下数小时不能使之失活，但100℃温度下1h可破坏其活性。因此，扁豆等豆类中毒常见于加热不彻底（如开水漂烫后做凉拌菜、冷面料等），而炖食一般不会发生中毒现象。当外源凝集素结合人肠道上皮细胞的碳水化合物时，可造成消化道对营养成分吸收能力的下降，从而造成动物营养素缺乏和生长迟缓。外源凝集素还具有凝聚和溶解红细胞的作用。儿童对大豆血球凝集素较敏感，潜伏期为几十分钟至十几小时。

2. 消化酶抑制剂

许多植物的种子和荚果中存在动物消化酶的抑制剂，如胰蛋白酶抑制剂、胰凝乳蛋白酶抑制剂和α-淀粉酶抑制剂。这类物质实质上是植物为繁衍后代，防止动物啃食的防御性物质。豆类和谷类是含有消化酶抑制剂最多的食物，其他如马铃薯、茄子、洋葱等也含有此类物质。豆类中的胰蛋白酶抑制剂和α-淀粉酶抑制剂是营养限制因子，可造成其明显的生长迟缓或停滞。在饮食中含有大量导致胰腺过度分泌的蛋白质，会造成氨基酸的缺乏并伴随生长抑制。其中最常见的是胰蛋白酶抑制剂，它存在于未煮熟透的大豆及其豆乳中，具有抑制胰脏分泌的胰蛋白酶的活性，摄入后影响人体对大豆蛋白质的消化吸收，导致胰脏肿大，抑制生长发育。胰蛋白酶抑制剂对热稳定性较高。在80℃加热温度下仍残存80%以上的活性，延长保温时间，并不能降低其活性。采用100℃处理20min或120℃处理3min的方法，可使胰蛋白酶抑制剂丧失90%的活性。如此热处理失活条件，在大豆食品加工是完全可以达到的。故食物中大豆胰蛋白酶抑制剂的活性应通过加工工序降低。

二、重金属的检测

重金属污染主要来源于工业的"三废"（废水、废气、固体废弃物）。对人体有害的重金属主要有汞、镉、砷、铅、铬以及有机毒物，这些有害的重金属大多是由矿山开采、工厂加工生产过程，通过废气、残渣等污染土壤、空气和水。土壤、空气中的重金属由作物吸收直接蓄积在作物体内；用被污染的水灌溉农田，也会使土壤中的金属含量增多。环境中的重金属通过各种渠道都可对食品造成严重污染，进入人体后可在人体中蓄积，从而引起人体的急性或慢性毒害作用。

（一）各种重金属对食品的污染及危害

1.铅的污染

（1）污染途径。铅在自然环境中分布很广，通过排放的工业"三废"使环境中铅含量进一步增加。植物通过根部吸收土壤中溶解状态的铅，农作物含铅量与生长期及部位有关，一般生长期长的高于生长期短的，根部含量高于茎叶和籽实。在食品加工过程中，铅可以通过生产用水、容器、设备、包装等途径进入食品。

（2）对人体的危害。食用被铅化物污染的食品，可引起神经系统、造血器官和肾脏等发生明显的病变。患者可查出点彩红细胞和牙龈的铅线。常见的症状有食欲缺乏、胃肠炎、口腔金属味、失眠、头痛、头晕、肌肉关节酸痛、腹痛、腹泻或便秘、贫血等。

我国国家标准规定各类食品中铅最大允许含量为（以铅计）：冷饮食品、蒸馏酒、调味品、罐头、火糖、豆制品等为1mg/kg；发酵酒、汽酒、麦乳精、焙烤食品、乳粉、炼乳等为0.5mg/kg；松花蛋3mg/kg；色拉油0.1mg/kg。

2.汞的污染

（1）污染途径。未经净化处理的工业"三废"排放后造成河川海域等水体和土壤的汞污染。水中的汞多吸附在悬浮的固体微粒上而沉降于水底，使底泥中含汞量比水中高7~25倍，且可转化为甲基汞。环境中的汞通过食物链的富集作用可在食品中大量残留。

（2）对人体的危害。甲基汞进入人体后分布较广。对人体的影响取决于摄入量的多少。长期食用被汞污染的食品，可引起慢性汞中毒的一系列不可逆的神经系统中毒症状，也能在肝、肾等脏器蓄积并透过人脑屏障在脑组织内蓄积。还可通过胎盘侵入胎儿，使胎儿发生中毒。严重的造成妇女不孕症、流产、死产或使初生婴儿患先天性水俣病，表现为发育不良、智力减退，甚至发生脑麻痹而死亡。

我国国家标准规定各类食品中汞含量（以汞计）不得超过以下标准：粮食0.02mg/kg，薯类、果蔬、牛奶0.01mg/kg，鱼和其他水产品0.3mg/kg（甲基汞为0.2mg/kg），肉、蛋（去壳）、油0.05mg/kg，肉罐头0.1mg/kg。

3.镉的污染

（1）污染途径。镉也是通过工业"三废"进入环境，例如，丢弃在环境中的废电池已成为重要的污染源。土壤中的溶解态镉能直接被植物吸收，不同作物对镉的吸收能力不同，一般蔬菜含镉量比谷物籽粒高，且叶菜根菜类高于瓜果类蔬菜。水生生物能从水中富集镉，其体内浓度可比水体含镉量高4500倍左右。

（2）对人体的危害。镉也可以在人体内蓄积，长期摄入含镉量较高的食品，可患严重的"痛痛病"（亦称骨痛痛）。症状以疼痛为主，初期腰背疼痛，以后逐渐扩至全身，疼痛性质为刺痛，安静时缓解，活动时加剧。镉对体内Zn、Fe、Mn、Se、Ca的代谢有影响，这些无机元素的缺乏与不足可增加镉的吸收及加强镉的毒性。

我国国家标准规定各类食品中镉含量（以镉计）不得超过以下标准：大米0.2mg/kg，面粉和薯类0.1mg/kg，杂粮0.05mg/kg，水果0.03mg/kg，蔬菜0.05mg/kg，肉和鱼0.1mg/kg，蛋0.05mg/kg。

4.砷的污染

（1）污染途径。砷在自然界中广泛存在，砷的化合物种类很多，但As_2O_3是剧毒物质。在天然食品中含有微量的砷。化工冶炼、焦化、染料和砷矿开采后的废水、废气、废渣中的含砷物质污染水源、土壤等环境后再间接污染食品。用含砷废水灌溉农田，砷可在植株各部位残留，其残留量与废水中砷浓度成正比。农业上由于广泛使用含砷农药，导致农作物直接吸收和通过土壤吸收的砷含量大大增加。

（2）对人体的危害。由于砷污染食品，或者受砷废水污染的饮水而引起的急性中毒，主要表现为胃肠炎症状、中枢神经系统麻痹、四肢疼痛、意识丧失而死亡。慢性中毒表现为植物性神经衰弱症、皮肤色素沉着、过度角化、多发性神经炎、肢体血管痉挛、坏疽等症状。

我国国家标准规定各类食品中砷最大允许含量为（以砷计）：粮食0.7mg/kg，果蔬、肉、蛋、淡水鱼、发酵酒、调味品、冷饮食品、豆制品、酱腌菜、焙烤制品、茶叶、糖果、罐头、皮蛋等均为0.5mg/kg，植物油0.1mg/kg，色拉油0.2mg/kg。

5.氟的污染

（1）污染途径。氟以各种化学形态分布于土壤、水及空气中，几乎所有的动植物体内都含有氟。氟化物污染以大气污染最为严重，土壤中主要是无机氟，高氟地区的地下水中含有较高浓度的氟，金属工业生产所排出的"三废"是氟污染的主要来源。尽管在空气中无机氟和有机氟的浓度均很低，但前者使许多动植物遭受明显损害，后者通过影响气象和大气化学而危害生物体。氟具有在生物体内蓄积的特点，进入大气和水体的氟化物，可被人体直接吸收，也可被农作物、牧草、水生生物吸收，通过食物链给人体造成危害。资料表明，所有食品中均含有微量的无机氟，茶叶是含氟量最高的食品。在一些高寒山区，由于气候寒冷潮湿，粮食含水量高，长年用高氟高硫的低质煤烘烤粮食和取暖，容易造成食品的直接和间接污染。

（2）对人体的危害。氟气具有刺激性气味，强烈刺激眼、鼻、气管等黏膜，吸入较多蒸气会严重中毒，甚至会造成死亡。氟对人体健康具有双重性，作为人体必需的微量元素，在微量水平时具有预防龋齿的作用；但长期吸入或摄入被氟污染的大气、水和食物，可使氟在体内蓄积，对人体骨骼、肾脏、甲状腺和神经系统造成损害。氟中毒常以氟斑牙、氟骨症及甲状腺肿瘤等症状出现。氟斑牙是较轻症状，即牙齿的牙釉质被破坏，牙齿表面失去光泽并产生灰色斑点。轻度氟骨症仅腰腿疼痛，严重者脊柱前弯畸形、僵直、肢体活动严重受限等,神经根受压迫时,则可发生麻木甚至瘫痪。

我国国家标准规定各类食品中氟最大允许含量为(以氟计):大米、面粉、豆类、蔬菜、蛋类均为1.0mg/kg,水果0.5mg/kg,肉类、鱼类2.0mg/kg,其他1.5mg/kg。

6.重金属污染的控制措施

健全法律法规,消除污染源,防止环境污染。建立健全工业"三废"的管理制度。废水、废气、废渣必须按规定处理后达标排放。采用新技术,控制"三废"污染物的产生。对于生活垃圾要进行分类回收,集中进行无害化处理。只有消除污染源,才能有效地控制有害重金属的来源,以使其对食品安全的影响减少到最低限度。

加强化肥、农药的管理。化肥特别是磷、钾、硼肥以矿物为原料,其中含有某些有害元素,如磷矿石中,除含五氧化二磷外,还含有砷、铬、铜、钯、氟等。垃圾、污泥、污水用作肥料施入土壤中,也含某些重金属。要合理安全使用化肥和含重金属的农药,减少残留和污染,并制定和完善农药残留限量的标准。

对农业生态环境进行检测和治理,禁止使用重金属污染的水灌溉农田。制定各类食品中有毒有害金属的最高允许限量标准,并加强经常性的监督检测工作。妥善保管有毒有害金属及其化合物,防止误食误用以及人为污染食品。

(二)铅的检测

食品中铅的测定有石墨炉原子吸收光谱法、氢化物—原子荧光光谱法、火焰原子吸收光谱法、二硫腙比色法四种国家标准方法。以下主要对石墨炉原子吸收光谱法、二硫腙比色法进行详细阐述。

1.石墨炉原子吸收光谱法

(1)原理。样品经消化处理后,导入原子吸收分光光度计的石墨炉经原子化,吸收波长283.3nm的共振线,其吸收量与铅含量成正比,与标准系列比较定量分析。

(2)试剂。

①高氯酸—硝酸消化液:高氯酸+硝酸为1:4(体积比)。

②0.5mol/L HNO_3:量取32mL硝酸,加入适量的水中,用水稀释并定容至1000mL。

③20g/L磷酸铵:称取2.0g磷酸铵,用水溶解并定容至100mL。

④硝酸(1:1):取50mL硝酸慢慢加入50mL水中。

⑤铅标准储备液:精确称取1.000g金属铅(纯度约99.99%)或1.598g的硝酸铅(优级纯),加适量(不超过37mL)硝酸(1:1)使之溶解,移入1000mL容量瓶中,用0.5mol/L HNO_3定容。此溶液每毫升相当于1.0mg的铅。

⑥100μg/mL铅标准使用液:吸取铅标准储备液10.0mL置于100mL的容量瓶中,用0.mol/L HNO_3溶液稀释至刻度,该溶液每毫升相当于100μg的铅。

(3)主要仪器。原子吸收分光光度计、带石墨炉自动进样系统。

(4)操作方法。

①样品处理。

a.样品湿法消化（固体样品）。精确称取均匀样品2.00~5.00g于150mL的三角烧瓶中，放入几粒玻璃珠，加入混合酸10mL。盖一玻璃片，放置过夜。次日于电热板上逐渐升温加热，溶液变成棕红色，应注意防止炭化。如发现消化液颜色变深，再滴加浓硝酸，继续加热消化至冒白色烟雾，取下放冷后，加入约10mL水继续加热赶酸至冒白烟为止。放冷后用水洗至25mL的刻度试管中，用少量水多次洗涤三角瓶，洗涤液并入刻度试管，定容，混匀。

取与消化样品相同量的混合液、硝酸、水，按同样方法做试剂空白试验溶液。

b.样品干法灰化。称取制备好的均匀样品2.00~5.00g置于坩埚中，在电炉上小火炭粒至无烟后移入马弗炉中，500℃灰化6~8h后取出，放冷后再加入少量混合酸，小火加热至无炭粒，待坩埚稍凉，加0.5 mol/L HNO_3，溶解残渣并移入10~25mL的容量瓶中，再用0.5 mol/L HNO_3反复洗涤坩埚，洗液并入容量瓶中，并稀释至刻度，混匀备用。取与消化样品相同量的混合酸和硝酸，按同样方法做试剂空白试验溶液。

②系列标准溶液的制备。将铅标准使用液用0.5 mol/L HNO_3溶液稀释至1μg/mL，准确吸取1μg/mL的铅标准溶液0.00mL、0.50mL、1.00mL、2.00mL、3.00mL、4.00mL分别置于50mL的容量瓶中，加入0.5 mol/L HNO_3至刻度，混匀备用。

③仪器参考条件的选择。测定波长283.3nm；灯电流5~7mA；狭缝0.7nm；干燥温度120℃，20s；灰化温度450℃，20s；原子化温度1900℃，4s；背景校正为氘灯或塞曼效应。其他仪器条件均按仪器说明调至最佳状态。

④标准曲线的绘制。将铅系列标准溶液分别置入石墨炉自动进样器的样品盘上，进样量为10μL，以磷酸二氢铵为基体改进剂，进样量为5μL，注入石墨炉进行原子化，测出吸光度。以标准溶液中铅的含量为横坐标，对应的吸光度为纵坐标，绘制出标准曲线。

⑤样品测定。将样品处理液、试剂空白液分别置入石墨炉自动进样器的样品盘上，进样量为10μL，以20g/L磷酸铵为基体改进剂，进样量小于5μL，注入石墨炉进行原子化，结果与标准曲线比较定量分析。

2.二硫腙比色法

(1)原理。样品经消化后，在pH为8.5~9.0时，铅离子与二硫腙生成红色络合物，溶于三氯甲烷。加入柠檬酸铵、氰化钾和盐酸羟胺等，防止铁、铜、锌等离子干扰，与标准系列比较定量分析。

(2)试剂。

a.氨水（1:1）。

b.盐酸（1:1）：量取100mL盐酸，加入100mL水中。

c.1g/L酚红指示液：称取0.10g酚红，用少量多次乙醇溶解后移入100mL容量瓶中并定容至刻度。

d.200g/L盐酸羟胺溶液：称取20.0g盐酸羟胺，加水溶解至50mL，加2滴酚红指示液，加氨水（1:1），调pH至8.5~9.0（由黄变红，再多加2滴），用二硫腙–三氯甲烷溶液提取至三氯甲烷层绿色不变为止，再用三氯甲烷洗两次，弃去三氯甲烷层，水层加盐酸（1:1）呈酸性，加水至100mL。

e.200g/L柠檬酸铵溶液：称取50g柠檬酸铵溶于100mL水中，加2滴酚红指示剂，加氨水（1:1），调pH至8.5~9.0，用二硫腙–三氯甲烷溶液提取数次，每次10~20mL，至三氯甲烷层绿色不变为止，弃去三氯甲烷层，再用三氯甲烷洗两次，每次5mL，弃去三氯甲烷层，加水稀释至250mL。

f.100g/L氰化钾溶液：称取10.0g氰化钾，用水溶解后稀释至100mL。

g.淀粉指示剂：称取0.5g可溶性淀粉，加5mL水搅匀后，慢慢倒入100mL沸水中，随倒随搅拌，煮沸，放冷备用。

h.硝酸（1:99）：量取1mL硝酸，加入99mL水中。

i.0.5g/L二硫腙–三氯甲烷溶液：称取0.5g研细的二硫腙溶于50mL三氯甲烷中，如不全溶，可用滤纸过滤于250mL分液漏斗中，用氨水（1:1）提取三次，每次100mL，将提取液用棉花过滤至500mL分液漏斗中，用盐酸（1:1）调至酸性，将沉淀出的二硫腙用三氯甲烷提取2~3次，每次20mL，合并三氯甲烷层，用等量水洗涤两次，弃去洗涤液，在50℃水浴上蒸去三氯甲烷。精制的二硫腙置硫酸干燥器中，干燥备用。或将沉淀出的二硫腙用200mL、200mL、100mL三氯甲烷提取三次，合并三氯甲烷层为二硫腙溶液。

j.二硫腙使用液：吸取1.0mL二硫腙溶液，加三氯甲烷至10mL混匀。用1 cm比色杯，以三氯甲烷调节零点，在波长510 nm处测吸光度（A），配制100mL二硫腙使用液（70%透光率）所需二硫腙溶液的体积（V）。

k.硝酸–硫酸混合液（4:1）。

l.铅标准溶液：精密称取0.1598g硝酸铅，加10mL硝酸（1:99），全部溶解后移入100mL容量瓶中，加水稀释至刻度。此溶液每毫升相当于1.0mg铅。

m.铅标准使用液：吸取1.0mL铅标准溶液，置于100mL容量瓶中，加水稀释至刻度。此溶液每毫升相当于10.0μg铅。

（3）主要仪器。分光光度计。

（4）操作方法。

①样品处理。

a.样品的湿法消化。

粮食、粉丝、粉条、豆干制品、糕点、茶叶等及其他含水分少的固体食品。称取5.00g或10.00g的粉碎样品，置于250~500mL的定氮瓶中，先加水少许使其湿润，加数粒玻璃珠、10~15mL硝酸，放置片刻，小火缓缓加热，待作用缓和，放冷。沿瓶壁加入5mL或10mL硫酸，再加热，至瓶中液体开始变成棕色时，不断沿瓶壁滴加硝酸至有机质分解完全。然后加大火力，至产生白烟，待瓶口白烟冒净后，瓶内液体再产生白烟为消化完全，该溶液应澄清无色或微带黄色，放冷。加20mL水煮沸，除去残余的硝酸，直至产生白烟为止，如此处理两次，放冷。将冷后的溶液移入50mL或100mL容量瓶中，用水洗涤定氮瓶，洗液并入容量瓶中，放冷，加水至刻度，混匀。定容后的溶液每10mL相当于1.0g样品，相当于加入硫酸1mL。取与消化样品相同量的硝酸和硫酸，按同样方法做试剂空白试验。

蔬菜、水果。称取25.00g或50.00g洗净打成匀浆的样品，置于250~500mL定氮瓶中，加数粒玻璃珠、10~15mL硝酸，以下按固体食品样品处理中从"放置片刻"起依法操作，但定容后的溶液每10毫升相当于5g样品，相当于加入硫酸1mL。

酱、酱油、醋、冷饮、豆腐、腐乳、酱腌菜等。称取10.00g或20.00g样品（或吸取10.0mL或20.0mL液体样品），置于250~500mL定氮瓶中，加数粒玻璃珠、5~15mL硝酸。以下按固体食品样品处理中从"放置片刻"起依法操作，但定容后的溶液每10毫升相当于2g或2mL样品。

含乙醇饮料或含二氧化碳饮料。吸取10.00mL或20.00mL样品，置于250~500mL定氮瓶中，加数粒玻璃珠，先用小火加热除去乙醇或二氧化碳，再加5~10mL硝酸，混匀后，以下按固体食品样品处理中从"放置片刻"起依法操作，但定容后的溶液每10毫升相当于2mL样品。

吸取5~10mL水代替样品，加与消化样品相同量的硝酸和硫酸，按相同方法做试剂空白试验。

含糖量高的食品。称取5.00g或10.00g样品，置于250~500mL定氮瓶中，先加少许水使湿润，加数粒玻璃珠。加10mL硝酸—高氯酸混合后，摇匀。缓缓加入5mL或10mL硫酸，待作用缓和停止起泡沫后，先用小火缓缓加热（糖分易炭化）。不断沿瓶壁补加硝酸—高氯酸混合液，待泡沫全部消失后，再加大火力，至有机质分解完全，发生白烟，溶液应澄明无色或微带黄色，放冷。以下按固体食品样品处理中自"加20mL水煮沸"起依法操作。

b.样品的干法灰化。

粮食及其他含水分少的食品。称取5.00g样品置于石英或瓷坩埚中，加热至炭化，然后移入马弗炉中，500℃灰化3h，放冷，取出坩埚，加硝酸（1:1），润湿灰分，用小火蒸干，500℃下灼烧1h，放冷，取出坩埚。加1mL硝酸（1:1），加热，使灰分充分溶解，移入50mL容量瓶中，用水洗涤坩埚，洗液并入容量瓶中，加水至刻度，混匀备用。

含水分多的食品或液体样品。称取5.0g或吸取5.00mL样品置于蒸发皿中，先在水浴上蒸干，再按"粮食及其他含水分少的食品"样品灰化中从"加热至炭化"起依法操作。

②系列标准溶液的制备。吸取0.0mL、0.1mL、0.2mL、0.3mL、0.4mL、0.5mL铅标准使用液（相当于0μg、1μg、2μg、3μg、4μg、5μg铅），分别置于125mL分液漏斗中，各加1mL硝酸（1:9）至20mL。

③仪器参考条件的选择。测定波长510nm。其他条件均按仪器说明调至最佳状态。

④标准曲线的绘制。在铅系列标准液中各加2mL 200g/L柠檬酸铵溶液、1mL 200g/L盐酸羟胺溶液和2滴酚红指示剂，用氨水（1:1）调至红色，再各加2mL 100g/L氰化钾溶液，混匀。各加5.0mL二硫腙使用液，剧烈振摇1min，静置分层后，三氯甲烷层经脱脂棉滤入1cm比色杯中，以三氯甲烷调节零点，在波长510nm处测吸光度，各点吸光度减去零管吸光度后绘制标准曲线。

⑤样品测定。吸取消化后的定容溶液和同量的试剂空白液各10.0mL，分别置于125mL分液漏斗中，各加水至20mL。

在样品消化液和试剂空白液中各加2mL 20g/L柠檬酸铵溶液、1mL 200g/L盐酸羟胺溶液和2滴酚红指示剂，用氨水（1:1）调至红色，再各加2mL 100g/L氰化钾溶液，混匀。各加5.0mL二硫腙使用液，剧烈振摇1min，静置分层后，三氯甲烷层经脱脂棉滤入1cm比色杯中，以三氯甲烷调节零点，于波长510nm处测吸光度，样品与标准曲线比较定量分析。

（三）汞的测定

食品中汞的测定方法有原子荧光光谱法、冷原子吸收光谱法、二硫腙比色法三种国家标准，以下主要对原子荧光光谱法做详细阐述。

1.原理

样品经酸加热消解后，在酸性介质中，样品中的汞被硼氢化钾或硼氢化钠还原成原子态汞，由载气（氩气）载入原子化器中，在汞空心阴极灯照射下，基态汞原子被激发至高能态，在去活化回到基态时，发射出特征波长的荧光，其荧光强度与汞的含量成正比，与标准系列比较定量分析。

2.试剂

（1）30%过氧化氢。

（2）硫酸—硝酸—水混合酸（1:1:8）：量取10mL硝酸和10mL硫酸，缓缓倒入80mL水中，冷却后小心混匀。

（3）硝酸溶液（1:9）：量取50mL硝酸，缓缓倒入450mL水中，混匀。

（4）5g/L氢氧化钾溶液：称取5.0g氢氧化钾，溶于水中，稀释至1000mL，混匀。

（5）5g/L硼氢化钾溶液：称取5.0g硼氢化钾，溶于5g/L的氢氧化钾溶液中，并稀释至1000mL，混匀，现用现配。

（6）汞标准储备溶液：精密称取0.1354g干燥过的二氯化汞，加硫酸—硝酸—水混合酸（1∶1∶8）溶解后移入100mL容量瓶中，并稀释至刻度，混匀，此溶液每毫升相当于1mg汞。

（7）汞标准使用溶液：用移液管吸取汞标准储备液1mL于100mL容量瓶中，用硝酸溶液（1∶9）稀释至刻度，混匀，此溶液浓度为10μg/mL。再分别吸取10μg/mL汞标准溶液1mL和5mL于两个100mL容量瓶中，用硝酸溶液（1∶9）稀释至刻度，混匀，溶液浓度分别为100ng/mL和500ng/mL，分别用于测定低浓度样品和高浓度样品，制作标准曲线。

3.主要仪器

原子荧光光度计。

4.操作方法

（1）样品处理。

①高压消解法。

第一，粮食及豆类等干样。称取经粉碎混匀过40目筛的干样0.2~1.0g，置于聚四氟乙烯塑料内罐中，加5mL硝酸，混匀后放置过夜，再加入7mL过氧化氢，盖上内盖放入不锈钢外套中，旋紧密封。然后将消解器放入普通干燥箱中加热，升温至120℃后保持恒温2~3h至消解完全，自然冷却至室温，将消解液用硝酸溶液（1∶9）定量转移并定容至25mL。

取与样品消化相同量的硝酸、过氧化氢、硝酸溶液（1∶9）的试剂，按同样方法做试剂空白试验。

第二，蔬菜等水分含量高的样品。样品用捣碎机打成匀浆，称取匀浆1.0~5.0g，置于聚四氟乙烯塑料内罐中，加盖留缝于65℃干燥箱中烘至近干，取出，以下按粮食及豆类等干样处理中从"加5mL硝酸"起依法操作。

②微波消解法。

称取0.10~0.50g样品于消解罐中，加入1~5mL硝酸、1~2mL过氧化氢，盖好安全阀后将消解罐放入微波炉消解系统中，根据不同的样品选择不同的消解条件进行消解，至消解完全，用硝酸溶液（1∶9）定量转移并定容至25mL（含量低的定容至10mL），摇匀。

（2）系列标准溶液配制。

①低浓度标准系列。

分别吸取100ng/mL汞标准使用液0.25mL、0.50mL、1.00mL、2.00mL、2.50mL于25mL容量瓶中，用硝酸溶液（1∶9）稀释至刻度，混匀，各自相当于汞浓度1.00ng/mL、

2.00ng/mL、4.00ng/mL、8.00ng/mL、10.00ng/mL。此标准系列适用于一般样品的测定。

②高浓度标准系列。

分别吸取500ng/mL汞标准使用液0.25mL、0.50mL、1.00mL、1.50mL、2.00mL于25mL容量瓶中，用硝酸溶液（1：9）稀释至刻度，混匀。各自相当于汞浓度5.00ng/mL、10.00ng/mL、20.00ng/mL、30.00ng/mL、40.00ng/mL。此标准系列适用于鱼及含汞量偏高的样品测定。

（3）仪器参考条件的选择。光电倍增管负高压240V；汞空心阴极灯电流30mA；原子化器，温度300℃，高度8mm；氮气流速，载气500mL/min，屏蔽气1000mL/min；测量方式标准曲线法；读数方式，峰面积；读数延迟时间1.0s；读数时间1.0s；硼氢化钾溶液加液时间8.0s；标准溶液或样品液加液体积2mL。

（4）样品测定。

①浓度测定方式测定。在开机并设定好仪器条件后，将炉温逐渐升温至所需温度，预热并稳定10~20min后开始测定，连续用硝酸溶液（1：9）进样，等读数稳定后开始系列标准溶液测定，绘制标准曲线。系列标准溶液测完后转入空白和样品，先用硝酸溶液（1：9）仔细清洗进样器，使读数基本回零后，测定试剂空白液和样品液，每次测定不同的样品前都应清洗进样器，记录测量数据。

②仪器自动计算结果方式测定。开机时设定条件和预热后，输入必要的参数，即样品量（g或mL）、稀释体积（mL）、进样体积（mL）、结果的浓度单位、系列标准溶液各点的重复测量次数、系列标准溶液的点数（不计零点）、各点的浓度值。首先将炉温逐渐升温至所需温度，预热稳定10~20min后开始测定，连续用硝酸溶液（1：9）进样，等读数稳定后开始系列标准溶液测定，绘制标准曲线。在转入测定样品前，先进入空白值测量状态，用样品空白消化液进样，让仪器取平均值作为扣除的空白值，随后即可依次测定样品。测定完毕后，选择打印测定结果。

（四）镉的测定

食品中镉的测定方法有石墨炉原子吸收光谱法、原子吸收光谱法、原子荧光法、比色法四种国家标准。下面对原子吸收光谱法和比色法进行详细介绍。

1.原子吸收光谱法

（1）原理。样品经处理后，在酸性溶液中镉离子与碘离子形成络合物，并经4-甲基-2-戊酮萃取分离，导入原子吸收仪中，原子化以后，吸收228.8nm共振线，其吸收量与镉含量成正比，与标准系列比较定量。

（2）试剂。

4-甲基-2-戊酮（MIBK，又名甲基异丁酮）。

磷酸（1∶10）。

盐酸（1∶11）：量取10mL盐酸加到适量水中并稀释至120mL。

盐酸（5∶7）：量取50mL盐酸加到适量水中并稀释至120mL。

混合酸：硝酸与高氯酸按3∶1混合。

硫酸（1∶1）。

碘化钾溶液（250g/L）。

镉标准溶液：准确称取1.0000g金属镉（99.99%），溶于20mL盐酸（5∶7）中，加入2滴硝酸后，移入1000mL容量瓶中，以水稀释至刻度，混匀，储于聚乙烯瓶中。此溶液每毫升相当于1.0mg镉。

镉标准使用液：吸取10.0mL镉标准溶液，置于100mL容量瓶中，以盐酸（1∶1）稀释至刻度，混匀，如此多次稀释至每毫升相当于0.20μg镉。

（3）主要仪器。原子吸收分光光度计。

（4）操作方法。

①样品处理。

a.谷类。去除其中杂物及尘土，必要时除去外壳，磨碎，过40目筛，混匀。称取5.00~10.00g置于50mL瓷坩埚中，小火碳化至无烟后移入马弗炉中，500℃±25℃灰化约8h后，取出坩埚，放冷后再加入少量混合酸，小火加热，不使干涸，必要时加少许混合酸，如此反复处理，直至残渣中无碳粒，待坩埚稍冷，加10mL盐酸（1∶11），溶解残渣并移入50mL容量瓶中，再用盐酸（1∶11）反复洗涤坩埚，洗液并入容量瓶中并稀释至刻度，混匀备用。

取与样品处理相同量的混合酸和盐酸（1∶11）按同一操作方法做试剂空白试验。

b.蔬菜、瓜果及豆类。取可食部分洗净晾干，充分切碎或打碎混匀。称取10.00~20.00g置于瓷坩埚中，加1mL磷酸（1∶10），小火碳化，以下按①从"至无烟后移入马弗炉中"起依法操作。

②萃取分离。吸取25mL（或全量）上述制备的样液及试剂空白液，分别置于125mL分液漏斗中，加10mL硫酸（1∶1），再加10mL水，混匀。吸取0mL、0.25mL、0.50mL、1.50mL、2.50mL、3.50mL、5.00mL镉标准使用液（相当0μg、0.05μg、0.1μg、0.3μg、0.5μg、0.7μg、1.0μg镉），分别置于125mL分液漏斗中，各加盐酸（1∶1）至25mL，再加10mL硫酸（1∶1）及10mL水，混匀。于试样溶液、试剂空白液及镉标准溶液中各加10mL碘化钾溶液250g/L，混匀，静置5min，再各加10mL MTBK，振摇2 min，静置分层约0.5h，弃去下层水相，以少许脱脂棉塞入分液漏斗下颈部，将MIBK层经脱脂棉滤至10mL具塞试管中，留待备用。

③测定。将有机相导入火焰原子化器进行测定，测定参考条件：灯电流6~7mA，波

长228.3nm，狭缝0.15~0.2nm，空气流量5L/min，氘灯背景校正（也可根据仪器型号，调至最佳条件），以镉含量对应浓度吸光度，绘制标准曲线或计算直线回归方程，试样吸收值与曲线比较或代入方程求出含量。

2.比色法

（1）原理。样品经消化后，在碱性溶液中镉离子与6-溴苯并噻唑偶氮萘酚形成红色络合物，溶于三氯甲烷，与标准系列比较定量。

（2）试剂。

三氯甲烷。

二甲基甲酰胺。

混合酸：硝酸-高氯酸（3∶1）。

酒石酸钾钠溶液（400g/L）。

氢氧化钠溶液（200g/L）。

柠檬酸钠溶液（250g/L）。

镉试剂：称取38.4mg 6-溴苯并噻唑偶氮萘酚，溶于50mL二甲基甲酰胺，储存于棕色瓶中。

镉标准溶液：精确称取1.000g金属镉（纯度约99.99%），转移到20mL盐酸（5∶7）中，滴加2滴硝酸，移入1000mL容量瓶中，用水定容。此溶液每毫升相当于1mg的镉。

镉标准使用液：吸取镉标准储备液10.0mL置于100mL的容量瓶中，用盐酸（1∶11）溶液稀释定容，混匀。逐次稀释，使每毫升镉标准使用液相当于1μg镉。

（3）主要仪器。分光光度计。

（4）操作方法。

①样品处理。称取5.00~10.00g试样置于150mL锥形瓶中，加入15~20mL混合酸（如在室温放置过夜，则次日易于消化），小火加热，待泡沫消失后，可慢慢加大火力，必要时再加少量硝酸，直至溶液澄清无色或微带黄色，冷却至室温。取与消化样品相同量的混合酸、硝酸铵按同一操作方法做试剂空白试验。

②测定。将消化好的样液及试剂空白液用20mL水分数次洗入125mL分液漏斗中，以氢氧化钠溶液（200g/L）调节pH至7左右。吸取0.0mL、0.5mL、1.0mL、3.0mL、5.0mL、7.0mL、10.0mL镉标准使用液（相当0.0μg、0.50μg、1.0μg、3.0μg、5.0μg、7.0μg、10μg镉），分别置于125mL分液漏斗中，再各加水至20mL。用氢氧化钠溶液（200g/L）调节pH至7左右。

于样品消化液、试剂空白液及镉标准液中依次加入3mL柠檬酸钠溶液（250g/L）、4mL酒石酸钾钠溶液（400g/L）及1mL氢氧化钠溶液（200g/L），混合均匀。再各加5.0mL三氯甲烷及0.2mL镉试剂，立即振摇2 min，静置分层后，将三氯甲烷层经脱脂棉滤于试管中，以三氯甲烷调节零点，用1 cm比色杯在波长585 nm处测吸光度。各标准点减去空白管吸收值后绘制标准曲线。

（五）砷的测定

食品中砷的测定方法主要有银盐法、砷斑法和硼氢化物还原比色法，下面对银盐法和砷斑法进行介绍。

1.银盐法

（1）原理。样品经消化后，以碘化钾、氯化亚锡将高价砷还原为三价砷，然后与锌粒和酸产生的新生态氢生成砷化氢，经银盐溶液吸收后，形成红色胶态物，与标准系列比较定量。

（2）试剂（除特别注明外，所用试剂为分析纯，水为去离子水）。

硝酸。

硫酸。

盐酸。

氧化镁。

无砷锌粒。

硝酸-高氯酸混合溶液（4∶1）：量取80mL硝酸，加20mL高氯酸，混匀。

硝酸镁溶液（150g/L）：称取15g硝酸镁，溶于水中，并稀释至100mL。

碘化钾溶液（150g/L）：储存于棕色瓶中。

酸性氯化亚锡溶液：称取40g氯化亚锡，加盐酸溶解并稀释至100mL，加入数颗金属锡粒。

盐酸（1∶1）：量取50mL盐酸，加水稀释至100mL。

乙酸铅溶液（100g/L）。

乙酸铅棉花：用乙酸铅溶液（100g/L）浸透脱脂棉后，压除表面多余溶液并使其保持疏松，在100℃以下环境中干燥后，储存于玻璃瓶中。

氢氧化钠溶液（200g/L）。

硫酸（6∶94）：量取6.0mL硫酸，加于80mL水中，冷后再加水稀释至100mL。

二乙基二硫代氨基甲酸银—三乙醇胺—三氯甲烷溶液：称取0.25g二乙基二硫代氨基甲酸银，置于乳钵中，加少量三氯甲烷研磨，移入100mL量筒中，加入1.8mL三乙醇胺，再用三氯甲烷分次洗涤乳钵，洗液一并移入量筒中，再用三氯甲烷稀释至100mL，放置过夜，滤入棕色瓶中储存。

砷标准溶液：准确称取0.1320g在硫酸干燥器中干燥过的或在100℃条件下干燥2h的三氧化二砷，加5mL氢氧化钠溶液（200g/L），溶解后加25mL硫酸（6∶94），移入1000mL

容量瓶中，加新煮沸冷却的水稀释至相应刻度，储存于棕色玻塞瓶中。此溶液每毫升相当于0.10mg砷。

砷标准使用液：吸取1.0mL砷标准溶液，置于100mL容量瓶中，加1mL硫酸（6：94），加水稀释至相应刻度。此溶液每毫升相当于1.0μg砷。

（3）主要仪器。可见分光光度计。

（4）操作方法。

①样品处理。

a.湿法消化。称取样品适量，置于250~500mL定氮瓶中，先加水少许使其湿润，加数粒玻璃珠、10~15mL硝酸（或硝酸-高氯酸混合液），放置片刻，小火缓缓加热，待作用缓和，放冷。沿瓶壁加入5mL或10mL硫酸，再加热，至瓶中液体开始变成棕色时，不断沿瓶壁滴加硝酸（或硝酸-高氯酸混合液）至有机质分解完全。加大火力至产生白烟，待瓶内液体再次产生白烟为消化完全，该溶液应澄清无色或微带黄色，放冷。加20mL水煮沸，除去残余的硝酸至产生白烟为止，如此处理两次，放冷。定容到50mL或100mL。

b.干法消化。称取样品适量，置于坩埚中，加1g氧化镁及10mL硝酸镁溶液，混匀，浸泡4h。于低温或水浴上蒸干，用小火炭化至无色后移入马弗炉中加热至550℃，灼烧至完全灰化，冷却后取出。加5mL水湿润灰分，再缓缓加入盐酸（1：1），然后将溶液移入50mL容量瓶中，坩埚用盐酸（1：1）洗涤5次，洗液合并入容量瓶中，加盐酸（1：1）至刻度。同时做试剂空白试验。

②测定。吸取一定量的消化后的样品溶液和同样量的试剂空白液，分别置于150mL锥形瓶中，补加硫酸总量为5mL，加水至50~55mL。吸取砷标准使用液0.0mL、2.0mL、4.0mL、6.0mL、8.0mL、10.0mL，分别置于150mL锥形瓶中，加水至40mL，再加10mL硫酸（1：1）。在各锥形瓶中，各加3mL碘化钾溶液（150g/mL）、0.5mL酸性氯化亚锡溶液，混匀，静置15 min。各加3g锌粒，立即分别塞上装有乙酸铅棉花的导气管，并使管尖端插入盛有4mL银盐溶液的试管液面下，在常温下反应45 min后，取下试管，加三氯甲烷补足4mL。用1 cm比色杯，以零管调节零点，于波长520nm处测吸光度，绘制标准曲线。以样品吸光度从标准曲线查出砷的含量。

2.砷斑法

（1）原理。样品经消化后，以碘化钾、氯化亚锡将高价砷还原为三价砷，然后与锌粒和酸产生的新生态氢生成砷化氢，再与溴化汞试纸生成黄色至橙色的色斑，与标准砷斑比较定量。

（2）试剂。同银盐法试剂，除了二乙基二硫代氨基甲酸银-三乙醇胺-三氯甲烷溶液。溴化汞-乙醇溶液（50g/L）：称取25g溴化汞，用少量乙醇溶解后，再定容至500mL。

溴化汞试纸：将剪成直径2 cm的圆形滤纸片在溴化汞乙醇溶液（50g/L）中浸渍1h以

上，保存于冰箱中，临用前取出置暗处阴干备用。

（3）主要仪器。

①玻璃测砷管。全长18 cm，上粗下细，自管口向下至14 cm一段的内径为6.5mm，自此以下逐渐狭细，末端内径为1~3mm，近末端1 cm处有一孔，直径2mm，狭细部分紧密插入橡皮塞中，使下部伸出的小孔恰在橡皮塞下面。上部较粗部分放置乙酸铅棉花，长5~6cm，上端至管口处至少3cm，将测砷管顶端为圆形扁平的管口上面磨平，下面两侧各有一钩，为固定玻璃帽用。

②玻璃帽。下面磨平，上面有弯月形凹槽，中央有圆孔，直径6.5mm。使用时将玻璃帽盖在测砷管的管口，使圆孔相互吻合，中间夹一溴化汞试纸光面向下，用橡皮圈或其他适宜的方法将玻璃帽与测砷管固定。

（4）操作方法。

①样品处理同银盐法。

②吸取一定量样品消化后定容的溶液（相当于2g粮食、4g蔬菜、水果、4mL冷饮、5g植物油，其他样品参照此量）及同量的试剂空白液分别置于测砷瓶中，加5mL碘化钾溶液（150g/L）、5滴酸性氯化亚锡溶液及5mL盐酸（样品如用硝酸-高氯酸-硫酸或硝酸-硫酸消化液，则要减去样品中硫酸毫升数；如用灰化法消化液，则要减去样品中盐酸毫升数），再加适量水至35mL（植物油不再加水）。

吸取0.0mL、0.5mL、1.0mL、2.0mL砷标准使用液（相当于0μg、0.5μg、1μg、2μg砷），分别置于测砷瓶中，各加5mL碘化钾溶液（150g/L）、5滴酸性氯化亚锡溶液及5mL盐酸，再加水至35mL（测定植物油时加水至60mL）。

于盛样品消化液、试剂空白液及砷标准溶液的测砷瓶中各加3g锌粒，立即塞上预先装有乙酸铅棉花及溴化汞试纸的测砷管，于25℃条件下放置1h，取出样品及试剂空白的溴化汞试剂纸与标准砷斑比较。

第三节　转基因食品检测

一、转基因食品的核酸水平检测技术

转基因食品加工原料的生物体内含有导入的外源DNA，因此可以直接利用分子生物学技术"寻找"被导入的外源DNA序列。目前，从核酸水平检测转基因食品主要有聚合酶链式反应（Polymerase Chain Reaction，PCR）技术、核酸杂交技术和基因芯片技术等。

（一）聚合酶链式反应

聚合酶链式反应（PCR）技术是美国科学家Muilis于1983年发明的一种在体外快速扩增特定基因或DNA序列的方法，又称为基因的体外扩增法。其基本原理是：根据已知的待扩增的DNA片段序列，人工合成与该DNA两条链末端互补的两段寡核苷酸引物，以dNTP（dATP、dTTP、dCTP和dGTP）4种脱氧核苷酸为底物，在聚合酶的作用下，经过高温变性、低温退火和适温延伸3步反应做一个周期，反复循环，在体外将待检测DNA片段迅速特异性扩增（一般基因经21~30个循环可扩增上百万倍）。PCR反应是目前检测食品中转基因成分最为成熟和广泛应用的方法，具有高灵敏性、高特异性和高效性特点。根据检测目的，可将PCR方法分为定性PCR法和定量PCR法。

1. 定性PCR法

一般而言，为了使转入作物体内的外源基因能够发挥人们所期望的作用，在对生物体进行转基因的过程中除载入外源基因序列外，还要构建启动子、终止子、选择标记基因和报告基因等通用元件。因此，根据所选择要扩增的目标基因片段的位置差别，PCR检测策略主要有通用元件筛选PCR检测（Screen PCR）、基因特异性PCR检测（gene special PCR）、构建特异性的PCR检测（construct specific PCR）和转化特异性PCR检测（event special PCR）。

通用元件筛选PCR只针对通用启动子、终止子以及抗性基因等设计引物进行PCR。可用作目的基因转入其他物种的基因种类繁多，但据统计由于绝大部分转基因作物体内含有转录启动子CaMV35s、果实特异性表达启动子TFM7、转录终止子NOS和抗生素抗性基因NPTⅡ等基因元件，因此通过对CaMV35s启动子、果实特异性表达启动子TFM7、NOS终止子、NPTⅡ等基因的检测，几乎可以获得对所有的转基因产品的筛选检测结果，鉴定出食品中是否含有转基因成分。但这种筛选PCR的特异性低，因为不同转基因作物可用相同元件，所以需要采取进一步的鉴定才能达到定性效果。

基因特异性PCR检测的引物是根据转入的外源编码基因部分而设计的，具有针对外源基因序列的特异性，而构建特异性PCR检测的引物是根据外源基因与上述通用元件之间连接部分的序列而设计的，转化特异性PCR（又称品系特异性PCR）的引物是根据外源基因与载体基因组之间的连接部位序列而设计，较前面几种PCR具有更高特异性，但需要了解目标转基因生物较完整的全基因组序列信息。定性PCR按扩增序列的多寡可分为标准PCR法和多重PCR法。

（1）标准PCR法。标准PCR法即通过针对一段目标基因设计引物，将其加入含有dNTP和DNA聚合酶的反应体系中，以该段目标基因为模板在特定条件下进行高温变性、低温退火和适温延伸反应，实现对目标基因片段扩增的一般过程。

我国有关部门对部分转基因作物核酸水平的定性检测发布了相关样品制备与检测标准，如农业部发布的《转基因植物及其产品DNA提取和纯化》（农业部1485号公告—4—2010）、《转基因植物及其产品检测大豆定性PCR方法》（NY/T 675—2003），国家质量监督检验检疫总局发布的《大豆中转基因成分定性PCR检测方法》（SN/T 1195—2003）、《转基因成分检测玉米检测方法》（SN/T 1196—2012）、《油菜籽中转基因成分定性PCR检测方法》（SN/T 1197—2003）、《转基因成分检测马铃薯检测方法》（SN/T 1198—2013）等，这些标准对有关转基因作物的PCR定性检测做了方法规范并给出了明确的判断标准。

标准PCR检测过程主要有以下几个环节。

①从转基因作物或食品中提取DNA。根据待测样品材料的不同，可以选用CTAB法、SDS法、Wizard法或试剂盒法等不同的方法来提取样品中的DNA，对植物样品中DNA的提取一般选用CTAB法。CTAB法提取DNA的具体操作步骤简要介绍如下。

a.称取100mg匀碎的样品于1.5mL EP管中，加入500μLCTAB缓冲液涡旋混匀，然后65℃孵育1h（中间每隔10min上下混匀一次）。

b.冷却后，加入等体积的氯仿于EP管中，混匀30s后静置3min，以12000g离心15min直至液相分层。

c.取上清液，再次加入等体积的氯仿，混匀后静置3min，然后以12000g离心5min。

d.取上清液（避开中间层，其中含有蛋白质，影响下游实验）于新EP管中，加入等体积异丙醇，-20℃或4℃沉淀1h，然后12000rpm离心15min，弃上清。

e.将0.5mL75%乙醇加入含有沉淀的EP管中，混匀后离心10min，弃上清，洗涤2~3次后，在通风橱中晾干沉淀物（DNA），再加入100μL65℃预热的H_2O溶解沉淀的DNA。

②对待检样品中的靶标DNA设计引物。转基因食品检测的PCR扩增体系中，能否准确地检测到外源基因，引物的设计是非常关键的因素。引物设计可根据上述转基因食品PCR扩增策略选择目标基因序列来设计引物，只有高效而专一性强的引物才能用于样品中待检测模版DNA序列的精确检测。若选择筛选PCR来起始鉴定，由于转基因食品中转入序列含有CaMV35s启动子、NOS终止子、NPTⅡ等元件，所以这些序列可以作为转基因检测的靶标，可针对上述元件序列设计PCR扩增的特异性引物，然后通过PCR扩增筛选检测待检样品中转入的DNA序列。要想得到特异性强的扩增产物，转基因作物PCR检测中引物的设计要遵循一般的引物设计原则。

a.引物设计的范围最好在模板cDNA的保守区内。

b.引物长度一般在15~30碱基之间，引物长度过长会导致其延伸温度大于74℃，不利于TaqDNA聚合酶进行反应。

c.引物GC含量在40%~60%。上下游引物的GC含量不能相差太大。

d.引物的退火温度Tm值在55~65℃最佳。

e.引物中四种碱基的分布最好是随机的,尤其3′端不应超过3个连续的G或C,引物自身及引物之间不应存在互补序列或有连续4个碱基的互补,否则引物自身会折叠成发夹结构（Hairpin）。这种二级结构会因空间位阻而影响引物与模板的复性结合。

f.引物3′端不能选择A,最好选择T。否则引物错配的引发效率会大大升高。

g.引物的5′端可以修饰,而3′端不可修饰。因为引物的延伸是从3′端开始的,不能进行任何修饰。引物5′端修饰包括加酶切位点,标记生物素、荧光等,引入蛋白质结合DNA序列,引入启动子序列等。

h.引物5′端和中间ΔG值应该相对较高,而3′端ΔG值较低。ΔG值反映了双链结构内部碱基对的相对稳定性,ΔG值越大,则双链就越稳定。而引物3′端的ΔG值过高,容易在错配位点形成双链结构并引发DNA聚合反应。

③PCR扩增待检样品中的靶标DNA。在PCR扩增管中对转基因样品进行PCR扩增反应。以已知的待扩增的DNA片段序列为模板,以dNTP4种脱氧核苷酸为底物,掺入人工合成的引物,在聚合酶的作用下,构建PCR扩增反应体系,在PCR仪中设置高温变性、低温退火和升温延伸反应程序,经过95℃高温变性解旋DNA模板双链,低温退火（退火温度由引物对确定）使两引物与模板单链对应片段互补结合,升温至约72℃适温延伸等3步反应作为一个周期,使目的基因扩增一倍,反复循环,每次循环的产物都能成为下一个循环的模板。因此,PCR的产物量以指数方式增长,经过21~30个循环,目的片段可被扩增106倍。

④PCR产物的凝胶电泳鉴定。通过琼脂糖凝胶电泳分析,将PCR产物展现。一般根据DNA Marker分子质量确定扩增片段的分子质量,若扩增片段的分子质量与理论上推断的应该产生的片段分子质量相同,则基本上可以初步说明被检测对象基因组中含有外源基因,否则即为不含有外源基因片段的非转基因产品。准确判断转入序列是否为已知转基因序列,还需对扩增片段序列进行测序、比对。

⑤PCR产物的酶切鉴定。一般为了避免假阳性结果的出现,需要进一步对PCR产物回收后进行限制性酶切分析,以确保实验结果的准确性,阳性判断标准是扩增片段能否被相应酶酶切以及酶切片段长度是否与引物设计时构建的酶切目的片段的理论长度一致。

⑥结果判断。若满足下列条件,就能确定待检测的目标序列是转入的转基因序列。第一,PCR扩增的DNA片段长度与引物设计所控制的DNA理论长度一致；第二,测序结果显示PCR扩增产物序列与理论序列或阳性对照序列一致；第三,酶切片段序列与预期理论序列一致。标准PCR反应属于核酸变温循环扩增技术,一般需要经历高温变性、退火结合和延伸3个温度梯度,昂贵的精密热循环仪器必不可少,这就给一线检验工作者检测造成

了很大不便。等温扩增技术作为解决这一问题最直接的方案，已经取得了很大的应用突破。等温扩增是扩增反应保持反应温度不变的广义PCR技术。等温扩增最大的特点在于不需要温度变化，简易加热装置即可满足要求，在较短的反应时间内即可完成反应。目前等温扩增技术主要包括环介导等温扩增（loopmedi atedisother malamplification，LAMP）、链置换扩增（strand displacement amplification，SDA）、切口酶扩增（nicking endonuclease mediated amplification，NEMA）、依赖核酸序列的扩增技术（nucleic acid sequence based amplification，NASBA）、依赖解旋酶的等温扩增（helicase dependent amplification，HDA）等。其中环介导等温扩增技术在转基因检测中已经有很多应用，是一项比较成熟的技术手段，与标准PCR法相比，其特异性提高、反应速度加快、样本处理简化、扩增可实现多重化，能满足现场检测的要求，该项技术正向着微型化、集成化、自动化方向发展。

（2）多重PCR法。目前，人们发现单纯通过检测CaMV35s、NOS和NPTⅡ等元件的PCR检测法可能会出现假阳性结果，原因是自然界中某些植物和土壤微生物体内也被发现含有CaMV35s和NOS基因元件，因此需要用其他方法进行进一步的确认。研究表明，利用该多重PCR反应体系，在一次PCR反应中可检测CaMV35s启动子、NPTⅡ基因、GUS基因、NOS启动子、NOS终止子、EPSPS基因和CpTI基因7种基因，能有效地检测如大豆和烟草中的转基因成分，检测低限达1个拷贝。多重PCR技术可以在同一反应试管中同时针对多个靶位点进行PCR检测，由于各对引物在扩增时存在一定的竞争性，从而可以降低假阳性出现的概率。

多重PCR经过单一的扩增即可同时获得多个所需的DNA序列，明显减少了检测反应次数，大大节省了时间和精力，但要获得高效率的多重PCR，则需整体考虑并需要多步尝试以优化反应条件，尤其在引物设计上对不同引物的退火温度不能差距太大。

2.定量PCR法

目前，许多国家为了让人们更多地了解转基因食品，保证转基因食品的安全性，要求对转基因食品强制实施标签制度。标签中不仅要求列出转基因成分，而且要对转基因成分进行定量。近年来发展起来的用于定量检测食品中的转基因成分的PCR方法主要以竞争性定量PCR（QuantitatⅣ ecompedtⅣe PCR，QPCR）、实时荧光定量PCR（Real time PCR，RT PCR）和数字PCR（digital PCR，dPCR）三大技术为主。

（1）竞争性定量PCR法。竞争性定量PCR是先构建与待检测基因相同扩增效率与特点的DNA片段，然后在同一反应体系中竞争相同的引物与底物，待PCR反应结束后进行琼脂糖凝胶电泳检测，以竞争模板的稀释度和电泳结果绘制标准曲线，最终从标准曲线上计算待测基因的含量。该方法需要构建理想的内标物，这是竞争性定量PCR法的难点也是关键点，反应体系中含有内标物，可大大降低实验室间的检测误差。

（2）实时荧光定量PCR法。实时荧光定量PCR（RT PCR）是在常规PCR的基础上发展而来的新技术，也是定量检测食品中转基因成分最常用的方法。其基本原理是在PCR反应体系中添加荧光基团，利用荧光基团只与双链DNA结合的特点，定量标记新合成的DNA双链，荧光基团的数量随着PCR扩增而不断增加，DNA拷贝数随反应循环数而呈指数级增加，直至反应达到一个平台期。PCR反应过程中荧光信号的积累用相关的计算机软件记录，从而实时监测反应中每一个循环扩增产物量的变化，计算每一个反应管中荧光信号达到设定Ct值（Cyclethreshold，Ct）所经历的循环数，然后根据Ct值与模板初始浓度在指数增长期呈现对应线性关系对食品中的转基因成分进行定量分析。

RT PCR所使用的标记物主要分为两类：一类是利用荧光染料来实时监控扩增产物的增加，如SYBR Green I检测法；另一类是利用与靶序列特异性结合的探针来指示扩增产物的增加，常用的方法有TaqMan探针法。SYBR Green I染料成本最低，该染料可以与双链的DNA分子产生特异性的结合，荧光信号随着PCR反应的进行逐渐增强。这种方法具有成本低、灵敏度相对较高的优点。Taqman探针可以与目的片段特异性结合，探针5′端的荧光报告基团和3′端标记的荧光淬灭基团会被Taq扩增酶的外切活性切开从而产生荧光信号。目前Taqman探针法使用最为广泛，其特异性和高灵敏度都得到了充分验证，许多国家和行业标准中均使用Taqman探针法进行检测。

（3）数字PCR法。数字PCR（dPCR）是一种分子生物学与统计学结合的检测方法。dPCR通过将样品进行大倍稀释，使得反应孔中的模板分子不超过一个。在传统PCR条件下扩增后，产生荧光信号的反应孔即代表样品的具体含量。如果样品浓度过高导致每孔中不止一个分子，根据泊松概率分布（Poisson distribution）也可计算出样品的浓度或者拷贝数。这种不依赖扩增曲线和标准曲线的定量方法已经在拷贝数变化分析、基因分型、单细胞基因表达等领域取得一定突破。dPCR技术目前更多地应用于医学诊断方面，已成为临床应用方面最具潜力的诊断技术之一。对转基因检测来说，获得样品中外源基因的拷贝数是定量检测的关键。因为不需要标准物质，数字PCR法能够真正实现样品的绝对定量。目前数字PCR主要包括芯片数字PCR（chip digital PCR，cdPCR）和微滴数字PCR（droplet digital PCR，ddPCR）。cdPCR由美国Fluidigm公司开发，通过将样品分散到数万个微孔中实现扩增反应。芯片数字PCR法的最大优势在于其通量极高，而且芯片结果可以直接通过探针反映的荧光信号计数，从而达到绝对定量的目的。ddPCR法目前主要由美国BioRad公司开发，其基本原理是将扩增体系分散为无数个小液滴，这些液滴被油状液体包裹形成小油滴，小油滴在传统PCR扩增程序下完成扩增并检测探针荧光信号。这种方法较之芯片法成本更低，而且液滴百万级数目足够保证实验的准确性，适合科研及检测工作者使用。两种dPCR虽然各有缺陷，在转基因检测的研究方面还处于起始阶段，但dPCR不依赖标准物质定量的显著特点能从原理上为核酸定量提供保证。

（二）核酸杂交技术法

核酸杂交技术是一种用于检测DNA或RNA分子的特定序列（靶序列）的分子生物学的标准技术，具体可以分为Southern杂交法和Northern杂交法。其检测基本原理为：将单链的DNA或RNA固定到固定相上，然后加入单链被标记过的探针DNA，一定条件下使探针分子与目标DAN分子碱基配对，再检测探针和目标DNA形成的杂合分子。

1. Southern杂交法

Southern杂交法的靶目标是DNA，是一种鉴定特异的DNA序列的杂交方法。其分析检测过程是先从待测样品中提取DNA，再经琼脂糖凝胶电泳分离后转移到硝酸纤维素或尼龙膜等固相支持物上，然后用标记的特异性探针与结合在膜上的转基因成分进行杂交反应，最后通过放射自显影或化学反应等方法来判断待测样品中是否含有靶标DNA。该方法能够有效用于转基因成分的检测，比如，对Bt玉米中基因crylAb片段和编码ADP葡萄糖焦磷酸化酶的内源基因sh2片段的检测。但使用Southem杂交法检测转基因食品的前提是要清楚转入的外源基因序列，同时待检样品要具有一定的纯度，基因组中转基因成分也要求具有较高丰度。

2. Northern杂交法

Northern杂交法是一种从转录水平检测转基因食品的检测方法，即其靶目标是RNA，是一种鉴定特异的RNA序列的杂交方法，Northern杂交的基本原理和反应步骤与Southern杂交基本相同，两者区别在于：Northern杂交对象是从食品中提取的特定外源基因DNA的转录产物mRNA，可直接经琼脂糖凝胶电泳分离后转移到合适的固相支持物上进行杂交检测而不需要用限制性内切酶进行消化。Northern杂交法适用于检测鲜活动物或植物性食品，原因是RNA化学性质较DNA活跃，从食品中提取总RNA的过程中RNA极易被降解，其含量和质量也与食品的新鲜程度、完整性和深加工的程度有关。另外，Northern杂交信号的强弱与mRNA的丰度有关。由于上述原因，目前应用Northern杂交法检测转基因食品并不普遍。

（三）基因芯片法

基因芯片是20世纪90年代中期发展起来的一项新的生物技术，采用微加工和微电子技术将大量经人工设计的基因片段有序地、高密度地排列在玻璃片或纤维膜等载体上而得到的一种信息检测芯片，其本质是脱氧核糖核酸微阵列，又称DNA芯片或DNA微阵列。基因芯片法的特点是自动化程度高、灵敏度高、特异性强、操作简便、高通量、检测效率高、假阳性率低和检测成本相对较低。自1991年第一块基因芯片被成功研制出来以后，就迅速发展并逐步被应用于转基因食品定性与定量检测。

基因芯片的检测过程是将待测的DNA通过PCR扩增、体外转录等技术掺入标记分子后，利用碱基互补配对原则，与位于芯片上的DNA探针杂交，再通过激光共聚焦扫描成像检测等扫描系统检测探针分子杂交信号强度，最后以计算机技术对信号进行综合分析来获得样品中大量基因序列及表达信息，以对其进行定性及定量检测。

近几年，可视化技术的发展改变了传统芯片技术对结果的判断方法，形成了可视芯片技术。与传统生物芯片技术相比，可视芯片技术具有可视的芯片表面特征，可直接用肉眼观察芯片杂交信号，无须使用昂贵的荧光扫描设备。可视基因芯片的基本原理是目标分子和芯片表面的探针杂交后，在酶的催化下产生沉淀，沉淀在芯片表面沉积，改变了芯片的厚度，从而改变了反射在芯片表面上的光的波长，致使芯片上的颜色发生改变，进而对结果做出判断。该技术不仅具有传统基因芯片技术的优势与特点，而且由于其检出限可达0.01pmol/L，可以同时一次检出多种转基因作物，并摆脱了对荧光扫描仪的依赖，检测优势明显，现已有成功应用于转基因作物的检测案例。

二、转基因食品的蛋白质水平检测技术

目前，蛋白质水平的转基因检测的有效方法还是利用免疫化学分析技术对转基因食品中外源蛋白的检测，而该方法的理论基础是基于抗原和抗体间的特异性结合。通过制备出抗转基因食品中外源基因表达蛋白（抗原）的特异性单克隆抗体或多克隆抗体，并对抗体的特异性和效价进行评估，从而建立起对外源基因表达蛋白的特异性定性和定量检测方法。定量检测主要应用于转基因作物的研究阶段，而定性检测主要是对加工产品的检测。下面将对蛋白质免疫印迹法（Western bloting，WB）、酶联免疫吸附测定（enzyme linked immuno sorbent assay，ELISA）法、免疫试纸条法、蛋白质芯片技术等检测方法进行介绍。

（一）免疫印迹法

蛋白质免疫印迹法（WB）的原理与Southern杂交法和Northern杂交法的原理不同，Western bloting是以免疫学中抗原与抗体的特异性结合为基础，利用蛋白质电泳的方法将目标蛋白从待测样品的混合物中分离出来，并将其转移到固体支持物上，用已标记的抗体作探针与目标蛋白杂交，标记物可以是放射性元素、酶、荧光素或化学发光物质等，然后根据标记物不同选择不同的检测方法，最终实现对目标蛋白的定性检测。蛋白免疫印迹法将蛋白质电泳分离技术、抗原抗体特异性结合和标记物敏感性识别技术结合起来，具有很高的灵敏性。但该技术的关键是制备出针对目标蛋白的特异性抗体。由于该方法采用变性凝胶电泳，即可以消除蛋白溶解、蛋白凝聚和非目标蛋白与靶蛋白共沉淀等问题，因此Western bloting印迹法是检测复杂混合物中特异蛋白质的最有力的工具之一。Western bloting印迹法操作步骤如下：

（1）从植株细胞中提取目标蛋白，将其溶解于含去污剂和还原剂的溶液中；

（2）利用SDS PAGE电泳技术对蛋白质按分子量大小进行分离，获得分离的不同蛋白质条带；

（3）将已分离的各蛋白条带原位转移到固相载体（硝酸纤维膜或尼龙膜）上；

（4）将膜在高浓度蛋白质（如牛血清白蛋白）溶液中温浴，目的是封闭非特异性位点；

（5）随后依次与一抗结合，洗涤后结合二抗，根据二抗结合的标记物选择检测方法。

目前，Western bloting印迹法在转基因食品检测中应用较广泛。例如，对抗草甘膦大豆中CP4合成酶的成功检测，检测限可达0.5%~1.0%；还有对转基因水稻中增强水稻抗病性的稻瘟菌蛋白激发子的检测。Western bloting印迹法检测技术分辨率高，检出限低，可以从植物细胞总蛋白质中检出50ng的特异蛋白质，检测相当灵敏。但是，Western bloting印迹法操作步骤复杂，检测费用较高，不能满足快速、大量样品的检测，而且该方法只能检测已知的转基因表达蛋白，也不适合定量分析。

（二）酶联免疫吸附测定法

酶联免疫吸附测定法（ELISA）是在1971年由Engvall和Perlmannn首次报道，当时是用于定量测定免疫球蛋白G（IgG），随后该项技术被广泛应用于多种检测领域。ELISA是将抗原抗体反应的高度特异性和酶的高效催化特性相结合而建立的一种免疫分析方法。制备与相应的抗原（转基因食品中的外源蛋白）相结合的抗体，与相应的抗原（转基因食品中的外源蛋白）结合后，利用酶标记抗体的酶催化活性，作用于酶反应底物，使底物发生颜色反应，颜色变化的深浅程度在一定范围内和抗原量呈线性关系，然后借助于比色等对抗原做出定性和定量判断。ELISA检测法必须有3种试剂：固定相抗原或抗体、酶标记的抗体或抗原和酶作用底物。ELISA检测法可分为直接法和间接法，以间接法最为常用。

间接ELISA检测法的简要步骤如下：

（1）待检蛋白（抗原）样品溶液的制备及预处理；

（2）将抗原或抗体包被到固相载体平板的微孔中；

（3）待测溶液的特异抗体或抗原结合到包被于载体表面的对应抗原或抗体上；

（4）酶标记抗体与一抗或抗原相结合；

（5）结合物通过酶标记物使底物颜色发生改变；

（6）通过对溶液颜色变化的深浅程度进行比色来定量。

目前，一些转基因食品的ELISA检测方法已较为成熟，如对转基因大豆GTS4032中的

CP4EPSPS蛋白、Yieldgard玉米中Bt蛋白、转基因玉米加工的食品中Cry1A（b）蛋白、Star link玉米的Cry9c蛋白、T25和TC1507玉米的PAT蛋白等的ELISA检测。《GB/T 19495.8—2004转基因产品检测蛋白质检测方法》提供了大豆转CP4EPSPS基因成分的ELISA检测方法。间接ELISA方法中最为经典的是双抗体夹心法，双抗体夹心ELISA法适用于对未知抗原的检测。

ELISA建立在抗原抗体特异性结合的基础上，对转基因食品中外源基因表达蛋白进行检测分析，具有特异性强的特点；同时酶促反应具有将抗原抗体反应信号放大的作用，灵敏度较高，用间接ELISA法可成功地检测出食品中含量低于2mg/L的蛋白质；可以同时高通量处理很多样品，在一个微孔板上能大批量检测，也因此降低了检测成本；该方法操作简单，降低了样品制备的复杂性，是一种理想的检测方法。目前，已有商品化的ELISA检测试剂盒用于对转基因食品的检测，可满足对转基因食品的快速、大批量检测。

但是该方法也有缺点，由于导入的外源基因表达的蛋白质表达水平较低或食品经热处理易导致蛋白质变性、降解或失活，导致该法检测能力下降，易出现假阴性，因此这种技术也只适用于对食品原材料的检测，不适用于精细加工食品的转基因蛋白检测；待检样品基质的复杂性对检测结果的准确度也有干扰，如表面活性剂（皂角苷）、酚化物、脂肪酸、内源磷酸（酯）酶，均可抑制或降低抗原与抗体的特异性相互作用；针对特定转基因表达蛋白的抗体制备难度大，目前商品化的转基因蛋白的单克隆抗体极少。因此，利用ELISA技术只能检测少数转基因食品，而且每一种试剂盒只检测一种特定转基因产物，不能实现有多种混合成分的样品的快速检测。

（三）免疫试纸条法

免疫试纸条法是ELISA方法的另一种形式，以硝化纤维为固相载体，将特异的抗体交联到试纸条上和有颜色的物质上，当抗原与纸上抗体特异结合后，再与有颜色的特异性抗体相互反应，形成"三明治结构"，并带有颜色，将其在试纸条上固定，若样品提取液中无抗原，则不显颜色。

试纸条法简便、快速，一般只要5~10min即可获得检测结果。目前，许多公司已研制出特异的免疫试纸条，可检测转基因作物中特异表达的靶蛋白。如针对Monsanto公司转基因Roundup Ready大豆和油菜CP4EPSPS蛋白的检测试纸条、Star link玉米的Cry9c蛋白检测试纸条等。但由于一种试纸条只能检测一种目标蛋白质，而转基因食品种类繁多，每种转基因食品都要开发和建立专门检测试剂和方法，因此应用试纸条方法检测转基因食品仍有局限性。

（四）蛋白质芯片技术

蛋白质芯片技术原理与基因芯片技术原理相似，蛋白质芯片技术是利用抗原与抗体特异性结合，在蛋白质水平上对靶蛋白、配体及抗体检测，弥补了基因芯片技术的不足。其步骤主要是：通过将大量的蛋白质试剂或检测探针固定在玻片、硅胶、硝酸纤维膜（NC）或聚偏二氟乙烯（PVDF）膜等载体上，组成密集的阵列，从样品中提取靶蛋白，将靶蛋白提取液同蛋白质芯片一起孵育，当经荧光标记的靶蛋白与芯片分子发生结合反应时，其荧光强度利用电荷偶联照相系统或激光扫描系统进行检测，利用特定软件分析检测信号，即可检测靶蛋白及其含量。虽然蛋白质芯片在诸如医学等领域的研究与应用取得了一些进展，但与基因芯片技术相比，蛋白质芯片技术起步较晚，无论是在芯片制备还是在检测应用等方面都存在一些需要解决的问题，如固定于载体表面特异外源蛋白质易失去原有的空间构象从而失去活性；另外，一般样品中目标蛋白质的含量较低，所以该方法的检测灵敏度低，需要发展信号放大技术来解决这一不足。因此，到目前为止，该方法在转基因食品的检测领域应用较少。

三、其他转基因食品检测技术

（一）组学分析技术

组学分析技术是对一类个体系统集合的分析技术，主要包括蛋白组学、转录组学、代谢组学等技术。目前，组学分析技术已经在转基因食品分析中取得一定应用。蛋白组学是指研究一个细胞在特定时间和特定环境下所有蛋白质表达的技术。蛋白组学是对某一生物或细胞在特定生理病理状态下表达的所有蛋白质的特征、数量和功能进行系统性的研究，能在细胞整体水平上阐明生命现象的本质和活动规律。转录组学研究的则是细胞在某一功能状态下表达的全部基因总和。转录组学研究能够获得外源基因表达的信息以及外源基因插入后受体基因组表达的情况，对评价转基因食品的非期望效应有重要意义。代谢组学研究的对象是细胞在特定时间和条件下的所有小分子代谢物质。通过对这些物质的定性定量检测，代谢物质的内外因变化应答规律可以准确获得。应用组学分析技术研究小分子物质可以了解食品在体内的消化途径以及外源基因表达产物会引起何种变化。

组学分析的主要目的在于评价样品的非期望效应（unintended effects），从而能够正确地进行转基因食品危害识别（hazard identification）。组学分析可以避免常规评价方法（动物喂养实验）灵敏性差、耗时长及统计误差等问题。组学分析技术作为一项新兴的技术，因其通量高、客观、无选择性的技术优点，已经被越来越多的科研工作者关注并使用。但是，组学分析技术的分析对象没有形成全面的联系，容易造成错误分析结果或对评价系统造成影响，同时组学研究的数据量和成本也是一个不容忽视的因素。

（二）光谱学分析技术

转基因光谱学分析技术主要为近红外光谱检测。近红外光谱穿透力强，不需要对转基因食品进行预处理或基因组提取；能够表征基因结构变化所带来的构型变化，进而可以通过C—O键、C—H键、C—N键等数据变化看出基因表达的差异。近红外光谱分析技术利用光谱图和模拟软件对已知样品建库，样品信息库中包含了经过误差校正的大量不同来源的转基因与非转参照样品的数据，是生物信息学较为简单的模型。虽然转基因光谱学检测的准确性还有待考证，但这不能磨灭其简单快速的优势在无损检测方向所作出的贡献。鉴于消费者对转基因食品的安全问题格外关注，光谱学分析和组学分析一样，都关注转基因食品的非期望效应，这也是分析检测技术在评价期望效应基础上的一种补充。

由于组学分析技术和光谱学分析技术需要付出更多的时间和精力，采集足够多的数据量；同时，对成本的要求也是不容忽视的因素。因此，目前国内外对转基因食品检测技术的研究主要集中在DNA和蛋白质两个水平上。

转基因食品直接关系到人们的身体健康和经济利益，随着国内外对转基因食品检测技术研究的深入和人们对转基因食品检测技术要求的提高，迫切需要发展快速、准确、简便、高效、低消耗和适用面广的转基因检测技术。除以上介绍的技术和方法外，从分子水平检测转基因食品还有一些其他方法，如巢式定性PCR法、PCR-ELISA法、mRNA差异显示法、微卫星分子标记法和同工酶分析法等，这些方法都各有优缺点，需要不断地改进和完善，有时需要配合其他检测方法（包括非分子生物学技术方面的方法）来验证。

转基因食品的检测技术是转基因食品安全性评价和管理的必备手段，而转基因食品的检测方法有多种，并非任何一种检测方法对某种转基因食品的检测都行之有效。转基因食品检测主要针对的是转基因原料或产品的转基因成分，因此对插入的外源基因的全部信息及其表达产物对人体健康和环境的影响是监管者或消费者必须清楚的，这就对转基因食品的分析检测技术提出了更高的要求。应该根据食品种类和加工类型的不同，以及食品中可能含有的转基因片段的不同，选择最有效的检测方法。同时，随着基因工程技术的发展，更方便、有效、快速、准确的检测方法也正在逐步建立起来。

第七章 食品安全风险监测研究

第一节 食品安全风险分析概述

一、食品安全风险分析的定义和内容

(一) 食品安全风险分析的定义

食品安全风险是指由食品中的危害物产生的不良作用,包括不良作用产生的可能性及强度。它涉及那些能够长期或短期影响人体健康的各方面,包括物理的、化学的和生物的。这三大类危害对人体所造成的危害程度不同,危害过程也各不相同。

而食品安全风险分析是通过对影响食品安全质量的各种风险进行评估,定性或定量地描述风险的特征,并在参考有关因素的前提下,提出和实施风险管理措施,以控制或者降低食品安全风险,同时在风险评估和风险管理的全过程中保证风险相关各方保持良好交流状态的过程。

风险分析需贯穿整个食物链(从原料生产、采集到终产品加工、储藏、运输等),其中各环节的食源性危害均需被列入评估内容。考虑到评估过程中的不确定性、普通人群和特殊人群的暴露量差别、权衡风险与管理措施的成本效益、不断监测管理措施(包括制定的标准法规)的效果,需及时利用各种交流信息对各分析步骤进行调整。同时,由于食品安全风险分析是一门正在发展中的新兴学科,并且风险分析是以现代科学技术和很多生物学数据为基础的。因此,需要选择适当的模型及方法对食品的不安全性进行系统研究,以确保推导出科学、合理的结论,使食品的安全性风险处于可接受的水平。

风险分析是保证食品安全的一种新模式,它是制定食品安全标准和解决国际食品贸易争端的依据,在食品安全管理中处于基础地位。良好的风险分析体系不仅能保证广大消费者的食品卫生安全,将食源性危害降到最低程度,而且能维护食品生产企业的合法权益,还将对食品行业的健康发展起到巨大的促进作用。

（二）食品安全风险分析的内容

风险分析是一个由风险评估、风险管理和风险交流组成的连续的过程。风险评估是指利用现有的科学资料对包括食品中的添加剂、污染物、毒素或病原菌等在内的食源性危害对人体健康已知或潜在的不良影响的科学评价；风险管理是根据风险评估结果，选择和实施适当的措施，如制定最高限量、制定食品标签标准等，尽可能有效地控制食品风险，从而保护消费者健康、促进食品交易；风险交流是风险评估人员、风险管理人员、消费者和其他相关的团体之间就与风险相关的有关信息和意见进行相互交流，以便更好地完善决策的过程。

在风险分析的三个组成部分中，风险评估是整个风险分析体系的核心和基础；而风险管理能够为风险分析提供政策基础；风险交流则可以通过交换信息和观点，来提高整个风险分析过程的效果和效率。

二、食品安全风险分析的原则

目前，风险分析已被认为是制定食品安全标准的基础，其根本目的在于保护消费者的健康和促进公平的食品交易。良好的食品安全风险分析的执行需遵循以下几个原则。

（一）以保护消费者健康为首要目标

风险分析工作原则指出，风险分析要将保护消费者健康作为首要目标。确定风险的可接受水平时应主要考虑对人体健康的影响，但同时要避免造成不必要的贸易障碍，即在保证消费者健康的基础上，衡量对贸易双方的利益，选择最低限制的措施以保证公平贸易。

（二）以科学数据为基础

风险分析工作原则指出，风险评估应该以科学的数据为基础，并且尽可能采用定量信息以使结果形象化。这些数据包括发展中国家在内的世界不同地区的流行病学监测数据、分析数据和暴露数据，且尽量定量表述风险评估中的不确定性或变异性。同时在该过程中，应该考虑所有新产生的数据，定期评议和更新食品标准和相关文本，及时吸收新的科学知识及信息。

（三）透明、公开及文件化

风险分析工作原则要求风险分析的整个过程要透明和公开，并且将所有的内容文件化。风险分析工作原则强调，在风险分析过程中要同所有的利益相关团体进行充分的交流和磋商，其具体表现如下。

（1）确立风险评估政策时，风险管理者应咨询风险评估者和所有其他利益相关团体的意见。

（2）选择风险评估专家的过程要透明，且所选择的专家与评估结果间无利益冲突。

（3）风险评估中的每一步要明确考虑对风险评估影响的各个方面，并且在文件中写明。

（4）风险管理的整个过程要透明、一致，并全面文件化。

（四）强化相关职责和义务

风险评估主要由风险评估者负责，风险评估者和风险管理者应职能分离，避免职能混淆，以减少利益冲突，确保风险评估的科学完整性。

（五）将预防原则确定为风险分析的内在要素

所谓"预防原则"，即如果科学证据不足以完全评价来自食品的危险性，当危险性发生时，在一个合理的时间范围内，风险管理者可运用预警手段保护消费者健康，而不必等待其他科学数据和完全的风险性评估。

（六）需要考虑发展中国家的情形

风险分析工作原则表示，食品安全风险分析负责机构应该特殊考虑发展中国家在风险分析不同阶段中的要求和情形。选择风险评估的专家时，专家机构和咨询处应该确保发展中国家专家的有效参与；风险评估中应考虑获取的发展中国家的数据，并且在考虑经济后果及风险管理内容的可行性时，委员会及其附属机构应该特别注意发展中国家的情形。

三、我国食品安全风险分析的实施现状和建议

（一）我国食品安全风险分析的实施现状

长期以来，我国的食品技术体系主要是围绕解决食物供给数量而建立起来的，对于食品质量安全问题的关注原本就相对较少。加之近年来，由于食品种类的增加，很多新型食品未经过危险性评估，就已在市场上大量销售，给消费者的健康带来了更大的安全隐患。

我们国家在食品安全管理方面最初应用风险分析是在20世纪90年代中后期。一直以来，我国对食品安全的监管是以对不安全食品的立法、清除市场上的不安全食品和负责部门认可项目的实施作为基础的。这些传统的做法由于缺乏预防性手段，对食品安全现存及可能出现的危险因素不能做出及时且迅速的控制。

因此，我国的食品质量安全风险分析仍然处于初级阶段，与发达国家的危险性评估技

术相比，我国现行的风险分析技术仍然比较落后。近年来，我国商务、卫生、农业和检验检疫部门已逐步针对食品方面的危害分析开展工作，检验检疫部门也结合我国进出口贸易中出现的热点问题和国际热点问题在口岸开始进行应用实践。《食品安全法》首次增加食品安全风险评估这一重要内容，政府有关监管部门可以根据风险评估的结果对高风险的食品进行重点监管。

（二）我国食品安全风险分析的实施建议

国际上有关食品安全风险分析的发展和应用已取得一定的进展，但还有待于更深入的研究。在我国由于食品安全管理体制尚不完善，也没有固定模式可以遵循，食品安全风险分析工作尚处于摸索阶段。但我们相信，只要抓住时机，结合我国的实际情况来分析，很快就可以建立起一套科学的、具有中国特色的食品安全管理机制。

1.结合危害分析和关键控制点（HACCP）的宝贵经验

HACCP是一种食品生产过程中用于控制安全质量的措施，是通过对整个食品链包括原材料、生产、加工、流通、消费各个环节的物理性、化学性和生物性危害进行分析控制并对效果予以验证的完整控制程序。我国很多食品生产企业已经在生产过程中引用了HACCP管理，并在提高食品卫生质量以及降低食品危害中起到了不可估量的作用[1]。因此，可将HACCP作为一种强制性的标准予以实施，加强和规范食品卫生安全性管理，从而达到与国际接轨的标准。

2.以政府高度重视为可靠保证

食品安全管理是一种政府行为，我国各级政府高度重视食品卫生工作。卫生部门、工商部门、质量技术监督部门在政府的统一指挥领导下，根据各自职责明确分工、通力合作、及时沟通信息，能够最大限度地加大食品卫生的监督执法力度。同时，政府不断加大公共卫生事业的投入，也可进一步为实施风险管理提供可靠保证。

3.加大食品卫生安全监督力度

目前，我国实行的食品卫生标准、食品进入市场前的质量评估、食品市场准入制度及食品卫生许可制度等一系列风险管理标准还需要不断的补充和完善。食品检验、检疫机构和监督执法队伍还需要进一步加强，这是我们实施风险分析必不可少的条件。

只要我们坚持政府高度重视，加强相关部门的通力合作，依法充分发挥现有的技术优势和丰富资源，即可在原有风险管理措施的基础上建立起具有中国特色的食品安全风险分析体系。

---

[1] 张旭伟，马勇，张朝飞.食品安全风险评估与风险监测[J].中国食品，2021（5）：123-124.

第二节 食品安全风险监测

一、食品安全风险监测的定义和基本内容

食品安全风险监测,是指系统和持续地收集食源性疾病、食品污染及食品中有害因素的监测数据及相关信息,并进行综合分析和及时通报的活动。它具有系统性和持续性两大特点。

食品安全风险监测的基本内容如下。

(一)食品安全风险监测的对象与职责

食品安全风险监测主要有三项内容:一是食源性疾病,包括常见的食物中毒、人畜共患传染病、肠道传染病、寄生虫病等。食源性疾病的发病率居各类疾病总发病率的前列,是全球最突出的食品安全和公共卫生问题。二是食品污染,分为生物性污染和化学性污染两大类。生物性污染是指有害细菌、真菌、病毒及寄生虫对食品造成的污染;化学性污染是由有害有毒的化学物质对食品造成的污染。三是食品中的有害因素,主要包括食品污染物、食品添加剂、食品中天然存在的有害物质以及食品加工、保存过程中产生的有害物质。

食品安全风险监测的职责主要是发现食品中的安全风险,确认不安全食品和风险因子。监测项目主要包括致病性微生物、农药残留、兽药残留、重金属、过敏原物质以及其他危害人体健康的物质,重点针对婴幼儿或儿童食品、消费者关注或反映问题较多的食品以及使用范围广、消费量大的食品。通过对这些食品进行系统、持续的监测,找出其中带有共性和突出性的规律,为制定食品安全标准及其他相关政策提供依据。

(二)收集食品安全风险信息

国家市场监督管理总局和各省级工商部门通过建立自己的食品安全风险信息收集渠道收集如下各种信息:相关部委机构发布的食品安全风险监测和预警信息;省、地和市级食品安全监管机构发布的食品监测和抽检信息;各高校、研究机构和质检机构的食品安全研究信息;国内外食品安全相关期刊登载的食品安全信息;国外重要食品安全监管机构发布的食品安全预警和召回信息。

省级以上工商部门收集这些食品安全信息，并认真分析，找出常见的食品安全风险因素和各类食品的风险因子，特别是未知物或危害后果不明污染物的风险信息，以总结出主要的食品安全风险规律和潜在的风险因子。

（三）制订食品安全监测计划

省级以上工商行政管理部门根据收集到的食品安全风险信息制订本辖区食品安全年度监测计划或临时监测计划，对监测目标、监测范围、工作要求、组织保障和承担监测任务的技术机构作出明确规定。食品安全风险监测计划分为常规监测计划和临时监测计划。常规监测计划是为掌握食品安全总体状况而进行的系统的、持续的监测活动，一般以年度为一个监测时段。临时监测计划是针对食源性疾病信息、食品安全热点问题和新发现的食品安全风险而制订和实施的食品安全风险监测计划。

食品安全风险监测计划应包括承担监测任务的技术机构（采样机构、检验机构、结果汇总和分析机构等），各监测机构所承担的具体监测内容（样品种类、来源、数量、检验项目），样品的封装、传递及保存条件；采样方法、检验方法及依据；结果汇总及报送机构；监测完成时间及结果报送日期等内容。

食品安全监测是风险评估和风险管理不可或缺的基础性工作，也是实施食品安全预警的主要信息来源。食品安全风险监测除监测食源性疾病的暴发和发现公众健康问题外，监测结果也有助于评估食品安全问题的性质和程度，还可为剂量反应提供有用信息，确定风险评估的结果，并应用于风险管理。

二、食品安全风险监测的目标和实施

（一）食品安全风险监测的目标

食品安全风险监测是一项为了了解和掌握食品安全状况，对食品安全水平进行检验、分析、评价和公告而开展的活动。其主要目的不是针对某一个执法，而是掌握较为全面的食品安全现状，以便有针对性地对食品安全进行监管，并将监测与风险评估的结果作为制定食品安全标准、确定检查对象和检查频率的科学依据。

我国卫健委领导高度重视食品安全风险监测工作，并多次作出具体指示，提出建立先发制人的食品安全监控机制，要主动进行污染物监测、食源性疾病监测，主动发布有害物质黑名单信息，主动进行准确的风险识别和评估并及时发布权威的信息。根据国家有关指示，结合已有的工作基础及现状，我国的食品安全风险监测目标如下。

1.全国食品污染物监测能力的提高

近年来，建立起以中国疾病预防控制中心为平台，以省级疾病预防控制中心为补充,覆盖全国各市(县)并逐步扩展到农村的食品安全风险监测网络。将监测和信息收集工作延伸到食品生产、流通和消费的各个环节,开展污染源的追踪调查,对高风险食品原料、配料和食品添加剂开展主动监测[①]。制定国家食品安全风险监测计划和省级食品安全风险监测方案,通过系统性监测,努力将系统性风险遏制在萌芽状态。

2.食源性疾病监测能力的加强

食源性疾病监测能力的加强具体包括各医疗机构、疾病预防控制机构的疾病报告网络中的食源性疾病信息以及全国食物中毒报告信息的整合,食源性疾病监测数据的分析汇总以及我国食源性疾病的监测、报告和预警体系的建立。在进行食源性疾病致病因素监测的基础上开展风险监测,通过医疗机构和疾病预防控制中心的互动关系,可以及时捕获早期食源性疾病信息,实现主动收集、分析食品中已知和未知污染物以及其他有害因素的检测、检验和流行病学信息,并通过全国传染病与突发公共卫生事件网络系统报告,及时发现和通报食品安全隐患,做到早发现、早评估、早预防、早控制,减少食品污染和食源性疾病危害。

3.食品安全风险监测体系的建立

尽快组建起国家食品安全风险监测中心,并将其作为实施食品安全风险监测制度的具体承担机构,争取早日搭建起与国际接轨的国家食品安全风险监测技术平台,是建立有效食品安全风险监测体系的主要目标。

(二)食品安全风险监测的实施

国家建立食品安全风险监测制度,能够对食源性疾病、食品污染,以及食品中的有害因素进行监测以便及时控制。食品安全风险监测制度的建立使监测机构可以按照监测计划有目的地对食品中的有害污染物质进行动态监测检验,如发现有擅自添加物质的情况或有潜在风险危害后可上报委托部门或由卫健委组织专家进行安全风险评估。根据评估结果,一方面能够帮助指导制定或修订食品安全标准,另一方面可以指导食品安全监督管理工作。因此,为了达到上述的目标,必须贯彻实施食品安全风险监测体系,具体内容包括以下几点。

1.建立风险监测技术机构

《食品安全条例》规定食品安全风险监测工作由省级以上人民政府卫生行政部门会同同级质量监督、工商行政管理、食品药品监督管理部门等确定的技术机构承担。食品安全风险监测的技术机构应具备以下几个基本条件:较高的技术水准和质量控制能力,在同类技术机构中应具有较高的声望,具有国内一流的设备和高素质的技术人员,能够应对复杂样品和高难度的检测项目,具备能够在较短时间内完成大批量监测任务的能力。

① 孙红奎.食品安全风险分析与思考[J].大众标准化,2019(4):30-32.

2.实施监测计划

食品安全风险监测技术机构根据食品安全风险监测计划和监测方案开展监测工作。监测人员严格按照监测计划和执行方案进行食品抽样检验,在实际抽样检验过程中,如果发现监测计划和执行方案有不符合实际需要调整的情况,应及时通知监测计划委托方、总体负责人和相关人员,对监测计划和执行方案做出调整,并按照调整方案执行。

3.监测结果的分析处理

监测机构应该对检验结果进行及时处理,按照监测计划的要求,运用各种数学方法和统计学工具对检验监测数据进行分析处理,如食品的总体质量安全状况、不同食品的高风险因子、某种食品的主要不合格因素和在不同季度的安全质量状况等。承担监测的技术机构应保证监测数据真实、准确,并按照食品安全风险监测计划和监测方案的要求,将监测数据和分析结果报送省级以上人民政府卫生行政部门和下达监测任务的部门。

第三节　食品安全风险评估

一、食品安全风险评估的定义和基本模式

（一）食品安全风险评估的定义

对于食品安全风险评估,联合国粮农组织（CAC）、世界卫生组织（WHO）、《实施动植物卫生检疫措施的协议》（简称SPS协定）的定义各不相同。但一般认为食品安全风险评估是指根据科学对特定食品安全危害可能产生的后果及不确定性进行评价的过程。即通过使用毒理数据、污染物残留数据分析、统计手段、接触量及相关参数的评估等系统科学的步骤,对影响食品安全卫生质量的各种化学、物理和生物危害因素进行评估,定性或定量地描述风险的特征,提出安全限值的过程。可见食品安全风险评估针对的是食品链每一个环节和阶段,即对食品进行全面的评估,来估测食品的好坏和优劣,估测食品安全与否。

（二）食品安全风险评估的基本模式

食品安全风险评估的基本模式主要按照危害物的性质分为化学危害物、生物危害物和物理危害物。

1.化学危害物的风险评估

化学危害物通常包括食品添加剂、农药残留和兽药残留、环境污染物和天然毒素等种类。化学危害物的风险评估通常需经过如下的过程：首先将化学危害物的毒性进行动物毒理学研究，将毒理学试验获得的数据外推到人，计算人体的每日容许摄入量（ADI值）。严格来说，对于食品添加剂、农药残留和兽药残留，制定ADI值；对于环境污染物，针对蓄积性污染物如铅、铜、汞，制定暂定每周耐受摄入量（PTWI值），针对非蓄积性污染物如砷等制定暂定每日最大耐受摄入量（PMTDI值）；对于营养素，要制定每日推荐摄入量（RDI值）。然后，根据膳食调查和各种食品中化学物质暴露水平调查的数据，对化学危害物对人体的暴露剂量、暴露频率、时间长短、路径及范围进行确定。最后就暴露对人群产生健康不良效果的可能性进行估计。同时，需要说明风险评估过程中每一步所涉及的不确定性。

2.生物危害物的风险评估

食品总是带有一定的生物性风险，包括致病性细菌、病毒、蠕虫、原生动物、藻类和它们产生的某些毒素。相对化学危害物而言，目前尚缺乏足够的资料以建立衡量食源性病原体的风险的可能性和严重性。而且，生物危害物还会受到很多复杂因素的影响，包括食物从种植、加工、储存到烹调的全过程、宿主的差异（敏感性、抵抗力）、病原菌的毒力差异、病原体的数量的动态变化、文化和地域的差异等。因此，对生物病原体的风险评估以定性方式为主。

定性的风险评估取决于特定的食物品种，病原菌的生态学知识，流行病学数据以及专家对生产、加工、储存、烹调等过程有关危害的判断。

3.物理危害物的风险评估

物理性危害风险评估是指对食品或食品原料本身携带或加工过程中引入的硬质或尖锐异物被人食用后对人体造成危害的评估。食品中物理危害造成人体伤亡和发病的概率较化学性和生物性的危害低，但一旦发生，后果则非常严重，必须经过手术方法才能将其清除。

物理性危害的确定比较简单，不需要进行流行病学研究和动物试验，暴露的唯一途径是误食了混有物理危害物的食品，也不存在阈值。根据危害识别、危害描述以及暴露评估的结果给予高、中、低的定性估计。

食品安全风险评估是一种系统地组织相关技术信息及方法，用以回答有关健康风险的特定问题的过程，实践中要求其对相关信息进行整合，并根据信息做出推论。它是整个风险分析体系的核心和基础，是当前国际公认的各国政府制定食品安全政策法规和标准、解决国际食品贸易争端的重要措施。食品安全风险评估的开展应当以科学理论为基础。

二、食品安全风险评估的步骤

食品安全风险评估是基于可靠的科学数据和模型做出食品相关风险程度的逻辑推理，以鉴定人体因暴露于环境有害物质而引起的对健康不利的影响，从而得出对环境、人类健康可能造成的危害以及危害程度的结论。

一个完整的风险评估过程应当由危害识别、危害描述、暴露评估及风险描述四方面的内容所构成。可概括为以下几个问题：存在什么问题（危害的识别和确定）、问题出现的可能性（危害描述和暴露评估）、问题的严重性（风险描述）。

（一）危害识别

危害识别主要是指要确定某种物质的毒性（产生的不良后果），在可能时对这种物质导致不良效果的固有性质进行鉴定。通常按照下列顺序对不同的研究结果给予不同的重视：流行病学研究、动物毒理学研究、体外试验和定量的结构活性关系研究。在实际工作中，由于流行病学的数据往往难以获得，因此，动物试验的数据往往是危害识别的主要依据。动物试验的主要目的在于确定无可见作用剂量水平（NOEL）、无可见不良作用剂量水平（NOAEL）或者临界剂量。体外试验可以作为补充增加对危害作用机制的了解，但不能作为预测对人体危险性的唯一信息来源。通过定量的结构—反应关系研究，对于同一类化学物质，可以根据一种或多种化合物已知的毒理学资料，采用毒物当量的方法来预测其他化合物的危害。

（二）危害描述

危害描述是定量风险评估的开始，其核心是剂量—反应关系的评估。其主要内容是研究剂量反应关系，是定性或定量地评价危害对健康产生副作用及其性质的过程，对由剂量反应或已有资料确定的危害从生物学、毒理学、剂量反应关系方面进行审慎的阐释[1]。通常该过程需要把动物实验中的研究数据外推到一般人群，计算每日容许摄入量（ADI值）或暂定每日耐受摄入量，当前普遍采用的外推方法分为两类，即安全系数法和数学模型法。安全系数法用来估计不致病上限——可接受的暴露量，即以最敏感实验动物种类表现出的最敏感毒理学效应。但是，这一方法不适用于遗传毒性致癌物，因为此类化学物没有阈值，不存在一个没有致癌危险性的低摄入量。

（三）暴露评估

暴露（摄入量）评估是对人体接触化学物进行定性和定量评估，确定某一物质进入机

---

[1] 贺彩虹，申菊，李滢. 食品安全风险研究现状综述 [J]. 中国调味品，2021，46（7）：181-185.

体的途径、范围和速率，用以估计人群对环境暴露物质的浓度和剂量。摄入量因文化、经济、生活习惯等因素而不同，因此，任何一个国家或地区都需要进行摄入量评估。无论是制定国家食品标准，或是参与制定国际食品标准，乃至解决国际食品贸易争端，都必须有本国的摄入量数据。因此，如果没有摄入量数据，所制定的ADI值或PTWI值都没有意义。摄入量评估所需的基本数据为食品中化学物或微生物的含量及食品消费量，具体方法有总膳食（total diet study）法和双份饭（duplicate plate）法等。总膳食法研究将某一国家或地区的食品进行聚类，按当地菜谱烹调成能够直接入口的样品，通过化学分析获得整个人群的膳食摄入量；而双份饭法研究则对个别污染物摄入量的变异研究更加有效。

（四）风险描述

风险描述，是对暴露因素对人群产生健康不良效果的可能性进行估计，是危害确定、危害描述和暴露评估的综合结果，是整个风险评估的核心步骤。风险描述除对发生副作用的可能性及其严重性进行定量、定性描述，也对评估本身相关的不确定性进行描述。对有阈值的危害因素进行风险描述，可以采取直接比较方法，如将人群的风险与ADI值比较，如果摄入量低于ADI值，则对人体健康产生的不良作用的可能性可忽略不计，反之则必须降低摄入量；对没有阈值的，则要对摄入量和危害强度进行综合考虑，计算人群危险性来评价其是否可以接受（不构成危险）或不可以接受（构成危险）。风险描述需要说明风险评估过程中每一步所涉及的不确定性。

第四节 食品安全风险管理

一、食品安全风险管理的定义和内容

（一）食品安全风险管理的定义

食品安全风险管理是有别于风险评估的，通过咨询其他权益机构或个人和充分考虑风险评估及消费者健康保护相关因素而对政策选择进行权衡，必要时提出适当防止及控制措施的过程。

具体而言，食品安全风险管理是政府决策者根据风险评估结果制定相应的对策和管理措施。作为立法或监督部门的工作，它包括制定和实施国家法律、标准以及相关监管措

施，其受各国政治、经济发展水平和生活习惯的影响。风险管理应把人民健康作为第一考虑要素，同时需要考虑经济费用、效益、技术可行性、对风险的认知程度等因素。

风险管理的主要目标是通过选择和采取适当的政策措施，确保各种食品的安全卫生，尽可能有效地控制或减少食源性危害，降低消费者遭受食源性危害的风险，从而减少食源性疾病的发生，保护公众健康。

根据食品安全风险管理的目标和食品"安全与卫生"的概念，了解减少某种食品可能存在的危害与降低引起人体健康危害的风险之间存在的密切联系，对于制定和选择相应的食品安全控制政策与措施具有十分重要的意义。措施包括制定最高限量，制定食品标签标准，实施公众教育计划，通过使用其他物质或者改善农业或生产规范以减少某些化学物质的使用等。

另外，为了做出风险管理决定，风险评价过程的结果应当与现有风险管理选项的评价相结合。执行管理决定之后，应当对控制措施的有效性以及对暴露消费者人群的风险影响进行监控，以确保食品安全目标的实现。

（二）食品安全风险管理的内容

食品安全风险管理是基于风险分析和干预，以达到食品安全目的的一种总体方法架构，其主要内容包括食品安全的风险评价、风险管理选择的评估、风险管理措施的实施及其效果评价等一系列食品安全管理活动。

食品安全风险评价的基本内容包括确认食品安全问题、描述风险概况、就风险评估和风险管理的优先性对危害进行排序、有重点地开展风险评估和风险管理、为进行风险评估制定风险评估政策、决定进行风险评估以及对风险评估结果的审议。

风险管理选择评估的程序包括确定现有的管理选项、选择最佳的管理选项（包括考虑一个合适的安全标准）、选择最恰当的安全卫生标准、选定拟实施的风险管理措施。

风险管理措施的实施即上述各项完成后，对选定的各项风险管理措施实施和执行的步骤。

实施效果评价是对风险管理措施的实施效果进行评估，对采取的风险管理措施进行分析，必要时进行审查的过程。

二、食品安全风险管理的必要性和原则

（一）食品安全风险管理的必要性

随着当今社会经济、科学技术的发展，市场经济呈现供过于求的状态，人们的物质需求和生理需求也随着社会发展、科学进步、市场繁荣而发展到较高层次，即不仅要吃饱，

还要吃好，更要吃得营养、科学，这是因为人们的需求意识是由物质条件决定的。而且，结合我国的食品安全现状，为了满足消费者吃得好、营养、安全的要求，食品安全风险管理是保证食品企业在激烈的竞争中得以生存的必要条件。

同时，随着对外经济贸易的迅速发展，我国与诸多国家签订了自由贸易协定，建立了自由贸易区，我国的特色食品势必在经济全球化中占有越来越重要的地位和份额[1]。然而，随着经济全球化和科学技术的不断发展，新农药、兽药、添加剂等问题也层出不穷，造成的食品污染问题日益严重。

近年来，日本、韩国、美国、欧盟地区国家等对我国农产品出口设置的技术性或者歧视性贸易壁垒越来越多，其中既有国外贸易保护主义的因素，也有中国农产品生产标准化程度低、农药残留超标等因素。因此，为了给我国农产品出口营造良好的环境，必须对农产品源头、加工和出口的食品安全问题进行科学的全过程风险管理，建立切实有效的食品安全风险管理体系。

（二）食品安全风险管理的原则

为了对食品安全问题进行更为有效的管理和控制，许多国家根据国际公认的食品安全管理理论制定了食品安全风险管理战略，包括查明各种食品安全问题、确定影响食源性疾病发病的主要因素、对食品安全进行风险评估、选择切实可行和预计会产生最佳效果的风险管理措施等。关于食品安全风险管理的有关原则建议如下。

1.风险管理应当遵循方法的总体框架

风险管理方法的总体框架包括风险评价、风险管理选择评估、风险管理实施和实施效果评价等内容。当然，在某些情况下食品安全风险管理活动可以是其中的部分内容，如食品标准组织主要负责组织食品标准的制定工作，而食品安全管理部门主要负责管理措施的实施等。

2.以保护人体健康作为风险管理活动的基本出发点

在决定食品安全风险的允许水平时，首先应当考虑人体健康，避免在缺乏科学依据的情况下随意地确定风险水平。同时应避免风险水平上随意性和不合理的差别，另外还要考虑风险管理的其他因素，这些考虑不应是随意性的，而应当是清楚和明确的。

3.风险管理措施的决策过程应当公开透明

风险管理应当包含风险管理过程（包括决策）所有方面的鉴定和系统文件，从而保证决策和执行的理由对所有有关团体是透明的。

4.风险评估政策应作为风险管理的一项特设制度

风险评估政策为针对某些食品安全问题，开展以正确判断其关键控制点和政策措施选

---

[1] 尹世久，李锐，吴林海，等.中国食品安全发展报告 2018[M].北京：北京大学出版社，2018：12.

择为主要内容的风险评估提供了政策依据和技术指南。具体而言，风险评估政策是为价值判断和政策选择制定的准则，这些准则将在风险评估的特定决定点上应用，因此，最好在风险评估之前，与风险评估人员共同制定。从某种意义上讲，决定风险评估政策往往成为进行风险分析实际工作的第一步。

5.应当明确风险管理与风险评估的职责与分工

为确保风险评估过程的科学性，减少风险评估与风险管理之间可能产生的分歧，应当将风险评估与风险管理两项职责加以区别和分工。但应当清醒地认识到，风险分析是一个循环往复的过程，风险管理人员和风险评估人员之间的相互作用在实际应用中是至关重要的。

6.风险管理决策应考虑风险评估的不确定性

风险评估结果的不确定性应尽量以数量指标来表示，并以简明的方式传达给风险管理人员，以便后者在决策过程中能全面把握不确定性的范围，审慎做出决策。如果风险估计很不确定，风险管理决策将非常有限。

7.风险管理过程应与有关方面建立良好的交流关系

与有关方面建立良好的交流关系是风险管理活动的一个重要组成部分，在风险管理过程的所有方面，都应当与消费者和其他有关团体进行清楚的相互交流。风险交流不仅是信息的发布，更重要的是通过风险交流的过程，把各方面的意见和建议收集起来，并结合到风险管理的决策过程中。

8.重视风险管理措施的效果分析与评价过程中形成的各种资料

在应用风险管理决定之后，应当通过开展检测和其他有关活动，对风险管理政策与措施的实施效果定期进行评价，以便确定和分析其在实现食品安全目标中的效果。为进行有效的审查，监控检测和其他有关活动是必须执行的。

三、针对我国食品安全风险管理实施现状的建议

（一）建立专门的食品安全风险管理的国家级机构

从美国和欧盟地区国家的食品安全风险管理体系可以看出，当今国际上共同的趋势是设立一个部门负责风险评估和风险交流。而中国食品安全管理体系中的弊端决定了中国需要建立一个国家级的食品安全管理机构，一改多头监管的混乱局面，无论是评估还是交流，都应该由这个国家级机构来负责，评估和交流作为这个机构的两个子机构，各司其职。

对于风险管理，《食品安全法》中也增加了几款关于风险管理的规定，由此明确了"风险管理"在行政管理和执法中的法律基础。但与国际水平相比，中国食品安全领域开

展风险管理尚处在需要大量实践的阶段，技术手段和专家资源都集中在国家级业务机构中，在现有基础上建立国家级的管理机构，可以最大限度地利用现有的资源，还可以避免不同地区各自的管理冲突、不同部门分阶段管理导致方法不统一、结果不同等混乱局面。建立这样一个国家级的食品安全管理机构，会更有效地处理各类食品安全事件，也使得中国的食品安全风险管理体系更好地与国际接轨。

（二）建立科学、统一的食品安全标准化体系

由于中国法律法规体系不完善，食品安全监管体制不顺，机制不健全，加之地方保护主义严重，以致缺乏统一的新的食品安全标准和检测标准，部门之间标准不一致，各自为政，甚至相悖，也由于标准不统一，弱化了企业的市场适应能力和竞争能力，影响了企业的发展。在国内外市场经济活动中也常常出现纠纷和摩擦，"公说公有理，婆说婆有理"，法律责任难以界定，执法力度严重萎缩。所以，随着科学技术进步和社会经济的发展，建立科学、统一的食品安全标准和检测标准体系，使其有法可依、有章可循就成为食品安全风险管理和食品工业现代化、高科技化的当务之急。

（三）建立科学、统一的食品安全检测体系

食品安全检验检测是食品安全风险管理的重要手段之一，它为食品安全风险管理提供重要的技术支持和管理政策依据。目前，中国食品安全检验检测体系的基础框架虽然已经初步形成，但是，食品安全检验检测机制、设施、技术力量和手段等还不够完善，食品安全风险检验检测体系建设还需要不断加强。当前存在的突出问题是质监、卫生、农业等部门往往按照本部门颁布的有关规定进行检测，检测的结果比较独立，部门与部门之间缺乏良好的共享和互认机制。检测结果部门间差异较大，影响检验体系整体作用的发挥。由此可以看出，建立科学、统一的食品安全检测体系以强化技术监管，是加强食品安全风险管理必不可少的重要保证。

（四）尽快启动食品安全风险评价体系建设

准确的食品安全风险评价结果，是进行食品安全风险管理的前提。因此，为保证风险管理的顺利进行，应尽快建立起专业的食品安全风险评价体系。同时，注意就风险评估技术和有关数据资料与发达国家加强交流，及时获取来自其他国家的危险性评价资料。也需要对一些具有中国特色的食品加工技术、影响因素开展前瞻性的食品安全风险评价，为制定食品安全标准提供科学依据，也为食品安全预警预报提供信息，以便对可能出现的食品安全事故做出及时有效的预报和处理。

第五节 食品安全风险交流

一、食品安全风险交流的定义和内容

(一)食品安全风险交流的定义

为了确保风险管理政策能将食源性风险降到最低限度,在风险分析的所有过程中,相互交流均起着十分重要的作用。食品安全风险交流是指在整个风险分析过程中关于风险、风险因素和风险概念以及所有相关信息和观点的交换,它可用于解释风险评估结果,是风险管理决策的基础。

风险交流应当包括下列组织和参与人员:国际组织、政府机构、企业、消费者和消费者组织、学术界和研究机构以及大众传播媒介(媒体)。其原则包括首先要了解听众和观众;其次要有科学专家的参与以及建立交流的专门部门,使之成为信息的可靠来源,同时要区分科学与价值判断;最后要求全面地认识风险,同时保证信息交流的透明度。

风险交流是风险管理者最重要的任务之一,通过食品安全风险交流所提供的资源,综合考虑所有相关信息和数据,能够为风险评估过程中应用某项决定及相应的政策措施提供指导,并且保持风险管理者和风险评估者之间,以及他们与其他有关各方之间的公开交流,以改善决策的透明度,提高对各种产生结果的可能的接受能力。

(二)食品安全风险交流的内容

食品安全风险交流的许多步骤是在风险管理人员和风险评估人员之间进行的内部反复交流。其内容主要包括风险性质、利益性质、风险评估的不确定性及风险管理选择。

(1)风险性质:包括有关危害的特性和重要性;风险的大小和严重程度;问题的紧迫性和发展趋势;危害暴露的可能性以及暴露的分布范围;能够构成显著风险的暴露量;风险人群的性质和规模;最高风险人群。

(2)利益性质:涉及与每种风险有关的实际或者预期利益;受益者和受益方式;风险和利益的平衡点;利益的大小和重要性;所有受影响人群的全部利益。

(3)风险评估的不确定性:包括所利用评估风险的方法;不确定因素的重要性;可利用资料的准确性;估计所依据的假设;估计对假设变化的敏感度;有关风险管理决定的

估计变化的效果及其对风险管理决策的影响。

（4）风险管理选择：涉及控制或管理风险所采取的措施；减少个人风险所采取的个人行动；选择具体风险管理决策的理由；特殊决策的效益；受益者；管理风险的花费及来源；一个风险管理选择决策实施后的风险继续。

需要指出的是，在进行风险交流的实际项目时，并非风险交流几个部分的所有具体内容都必须包括在内，但是某些步骤的省略必须建立在合理的前提下，而且整个风险交流的总体框架结构应当是完整的。

二、食品安全风险交流的目标及现状

（一）食品安全风险交流的目标

风险情况交流的目的主要包括以下几点：

（1）提高所有参与者对风险分析过程具体问题的认识和理解；

（2）提高制定和执行风险管理决定的一致性和透明度；

（3）为理解建议的或执行中的风险管理决定提供坚实的基础；

（4）提高整个风险分析过程的效果和效率；

（5）当风险交流被列为风险管理的一部分时，它们可以对信息的有效传递和培训计划的开展起到重要作用；

（6）促进风险交流过程中所有参与者之间的交流；

（7）增强参与者之间的工作关系和相互尊重；

（8）交换有关团体关于食品风险及相关话题的知识、态度、价值、实践和意识等的信息；

（9）培养公众对食品供应安全的信赖和信心。

（二）食品安全风险交流的现状

在目前的国际食品贸易中，有效的风险交流是保证食品安全的基础。另外，风险交流体系的建立，也为各国在食品安全领域建立合理的贸易壁垒提供了一个可行的信息途径。按照目前的发展趋势，风险交流很可能成为将来制定食品安全政策、解决一切食品安全事件的必经之路，同时将提供有效的信息，以促进合理分配食品安全管理资源。

目前，我国进行有效的风险情况交流还存在以下三个方面的障碍。

（1）在风险分析过程中，企业由于商业等方面的原因、政府机构由于某些原因，不愿意交流他们各自掌握的风险情况，造成信息获取方面的障碍；另外，消费者组织和发展中国家在风险分析过程中的参与程度不够。

（2）由于公众对风险的理解、感受性的不同以及对科学过程缺乏了解，加之信息来源的可信度不同和新闻报道的某些特点以及社会特征（包括语言、文化等因素）的不同，造成进行风险情况交流时的障碍[①]。因此，为了进行有效的风险情况交流，有必要建立一个系统化的方法，包括搜集背景和其他必要的信息、准备和汇编有关风险的通知、进行风险传播发布、对风险情况交流的效果进行审查和评价。另外，对于不同类型的食品风险问题，应当采取不同的风险情况交流方式。

（3）对于食品安全风险交流信息，需要国家有统一的渠道予以发布和解释。食品安全信息是国家制定食品安全政策、法规的基础，也是现代食品安全保障体系建设的重要内容，是风险管理有效实施的重要手段，关系到社会稳定和食品行业的发展。在食品安全事件中，公众主要依靠政府提供权威而专业的信息，中国有必要加强对媒体、对公众提供针对事件特定内容的信息服务，而最有效的方式就是通过政府的相关机构开展这方面的工作。因此，建立国家级统一的风险交流机构，无疑有利于这方面工作的开展。

---

① 杜沤. 从食品安全风险特点的角度看我国食品安全社会共治法律制度[J]. 食品科学，2016，37（19）：263-268.

第八章 食品与食品加工技术

第一节 食品的分类

一、食品的定义

食物与食品是既有联系又相互区别的两个概念。食物（Foodstuff）是指人体生长发育、更新细胞、修复组织、调节机能必不可少的营养物质，是产生热量保持体温、进行体力活动的能量来源。食品（Food）是指具有一定营养价值的、可供食用的、对人体无害的、经过一定加工制作的食物。

"食品"指各种供人食用或者饮用的成品和原料，以及按照传统既是食品又是药品的物品，但是不包括以治疗为目的的物品。这样一个食品的概念既包含了食物和有包含了食品。

二、食品的功能

（一）营养功能

食品的主要功能之一是提供人体所需的营养素，以确保身体正常运作和健康生长。在日常生活中，我们需要通过摄取各种食物来获取身体所需的营养素。这些营养素包括蛋白质、维生素、矿物质、膳食纤维、碳水化合物、脂肪等。不同的食物种类含有不同的营养素，因此合理的饮食搭配非常重要。营养不足或过量都会对身体造成不良影响。

选择健康的食品并不意味着可以忽视均衡饮食的重要性。每种食品都有其优点和局限性，我们需要综合考虑各种营养素和食物来源，以确保我们的饮食能够为自身提供全面的营养。此外，随着现代社会的快节奏生活和工作压力，我们也需要关注食品的加工方式和添加剂，以确保我们的饮食安全和健康。

总的来说，食品的营养功能是多方面的。它们不仅为我们提供了必要的营养素，而且帮助我们保持身体健康和活力。通过选择健康的食品来源和均衡的饮食，我们可以更好地照顾自己的健康。

(二)感官功能

在我们日常生活中,食品不仅是满足我们生存需求的物质载体,更是一种极具感官魅力的艺术。它们在味觉、嗅觉、视觉和触觉等感官功能上,为我们带来了丰富的体验和享受。

首先,食品的味觉功能无疑是其中最引人入胜的一部分。各种食物的滋味各具特色,如酸、甜、苦、辣、咸等,每种滋味都为我们带来了不同的感官享受。而食品中的香气,更是味觉体验的点睛之笔。香气能够刺激我们的嗅觉神经,引发丰富的联想,使我们仿佛置身于美食的海洋中。

其次,视觉在食品体验中也扮演着重要的角色。食品的颜色、光泽和形态,都能影响我们的食欲。例如,鲜艳的色彩往往更能引起我们的食欲,而光滑的表面和优美的形态则能增加食品的美感。此外,食品的包装设计也同样重要,它不仅影响着食品的视觉美感,而且影响着消费者的购买意愿。

最后,触觉在食品体验中也占有一定地位。食品的质地、口感和温度都能影响我们的感官体验。例如,软硬适中的口感、细腻的质地和适当的温度都能为食品体验增色不少。此外,食品的切割和分装方式也会影响其触感,从而影响消费者的购买意愿。

食品的感官功能不仅丰富了我们的生活,也为食品行业带来了巨大的商机。通过精心设计食品的感官体验,我们可以提高消费者的购买意愿,增加销售额。同时,这也对食品行业的创新提出了更高的要求,我们需要不断探索新的食品种类和制作工艺,以满足消费者日益多样化的感官需求。

总的来说,食品的感官功能是其在日常生活中不可或缺的一部分。它通过味觉、嗅觉、视觉和触觉等感官体验,为我们带来了丰富的享受和乐趣。而随着消费者需求的不断变化,我们也需要不断探索和创新,以满足消费者日益多样化的感官需求,为食品行业的发展注入新的活力。

(三)调解功能

随着现代生活节奏的加快,我们越来越意识到健康饮食的重要性。食品不仅仅为我们提供所需能量的物质,也在维护我们的健康、调节我们的生活方面发挥着关键作用。下面,我们将探讨食品的几种重要调解功能,了解它们是如何帮助我们实现更健康、更平衡的生活。

首先,我们需要了解食品在消化系统中的重要作用。许多食品,如蔬菜、水果和全谷物,富含纤维素和益生菌,有助于维持消化系统的健康。这些食品有助于清除肠道内的废物和毒素，增强免疫系统，从而预防许多常见的消化问题。

其次，食品中的营养成分对我们的心理健康也有积极影响。研究表明，富含抗氧化剂和维生素的食品，如坚果、绿叶蔬菜和深色水果，可以降低抑郁和焦虑的风险。此外，某些食品，如含有色氨酸和苯丙氨酸的奶制品，有助于促进睡眠质量。因此，合理选择食品可以有效地帮助我们应对压力，保持良好的情绪状态。

再次，食品在能量调节方面也起着关键作用。一些食品，如坚果、种子、瘦肉和鱼类等高蛋白食品，可以提供持久的能量来源，帮助我们在长时间的工作或活动中保持精力充沛。此外，碳水化合物食品如全谷物和水果中的复杂糖分，能为身体提供稳定的能量供应，使我们在日常生活中更加灵活。

复次，我们还要了解食品对代谢调节功能的影响。食品中的某些成分可以直接影响我们的脂肪代谢。例如，茶多酚和咖啡因等成分有助于促进脂肪燃烧，降低体重过重和肥胖的风险。通过合理选择食品，我们可以有效控制体重，改善身体成分比例。

最后，我们需要强调的是食品对免疫系统的调节作用。健康的免疫系统是我们抵抗疾病的关键。富含抗氧化剂、维生素和矿物质的食品可以帮助我们增强免疫系统，提高身体对各种疾病的抵抗力。同时，良好的饮食习惯还能帮助我们预防感染和炎症的发生。

总的来说，食品在我们的生活中扮演着重要的调节角色。它们不仅为我们提供能量和营养，还对我们的消化系统、心理健康、能量水平和代谢功能产生深远影响。通过合理选择和搭配食品，我们可以实现更健康、更平衡的生活。

在选择食品时，我们应该注重多样、均衡和适量摄入的原则。多食用新鲜、无添加剂的食品，选择富含营养且健康的食品种类。

此外，避免过度加工和高糖高脂的食品也是至关重要的。养成良好的饮食习惯需要时间和耐心，但长期坚持将为我们带来许多益处。

三、食品的构成

在我们的生活中，食品扮演着重要的角色，它是我们获取身体所需的各种营养物质的来源。了解食品的构成有助于我们更好地理解和选择食物。下面，我们将对食品的构成进行详细的解析，主要分为两部分：内源性物质成分和外源性物质成分。

（一）内源性物质成分

内源性物质成分是食品本身所具有的成分。食品成分主要包括以下几大类。

1.水

水是食品中最基本的成分，它占据了大多数食品的大部分体积。水在食品中起着多种作用，包括保持食品的湿润度、润滑食物的口感、帮助消化等。对人体而言，水是维持生命必不可少的物质，它参与了人体的各种生理活动，如新陈代谢、废物排泄等。

然而，我们摄入的水并非纯净的水，而是含有各种化学成分的"活性水"。这些化学成分可能会影响人体的健康，尤其是当这些成分超过一定限度时。因此，我们需要选择那些富含活性水的食品，如新鲜的水果和蔬菜等。同时，我们也需要控制饮水量，避免过量摄入。

2.甲壳素

甲壳素是一种天然的碳水化合物，它广泛存在于自然界中的甲壳类动物外壳中。这种碳水化合物具有许多独特的性质，如高黏性和独特的生物活性。在食品中，甲壳素不仅可以增加食品的口感和风味，还可以帮助保持食品的新鲜度。

此外，甲壳素还具有许多健康益处。它被认为是一种天然的纤维来源，可以帮助改善消化系统，促进肠道健康。同时，甲壳素还可以与食物中的其他成分结合，减少有害物质的吸收，从而有助于预防某些疾病。

为了充分利用甲壳素的优势，我们可以尝试将其添加到我们的日常饮食中，例如，使用甲壳素制成的食品添加剂或调味品。

3.蛋白质

蛋白质是构成人体细胞的基本成分。它提供了身体所需的能量，帮助维持身体正常的生理功能。蛋白质的主要来源是肉类、鱼类、豆类、奶制品和蛋类。优质的蛋白质可以帮助身体修复组织，增强免疫力，促进生长发育。

4.脂肪

脂肪是人体必需的营养素之一，它为身体提供了大量的能量，并有助于维持体温、保护身体组织和器官。脂肪的主要来源包括肉类、鱼类、乳制品和植物油。适量地摄入脂肪对于维持身体的健康和正常的生理功能是必要的，但过量摄入可能会引发肥胖、心血管疾病等问题。

5.糖类（碳水化合物）

碳水化合物是人体主要的能量来源，它们被分解成葡萄糖，为身体提供能量。碳水化合物包括单糖、双糖和多糖，主要存在于谷物、水果、蔬菜和糖制品中。适量摄入碳水化合物对于维持身体的正常功能是必要的，但过量摄入可能会引发肥胖和糖尿病等问题。

6.维生素

维生素是一类微量营养素，它们在人体内发挥着至关重要的作用，包括维持正常的生理和代谢功能。维生素通常存在于新鲜的水果、蔬菜和全谷物中，这些食品是日常饮食的重要组成部分。一些常见的维生素包括维生素A、B族维生素、维生素C和维生素D，以及维生素E等。这些维生素在人体内起着不同的作用，如维护皮肤健康、增强免疫系统、促进骨骼发育等。

7.无机质（矿物质）

矿物质是另一种重要的食品成分，它们在人体内起着至关重要的作用。矿物质包括铁、钙、磷、镁等，它们是构成人体组织和维持正常生理功能所必需的。矿物质对于维持骨骼健康、神经传导、血液凝固等过程至关重要。许多矿物质也存在于各种食品中，如牛奶、肉类、豆类和坚果等。

8.膳食纤维（纤维素）

膳食纤维是一种复杂的碳水化合物，它不被人体消化酶消化，却是饮食中不可或缺的一部分。膳食纤维的主要来源是全谷物、蔬菜和水果。这种成分对于维持肠道健康和消化系统功能至关重要，因为它有助于清除肠道内的废物和毒素，并促进益生菌的生长。此外，膳食纤维还可以帮助控制体重和预防某些慢性疾病，如糖尿病和心血管疾病。

总的来说，食品的成分对于维持身体的健康和正常功能至关重要。了解食品的成分可以帮助我们选择适合自己营养需求的食品，避免过量摄入某些有害的物质，从而保持健康的身体和良好的生活质量。

（二）外源性物质成分

外源性物质成分则是食品从加工到摄食全过程中人为添加的或混入的其他成分。

（1）加工食品。其包括经过加工的谷物、肉类、奶制品等，其中可能含有添加剂、防腐剂、色素等化学物质。

（2）农药残留。在某些情况下，食品可能含有农药残留，特别是当它们在生长过程中接触过农药时。

总的来说，食品的构成是复杂的，它包含了各种对我们身体至关重要的物质。了解这些物质有助于我们更好地理解食品的质量和安全性，以便我们能做出更健康的选择。此外，我们也应该注意食品安全的重要性，避免摄入有害物质，确保我们的健康和福祉。因此，选择新鲜、无农药残留的食品是至关重要的。同时，我们应该尽量选择天然、无添加剂的食品，因为这些食品往往更健康、更安全。当然，这也需要我们增强食品安全意识，进行科学的选择和决策。在选择食品时，我们需要考虑许多因素，包括营养价值、食品安全性和价格等。同时，我们也应该注重饮食多样性，以确保我们均衡获得身体所需的各种营养素。只有这样，才能真正享受食品带给我们的健康和幸福。

四、食品的分类

（一）按照储藏方法分类

1. 罐藏食品

罐藏食品是一种通过高温灭菌，并在无菌条件下密封在金属罐、玻璃瓶或塑料袋中的食品。这类食品通常包括罐头水果、蔬菜、肉类和鱼类等，它们可以在常温下长时间保存，无须冷藏或冷冻。

2. 干制食品

干制食品是指通过去除大部分水分，从而延长食品的保质期并保持其原有营养的一种储藏方法。常见的干制食品包括干果、蔬菜、海带、木耳等，它们在烹饪前需要经过烘烤或晒干的过程。

3. 冷冻食品

冷冻食品是通过低温储藏，保持食品的新鲜度和口感的一种方法。冷冻食品包括冰激凌、奶酪、肉类、鱼类、蔬菜等，它们在-18℃以下保存，可以延长保质期并保持食品的新鲜度。

4. 腌渍食品

腌渍食品是通过盐、糖、酸等腌制材料腌制食品，从而延长保质期并改变其口感的一种贮藏方法。常见的腌渍食品包括泡菜、咸菜、酱菜等，它们通常具有独特的味道和风味。

5. 烟熏食品

烟熏是一种传统的食品贮藏方法，通过高温烟熏和快速干燥，使食品表面形成一层烟熏薄膜，从而延长保质期并改变其口感。烟熏食品包括熏鱼、熏肉、熏香肠等，它们通常具有独特的烟熏香气。

6. 发酵食品

发酵食品是指通过微生物发酵而制成的食品，它们通常具有独特的味道和营养价值。常见的发酵食品包括酸奶、泡菜、酱油等，它们在发酵过程中会产生乳酸菌等有益微生物，对人体健康有益。

7. 辐射食品

辐射储藏是利用放射性钴-60产生的辐射线对食品进行处理，从而杀灭微生物并抑制其繁殖，达到延长保质期的一种方法。辐射食品的种类较少，主要应用于高价值或高风险的食品，如肉类和乳制品等。

总的来说，食品的分类方式有很多种，按照储藏方法分类是一种常见的方式。每种储藏方法都有其独特的优点和缺点，适用于不同类型的食品。了解各种储藏方法的原理和适用范围,对于我们选择合适的食品和正确地保存食品非常重要。

(二)按照原料种类分类

1.果蔬制品

果蔬制品是指以水果和蔬菜为主要原料,经过加工处理,添加或不添加辅料,制作而成的食品。这些食品通常保留了水果和蔬菜原有的营养成分,口感鲜美,是健康饮食的重要组成部分。常见的果蔬制品包括果汁、果酱、蔬菜泥、干果等。

2.谷物制品

谷物制品是以谷物为主要原料,经过加工制作而成的食品。这些食品通常具有丰富的膳食纤维和碳水化合物,能够提供人体所需的能量。常见的谷物制品包括米粉、麦片、玉米渣、面包等。

3.乳制品

乳制品是以牛奶或羊奶为主要原料,经过加工制作而成的食品。这些食品富含蛋白质、钙、维生素等营养成分,对人体健康有着重要的意义。常见的乳制品包括牛奶、酸奶、奶酪、奶粉等。

4.水产制品

水产制品是以海洋和湖泊中的水产品为主要原料,经过加工处理,制作而成的食品。这些食品富含蛋白质、矿物质和维生素,是健康饮食的重要组成部分。常见的水产制品包括鱼片、鱼罐头、海鲜酱、虾仁等。

5.肉制品

肉制品是以畜肉、禽肉等为主要原料,经过加工处理,制作而成的食品。这些食品富含蛋白质、脂肪和矿物质等营养成分,是人体必需的营养来源之一。常见的肉制品包括猪肉脯、牛肉干、火腿肠、鸡肉块等。

以上就是按照原料种类分类的食品的主要种类。不同的食品种类,其营养成分和健康价值也有所不同,因此在选择食品时,需要根据个人的身体状况和营养需求来选择合适的食品。同时,需要注意食品的加工方式和保质期等信息,以确保食品安全和健康。

(三)按照加工方法分类

1.煮食类

煮食是一种最基本的烹饪方法,通过将食材放入水中煮熟,保留了大部分的营养成分和口感。例如,米饭、面条、粥等都是常见的煮食类食品。

2.烘烤类

烘烤可以有效地保留食物中的水分和营养,也能产生独特的口感和香味。例如,面包、蛋糕、饼干等都是常见的烘焙类食品。

3.炒食类

炒食是将食材放入油锅中翻炒，这种方法可以增加食物的口感和香味，但也会使部分营养成分流失。例如，炒菜、炒饭等都是常见的炒食类食品。

4.炸食类

炸食是将食材放入油中高温油炸，这种方法可以使食物变得酥脆，但也会使食物中的营养成分受到破坏，甚至产生有害物质。例如，炸鸡、炸薯条等都是常见的炸食类食品。

（四）按照产品特性分类

1.方便食品

方便食品是一种易于制备、储存和食用，以满足人们基本饮食需求的食品。这类食品通常包括方便面、速冻食品、罐头食品、即食食品等。它们在日常生活中非常常见，因为它们提供了快速、便捷的饮食选择。

2.婴儿食品

婴儿食品是专门为婴幼儿设计的特殊食品，旨在满足其特定的营养需求。这类食品通常包括奶粉、辅食、婴儿营养补充品等。婴儿食品对于新生儿的成长和发育至关重要，因为它们提供了一种安全、可靠和营养丰富的饮食选择。

3.休闲食品

休闲食品是一种在闲暇时间食用的食品，如糖果、饼干、膨化食品等。这类食品通常具有美味、口感丰富等特点，是人们在闲暇时间放松和享受的好选择。

4.快餐食品

快餐食品是以快速、便捷的方式提供的餐饮选择，如汉堡、炸鸡、比萨等。这类食品在全球范围内都非常受欢迎，因为它们提供了快速、便捷的饮食选择，同时能满足人们的口味需求。

5.疗效食品

疗效食品是一种具有特定健康益处的食品，通常用于治疗或预防某些疾病或病症。这类食品包括中草药茶、营养补充品、有机食品等，它们可能含有特定的营养成分或植物成分，有助于改善健康状况。

6.功能食品

功能食品是一种具有特殊功能的食品，旨在满足人们的特定饮食需求或追求特定的营养效果。这类食品包括强化食品、益生菌食品、酵素食品等，它们可能含有特殊的营养素或成分，有助于提高人们的身体功能或提供特殊的健康益处。

7.工程食品

工程食品是一种经过人工设计和制造的食品，以满足特定人群的饮食需求或解决食品安全问题。这类食品包括人造肉、素食肉、预制菜肴等，它们通常采用现代食品工程技术和设备来生产。这些工程食品为消费者提供了新的饮食选择，并推动了食品加工业的创新和发展。

（五）新的食品类型

近年来随着社会经济的发展和科技信息化的加快，利用食品的特点以及为迎合消费者需求又出现了一些新的食品名称，如新资源食品、辐照食品、健康食品、绿色食品、有机食品、无公害食品、转基因食品、海洋食品、航天食品等，并且新名称将会不断出现。

1.新资源食品

新资源食品是指在中国首次研制、发现或者引进的无食用习惯，或者仅在个别地区有食用习惯的，符合食品基本要求的物品。新资源食品的试生产、正式生产由卫健委审批，发给"新资源食品试生产卫生审查批件"，批准文号为"卫新食试字（××）第×号"，试生产的新资源食品在广告宣传和包装上必须在显著的位置上标明"新资源食品"字样及新资源食品试生产批准文号。

2.辐照食品

辐照食品指用钴60、铯137产生的γ射线或者电子加速器产生的低于10MeV电子束辐照加工处理的食品，包括辐照处理的食品原料、半成品。国家对食品辐照加工实行许可制度，经卫健委审核批准后发给辐照食品品种批准文号，批准文号为"卫食辐字（××）第×号"。辐照食品在包装上必须贴有卫健委统一制定的辐照食品标识。

3.健康食品

健康食品是食品的一个种类，具有一般食品的共性，其原材料也主要取自天然的动植物，经先进生产工艺，将其所含丰富的功效成分作用发挥到极致，从而调节人体机能，适用于有特定功能需求的相应人群。

健康食品按其功能可分为营养补充型、功能型、抗氧化型（延年益寿型）、减肥型、辅助治疗型等。其中，营养素补充剂的保健功能是补充一种或多种人体所必需的营养素。而功能性健康食品，则是通过其功效成分，发挥具体的、特殊的调节功能。

4.绿色食品

绿色食品是指遵循可持续发展的原则，在生产过程中无污染、安全健康的食品。这种食品通常来自有机农业生产体系，尽可能地保留了土地和环境的原始状态。绿色食品的营养价值高，含有丰富的维生素和矿物质，是健康饮食的重要组成部分。

5.有机食品

有机食品是一种完全不使用化学肥料、农药和防腐剂等人工添加剂的食品。它源于有机农业生产体系，并经过认证。有机食品的特点是口感更佳，且富含抗氧化剂，对人体健康有益。

6.无公害食品

无公害食品是指在生产过程中未受到有害物质污染的食品。它满足了食品安全的基本要求，在常规检测中未发现有害物质超标。这种食品是最常见的食品类型，能满足大部分人的需求。

7.转基因食品

转基因食品是一种利用现代生物技术手段，将一种或多种基因转移到目标生物中的食品。尽管在营养价值上与普通食品并无太大区别，但其安全性仍然备受争议。虽然大多数国家允许转基因食品上市销售，但其标签上的标识引起了消费者对其潜在风险的关注。

8.海洋食品

海洋食品主要指源于海洋的各类食物，如鱼类、贝类、海藻等。由于海洋环境的特殊性，海洋食品具有独特的营养价值和口感。然而，海洋污染和过度捕捞等问题也威胁着海洋食品的供应。

9.航天食品

航天食品是为了满足宇航员在太空环境中的特殊需求而制作的。这类食品通常需要具备高营养价值、低热量、易消化等特点。航天食品的生产过程严格遵循特定的卫生标准，以确保宇航员的安全。

第二节 食品加工技术概述

随着科技的飞速发展和人类生活水平的提高，食品加工技术已经发生了翻天覆地的变化。从传统的手工制作到现代化的自动化生产线，食品加工技术正在以其独特的魅力改变着我们的饮食文化。下面将探讨食品加工技术的现状、优势以及未来的发展趋势。

一、食品加工技术的发展历史

食品加工技术是人类文明进步的重要标志之一，它的发展历史可谓源远流长，历经了数千年的变迁与创新。从最早的简单加工方法到现代的精密化、自动化、智能化生产，食品加工技术的每一次突破都极大地推动了人类社会的繁荣与发展。

在古代，食品加工技术主要依赖于手工操作和简单的工具。人们利用石器、陶器等工具进行食物的研磨、切割、搅拌等操作，将食材加工成更易消化、更美味的食品。同时，人们还学会了利用火源进行食物的烹饪，如煮、烤、炖等，使食物更加美味可口。

随着农业和手工业的发展，食品加工技术逐渐得到了提升。人们开始利用风车、水车等动力机械进行粮食的磨制，提高了生产效率。同时，制糖、酿酒、腌制等加工技术也得到了广泛应用，为人们提供了更多的食品选择。

进入工业时代后，食品加工技术迎来了革命性的变革。随着蒸汽机、电力等动力源的广泛应用，食品加工设备逐渐实现了机械化、自动化生产。这大大提高了生产效率，降低了成本，使得食品更加普及和多样化。同时，随着科学技术的进步，人们开始研究食品的营养成分和加工过程中的变化，为食品加工提供了更加科学的指导。

20世纪以来，食品加工技术更是取得了长足的发展。现代食品加工技术涵盖了多个领域，如食品机械、食品包装、食品储藏等。随着计算机技术、自动化技术、传感器技术等高新技术的应用，食品加工实现了更高的自动化、智能化水平。例如，现代化的食品生产线能够实现连续化、自动化生产，大大提高了生产效率和产品质量；智能化的食品检测设备能够实现对食品成分、卫生指标的快速检测，确保食品安全。

此外，现代食品加工技术还注重环保和可持续发展。人们开始关注食品加工过程中的能源消耗、废水排放等问题，积极研发环保型食品加工技术和设备。同时，食品加工企业也开始注重资源的循环利用和废弃物的减量化处理，为社会的可持续发展贡献力量。

总之，食品加工技术的发展历史是一部人类智慧与创新的史诗。从古代的简单加工到现代的精密化、自动化、智能化生产，食品加工技术不断推动着人类社会的繁荣与进步。未来，随着科技的不断发展和人们对食品安全、营养、环保等方面的要求不断提高，食品加工技术将不断迎来新的挑战和机遇，为人类创造更加美好的生活。

二、食品加工技术的现状与发展态势

随着科技的日新月异，食品加工技术也在不断地创新与突破，以满足消费者对于食品品质、口感、营养和便捷性的多元化需求。近年来，食品加工产业在技术创新、品质安全、市场拓展等方面取得了显著进步，下面将就此展开深入探讨。

首先，技术创新是食品加工技术发展的核心驱动力。随着人工智能、大数据和物联网技术的广泛应用，食品加工企业正逐步实现生产过程的智能化管理。通过引入自动化生产线、机器人技术和智能传感器等先进设备，企业不仅提高了生产效率，也大幅提升了产品质量和一致性。此外，新型加工技术如超高压处理、脉冲电场、辐照处理等也逐渐应用于食品加工领域，有效改善了食品的风味、口感和营养价值。

其次，品质安全和营养保健是食品加工技术发展的重要方向。消费者对食品安全的关注度不断提高，要求食品加工企业在生产过程中严格遵守质量标准，确保食品的安全性。同时，随着健康饮食意识的普及，消费者对食品的营养价值和健康保健功能的需求也在增长。因此，食品加工企业不断加强研发和创新能力，推出了一系列符合消费者需求的新产品，如功能性食品、有机食品、低糖低脂食品等。

然而，食品加工技术的发展也面临着一些挑战。一方面，部分消费者对新型加工技术的接受度仍然有限，这在一定程度上制约了技术的应用和推广。另一方面，随着消费者需求的日益多元化和个性化，食品加工企业需要不断提高产品的差异化和定制化能力，以满足市场的不断变化。

未来，食品加工技术的发展将继续呈现以下几个趋势：一是智能化生产将更加普及，企业将进一步提高自动化和智能化水平，提高生产效率和质量；二是食品安全监管将更加严格，企业将加强质量管理和风险控制，确保产品的安全性和可靠性；三是营养保健功能将更加突出，企业将不断研发新产品，满足消费者对健康饮食的需求；四是定制化生产将成为主流，企业将根据不同消费者的需求和偏好，提供个性化的产品和服务。

总之，食品加工技术正处于快速发展的阶段，未来随着科技的进步和消费者需求的不断变化，食品加工技术将不断创新和突破，为人们的健康和生活带来更多便利和美好。同时，企业也需要不断适应市场变化，加强技术研发和创新能力，提高产品质量和差异化水平，以赢得更多消费者的信任和支持。

三、食品加工技术对食品安全及营养的影响

在经济全球化发展的今天，人们可以享用的食品种类越来越丰富，食品供应链也变得更加复杂多样。因此，为了保证食品安全，确保人们可以摄入营养丰富的食品，相关企业应使用现代化食品加工技术，避免食品安全问题。

（一）食品加工技术与食品安全及营养之间的关系

随着现代科技的飞速发展，食品加工技术也日新月异，极大地改变了我们的生活方式，尤其是对食品安全和营养的影响不容忽视。下面将深入探讨食品加工技术与食品安全及营养之间的密切关系。

首先，食品加工技术直接关系到食品安全。食品安全是消费者最为关心的问题，也是食品加工业必须严格把控的重要环节。食品加工技术通过一系列科学、规范的操作流程，确保食品在加工过程中不受污染，达到安全标准。例如，现代化的生产线采用了无菌操作、封闭式生产等技术，有效防止了微生物的污染；同时，加工过程中使用的高效检测设备，能够及时发现并处理食品中的有害物质。

其次，利用成熟可靠的食品加工技术，可以延长食品的保质期，锁住食品中的营养成分。食品在加工过程中，通过采用先进的保鲜技术、真空包装等手段，可以有效地延长食品的保质期，减少食品在储存和运输过程中的损耗。同时，食品加工技术还可以尽可能地保留食品中的营养成分，既使消费者能享受美味，也能摄取足够的营养。例如，果汁加工过程中采用低温榨取技术，能够最大限度地保留果汁中的维生素和矿物质；而烘焙食品则通过精确控制温度和时间，使食品中的营养成分得以充分释放。

最后，科学合理的食品加工方法可以改善食品的口感、颜色。食品加工技术不仅能够确保食品的安全和营养，还能够提升食品的感官品质。通过调整食品的加工工艺和配方，可以使食品在口感、颜色等方面更加诱人。例如，采用先进的烘焙技术，可以使面包更加松软可口；而利用色素和香精等食品添加剂，则可以为食品增添丰富的色彩和香气，提高消费者的食欲。

综上所述，食品加工技术与食品安全及营养之间存在着密切的关系。通过运用先进、成熟的食品加工技术，我们可以确保食品的安全、营养和口感，为消费者提供更加优质的食品体验。同时，食品加工企业也应该不断研发新的加工技术，以满足消费者日益增长的需求，推动食品加工业的持续发展。当然，我们也需要关注食品加工过程中可能带来的潜在风险，如添加剂的滥用、营养成分的流失等问题，因此，在追求美味和便利的同时，我们还应注重食品的安全与健康，实现食品加工技术与食品安全及营养的和谐共生。

（二）常见的食品加工技术

1.微波加热技术

随着科技的不断进步，食品加工技术也在不断创新和发展。其中，微波加热技术以其高效、快速、节能的特点，在食品加工业中得到了广泛的应用。下面将对微波加热技术在食品加工中的应用进行深入探讨，以期为读者提供对这一技术的全面理解。

（1）微波加热技术的基本原理。微波加热技术是利用微波的能量对食品进行加热的一种方法。微波是一种频率在300MHz～300GHz的电磁波，它具有很强的穿透能力。当微波作用于食品时，食品中的极性分子（如水分子）会吸收微波能量并转化为热能，从而实现食品的加热。

（2）微波加热技术在食品加工中的应用。

①快速烹饪与解冻。微波加热技术能够在短时间内将食品加热至所需温度，大大提高了烹饪效率。同时，微波加热技术还可以实现食品的均匀加热，避免了传统加热方式中可能出现的局部过热或未热透的问题。此外，微波加热技术还可以用于食品的解冻，缩短了解冻时间，提高了食品的口感和营养价值。

②干燥与脱水。微波加热技术在食品干燥与脱水方面也具有显著优势。通过控制微

波的功率和时间，可以实现对食品的快速、均匀干燥，保留了食品的营养成分和口感。此外，微波干燥技术还可以降低能耗，减少环境污染。

③杀菌与保鲜。微波加热技术能够迅速升高食品温度，有效杀死细菌，延长食品的保质期。同时，微波加热技术还可以保持食品的原汁原味，提高食品的口感和品质。因此，微波加热技术在食品杀菌与保鲜方面具有广阔的应用前景。

（3）微波加热技术的优势与挑战。微波加热技术在食品加工中具有显著优势。然而，微波加热技术也面临着一些挑战。例如，不同食品对微波的吸收能力存在差异，可能导致加热效果的不一致。此外，微波加热过程中可能会产生电磁辐射，对操作人员的健康产生潜在威胁。因此，在应用微波加热技术时，需要针对具体的食品种类和加工需求进行参数优化，确保加工效果和安全性。

（4）微波加热技术的未来发展趋势。微波加热技术将在食品加工领域实现更多的创新和突破。一方面，研究人员将致力于提高微波加热技术的精确性和可控性，以满足不同食品加工需求；另一方面，微波加热技术将与其他食品加工技术相结合，形成更加高效、环保的综合加工方案。此外，随着智能化和自动化技术的不断发展，微波加热设备将更加智能、便捷，为食品加工企业带来更高的生产效率和经济效益。

总之，微波加热技术作为一种高效、快速、节能的食品加工技术，在食品加工业中具有广泛的应用前景。微波加热技术将为食品加工业带来更多的创新和发展机遇。

2.膜分离技术

食品加工技术也处在日新月异的发展之中。其中，膜分离技术以其高效、环保和节能的特点，逐渐在食品加工领域展现出其独特的魅力。下面将深入探索膜分离技术在食品加工中的应用及其优势。

（1）膜分离技术概述。膜分离技术是一种基于半透膜的选择性透过原理，通过压力差、浓度差或电位差等驱动力，实现混合物中不同组分分离的技术。这种技术具有操作简便、分离效率高、能耗低、环保无污染等优点，因此在食品加工领域得到了广泛应用。

（2）膜分离技术在食品加工中的应用。

①果汁浓缩与澄清。膜分离技术可用于果汁的浓缩与澄清，通过去除果汁中的水分、胶体、大分子物质等，提高果汁的浓度和澄清度。同时，该技术还能保留果汁中的营养成分和风味，提高果汁的品质。

②乳制品加工。在乳制品加工中，膜分离技术可用于乳清蛋白、酪蛋白等成分的分离与纯化。通过调整膜孔径和操作条件，可实现对不同分子量蛋白质的精准分离，为乳制品的深度加工提供有力支持。

③酒类酿造。膜分离技术可用于酒类的澄清、除菌和脱醇等过程。通过去除酒中的悬浮物、微生物和杂质，提高酒的清澈度和稳定性。同时，该技术还可实现低度酒的脱醇，

满足消费者对健康饮酒的需求。

（3）膜分离技术的优势。

①高效节能：膜分离技术具有较高的分离效率，可在较低能耗下实现高质量的分离效果。

②环保无污染：膜分离过程中无须添加化学试剂，减少了废水和废渣的产生，符合环保要求。

③操作简便：膜分离设备结构紧凑，占地面积小，操作简便，易于实现自动化生产。

（4）膜分离技术的挑战。

①膜污染与寿命：膜在使用过程中容易受到污染，导致分离性能下降。此外，膜的寿命有限，需要定期更换，增加了生产成本。

②成本问题：虽然膜分离技术具有诸多优势，但其设备投资和运行成本相对较高，对中小型企业来说，推广应用存在一定难度。

（5）膜分离技术的展望。膜分离技术作为一种新型的食品加工技术，在果汁浓缩与澄清、乳制品加工和酒类酿造等领域展现出广阔的应用前景。尽管目前仍存在膜污染、寿命和成本等问题，但随着技术的不断进步和成本的降低，相信膜分离技术将在未来食品加工领域发挥更大的作用。未来，我们可以期待膜分离技术在以下三个方面取得突破：一是开发新型、高性能的膜材料，提高膜的分离性能和抗污染能力；二是优化膜分离工艺和设备，降低能耗和生产成本；三是拓展膜分离技术在食品加工领域的应用范围，为食品加工业的发展提供更多可能性。

总之，膜分离技术作为一种高效、环保和节能的食品加工技术，将在未来发挥越来越重要的作用。我们应积极探索其应用潜力，为食品工业的可持续发展贡献力量。

3.真空冷冻干燥技术

在食品加工领域，技术的不断创新和发展使食品的品质、口感和保质期得到了显著提升。其中，真空冷冻干燥技术以其独特的优势，在食品工业中得到了广泛应用。下面将详细介绍真空冷冻干燥技术的原理、特点以及在食品加工中的应用。

（1）真空冷冻干燥技术的原理。真空冷冻干燥技术，简称冻干技术，是一种在真空环境下通过升华作用去除物料中水分的干燥方法。该技术的原理是将食品在低温下进行快速冷冻，然后在真空条件下使冰晶直接升华成水蒸气，从而去除食品中的水分。

（2）真空冷冻干燥技术的特点。

①保持食品原有品质：真空冷冻干燥技术能够最大限度地保留食品的营养成分、色泽、口感和形状，使干燥后的食品更接近于新鲜状态。

②延长食品保质期：通过去除食品中的水分，降低食品的活性，可以显著延长食品的

保质期。

③易于复水：冻干食品在需要食用时，只需加入适量的水，即可迅速恢复，接近于新鲜状态，方便快捷。

（3）真空冷冻干燥技术在食品加工中的应用。

①果蔬加工：真空冷冻干燥技术可广泛应用于各种果蔬的加工中，如草莓、苹果、香菇等。通过冻干处理，果蔬的色泽、口感和营养成分得以保留，同时延长了保质期。

②肉类加工：在肉类加工领域，真空冷冻干燥技术可用于制作各种肉类干制品，如牛肉干、鸡肉干等。冻干后的肉制品口感鲜美，营养丰富，且易于携带和保存。

③海鲜加工：对于海鲜产品，真空冷冻干燥技术同样具有显著优势。通过冻干处理，海鲜产品能够保持原有的鲜美口感和营养成分，同时降低腐败变质风险，提高产品附加值。

④方便食品与调味品：真空冷冻干燥技术还广泛应用于方便食品与调味品的生产中。例如，速食汤料、调味料等，通过冻干技术可以保持其原有的风味和口感，同时便于储存和运输。

真空冷冻干燥技术作为一种先进的食品加工技术，具有保持食品原有品质、延长保质期和易于复水等优点。在果蔬、肉类、海鲜以及方便食品与调味品等多个领域，真空冷冻干燥技术都展现出了广阔的应用前景。随着科技的不断进步和消费者需求的日益提高，相信真空冷冻干燥技术将在食品加工领域发挥更加重要的作用。

4.脉冲强光及生物防腐剂杀菌加工技术

食品加工技术一直在不断创新和进步。其中，脉冲强光技术和生物防腐剂杀菌加工技术以其独特的优势，在食品加工领域得到了广泛应用。下面将分别介绍这两种技术及其在食品加工中的应用。

脉冲强光技术是一种高效、环保的杀菌方法。它利用高强度、短脉冲的可见光、红外线和紫外线协同作用于微生物，通过光化学和光物理作用破坏微生物的细胞壁和核酸结构，从而实现对微生物的有效杀灭。脉冲强光技术具有广谱杀菌性，对霉菌、革兰阳性致病菌、革兰阴性致病菌等多种微生物都有显著的杀菌效果。同时，由于脉冲强光技术不需要添加任何化学物质，因此具有环保、无残留的优点。

脉冲强光技术可应用于食品表面杀菌、空气杀菌以及包装材料杀菌等多个环节。例如，在食品加工过程中，食品表面往往容易受到微生物的污染，而脉冲强光技术可以快速、有效地杀灭这些微生物，保证食品的卫生安全。此外，脉冲强光技术还可用于空气杀菌，有效去除空气中的细菌、病毒等有害微生物，为食品加工提供一个清洁、卫生的生产环境。

生物防腐剂杀菌加工技术则是利用动植物的代谢产物作为天然防腐剂，实现对食品中微生物的有效抑制。生物防腐剂主要包括乳酸杆菌、酪酸菌等益生菌及其代谢产物。这些益生菌在生长过程中会产生乳酸、酪酸等有机酸，降低食品的pH，从而抑制微生物的生长和繁殖。

生物防腐剂具有安全、高效、天然等优点。相比于传统化学防腐剂，生物防腐剂对人体无害，且在加工过程中无须添加任何化学物质，保持了食品的天然性和营养价值。此外，生物防腐剂还具有广谱抗菌性，能够有效抑制多种微生物的生长，延长食品的保质期。

生物防腐剂可广泛应用于肉制品、乳制品、果蔬制品等多个领域。例如，在肉制品加工中，添加适量的生物防腐剂可以有效延长产品的保质期，同时保持产品的口感和风味。生物防腐剂可用于酸奶、奶酪等产品的制作，提高产品的品质和安全性。

综上所述，脉冲强光技术和生物防腐剂杀菌加工技术都是现代食品加工领域的重要技术。它们以高效、环保、安全的特点，为食品加工提供了有力的支持。随着科技的不断进步和人们对食品安全要求的提高，这两种技术将在未来得到更广泛的应用和发展[1]。

5.超高压加工技术

在食品加工领域，技术的不断进步为食品的安全、营养和口感提供了更多的保障。其中，超高压加工技术以其独特的优势，正逐渐成为食品加工行业的重要手段。超高压加工技术，顾名思义，是指利用极高的压力对食品进行处理，以达到改善食品品质、延长保质期或实现某些特殊加工效果的目的。

超高压加工技术的工作原理主要是通过将食品置于高压环境中，使食品中的蛋白质、酶、微生物等发生物理变化或化学变化。这种加工方式不依赖于加热或添加化学防腐剂，因此能够更好地保留食品原有的营养成分和风味。

超高压加工技术在食品加工中的应用范围广泛。在果汁加工中，超高压技术可以破坏果汁中的酶活性，防止果汁褐变，同时保留果汁的天然风味和营养成分；在肉类加工中，超高压技术可以改善肉质的嫩度，提高口感；在乳制品加工的过程中，超高压技术则可以提高产品的稳定性和保质期。

与传统的食品加工方法相比，超高压加工技术具有显著的优势。首先，超高压加工能够最大限度地保留食品的营养成分和风味，使消费者能够享受到更加天然、健康的食品。其次，超高压加工技术具有高效、节能的特点，能够提高食品加工的效率和降低成本。此外，超高压加工技术在杀灭微生物方面表现出色，能够有效地延长食品的保质期。

然而，超高压加工技术也面临一些挑战和限制。例如，高压设备的制造和维护成本较高，使得一些小型企业难以承受。此外，不同食品对高压的敏感性和适应性各不相同，因此在实际应用中需要针对不同的食品进行工艺优化。

[1] 傅旭东.食品加工工艺优化及应用研究[J].中国食品，2021（4）：98-99.

展望未来，随着超高压加工技术的不断发展和完善，其在食品加工领域的应用前景将更加广阔。我们可以期待更多的食品种类通过超高压加工技术实现品质提升和保质期延长。同时，随着科研人员对超高压加工技术机理的深入研究，相信未来还将涌现更多创新性的加工方法和应用。

总之，超高压加工技术作为食品加工领域的一种创新力量，正在为食品工业的发展注入新的活力。虽然目前仍存在一些挑战和限制，但随着技术的不断进步和应用的不断拓展，我们有理由相信，超高压加工技术将在未来发挥更加重要的作用，为人们的生活带来更多美味、健康和安全的食品。

（三）食品加工技术对食品安全及营养的影响

1.微波加热技术对食品安全及营养的影响

随着现代科技的不断发展，微波加热技术已经成为食品加工领域的一种重要方法。它在提高食品加工效率、简化操作流程的同时，对食品的安全性和营养成分产生了一定的影响。下面将从维生素、蛋白质、碳水化合物和脂肪四个方面，探讨微波食品加工技术对食品安全及营养的影响。

（1）微波加热技术对维生素的影响。维生素是人体必需的营养成分，对于维持生命活动和促进新陈代谢具有重要作用。微波加热技术相比于传统加热方式，其加热时间更短，这有助于减少维生素在加工过程中的流失。特别是对于维生素C这类热敏性营养素，微波加热能够显著减少其加工损失。然而，值得注意的是，使用金属器皿进行微波加热可能会加速维生素的损失，因此在使用微波加热技术时，应尽量避免使用金属器皿。

（2）微波加热技术对蛋白质的影响。蛋白质是构成人体组织和细胞的基本物质，对于维持生命活动具有重要意义。微波加热技术在一定程度上会改变蛋白质的结构，导致其营养价值降低。特别是在处理高蛋白质含量的食品时，如鸡蛋和肉类，需要严格控制微波加热的时间和温度，以防止蛋白质结构发生过度变化。此外，微波辐射量过大也可能导致可溶性蛋白构成二聚体或多聚体，进一步影响食物中的营养成分。

（3）微波加热技术对碳水化合物的影响。碳水化合物是人体主要的能量来源，对于维持生命活动至关重要。微波加热技术在处理碳水化合物时，会发生一系列化学反应，如美拉德反应和糖的焦化等。这些反应可能会影响碳水化合物的营养价值和口感。例如，微波处理可能会导致食物中的低聚糖转化为焦糖或其他褐色物质，从而降低其营养价值。因此，在利用微波加热技术处理富含碳水化合物的食品时，需要控制加热条件，以减少不良反应的发生。

（4）微波加热技术对脂肪的影响。脂肪是人体必需的营养成分之一，对于维持生命活动和促进健康具有重要作用。微波加热技术对脂肪稳定性的影响与其饱和度有关。对于维持不饱和脂肪酸的稳定性，微波技术具有优势。然而，微波加热也可能导致脂肪发生氧化反应，从而损害其营养价值。因此，在使用微波加热技术处理富含脂肪的食品时，应控制加热时间和温度，以避免脂肪氧化。此外，微波处理海鱼等富含脂肪的食品时，可以保持其营养素的含量和密度，提高口感。

综上所述，微波加热技术对食品的安全和营养成分具有一定的影响。在利用微波加热技术处理食品时，需要严格控制加热条件，以最大限度地保留食品的营养成分并减少不良反应的发生。同时，需要进一步研究微波加热技术对食品营养成分的影响机制，以便更好地在食品加工领域应用这一技术。

2.膜分离技术对食品安全及营养的影响

膜分离技术，一种以分离膜为核心的新兴技术，近年来在食品工业中的应用越来越广泛。它以其高效、节能、环保等特性，为食品安全和营养保留提供了有力的技术支持。下面将探讨膜分离技术对食品安全及营养的影响。

首先，膜分离技术对食品安全具有重要影响。在食品生产中，常常会遇到各种杂质和污染物的去除问题。膜分离技术通过选择性分离的原理，能够有效地去除食品中的有害物质，如重金属、农药残留等，从而提高食品的安全性。此外，膜分离技术还能有效地阻止微生物的污染，降低食品腐败和变质的风险，进一步保障了食品的安全。

其次，膜分离技术对食品营养的影响也不容忽视。传统的食品加工方法往往会导致营养物质的损失，而膜分离技术则能在保持食品原有风味和口感的同时，最大限度地保留食品中的营养成分。例如，在果汁生产中，膜分离技术可以有效地去除果汁中的大分子物质，如可溶性纤维素、蛋白质等，从而提高果汁的透光度，同时保留了果汁中的维生素、矿物质等营养物质。此外，膜分离技术还可以用于乳制品、蛋白质分离等领域，为食品工业提供了更多营养丰富的产品。

膜分离技术虽然具有诸多优点，但在实际应用中仍需注意一些问题。例如，不同种类的膜对不同物质的分离效果可能有所差异，需要根据具体的食品种类和加工需求选择合适的膜材料和分离工艺。此外，膜分离技术虽然能在一定程度上保留食品的营养成分，但也可能对某些营养成分的活性产生一定影响，因此在实际应用中需要综合考虑。

总的来说，膜分离技术对食品安全及营养的影响是积极的。它不仅能够提高食品的安全性，降低食品污染的风险，能在保持食品原有风味和口感的同时，保留食品中的营养成分。随着科技的不断进步和膜分离技术的不断完善，相信未来膜分离技术将在食品工业中发挥更大的作用，为食品安全和营养保留做出更大的贡献。同时，我们也需要关注并解决膜分离技术在应用中可能遇到的问题，以更好地发挥其在食品安全和营养保障方面的优势。

3.真空冷冻干燥技术对食品安全及营养的影响

真空冷冻技术作为一种现代化的食品储藏手段,其在食品安全及营养保留方面展现出显著的优势。该技术通过在低温和真空环境下进行冷冻处理,能够有效地延长食品的保质期,同时保持食品的营养成分和口感。下面将重点探讨真空冷冻技术对糖分、蛋白质和维生素C的影响。

(1)对糖分的影响。糖分是食品中的重要营养成分之一,其稳定性和保存状况对食品的口感和品质具有重要影响。真空冷冻技术通过降低食品中的水分活度,减缓了微生物的生长和化学反应速率,从而有助于保持糖分的稳定性。此外,真空冷冻过程中的低温环境能够降低糖分的氧化和降解速度,进一步保护糖分的营养价值和口感。

然而,需要注意的是,长时间的冷冻保存可能导致食品中的部分糖分结晶,影响食品的口感和质地。因此,在真空冷冻过程中,需要合理控制冷冻时间和温度,以最大限度地保留糖分的营养价值和口感。

(2)对蛋白质的影响。蛋白质是食品中不可或缺的营养成分,对于维持人体生命活动具有重要意义。真空冷冻技术在处理蛋白质时,能够有效地抑制酶的活性,减缓蛋白质的分解和变性过程。这有助于保持蛋白质的完整性和营养价值。

同时,真空冷冻技术还能够减少蛋白质在冷冻过程中的冰晶形成,从而避免了对蛋白质结构的破坏。这使得真空冷冻技术在处理富含蛋白质的食品时具有显著优势。

不同的蛋白质对于冷冻的敏感性存在差异。某些蛋白质在冷冻过程中可能发生变性或聚集,影响其营养价值和功能。因此,在应用真空冷冻技术时,需要根据具体食品的营养成分和特性进行合理调整和优化。

(3)对维生素C的影响。维生素C作为一种重要的水溶性维生素,对于维持人体健康具有不可替代的作用。然而,维生素C在冷冻过程中容易发生氧化和降解。真空冷冻技术虽然能够在一定程度上减缓维生素C的损失,并不能完全阻止其降解过程。

由于水分活度的降低和低温环境的保持,维生素C的氧化和降解速度会得到一定程度的抑制。然而,长时间的冷冻保存仍可能导致维生素C的损失。因此,在采用真空冷冻技术时,需要尽量缩短冷冻时间,以最大限度地保留食品中的维生素C。

综上所述,真空冷冻技术在食品安全及营养成分保留方面展现出了显著的优势。需要根据食品的成分和特性进行合理调整和优化,以最大限度地发挥该技术的优势。同时,消费者在购买和食用真空冷冻食品时,也应注意查看产品的保质期和储存条件,确保食品安全和营养健康。

4.超高压加工技术对食品安全及营养的影响分析

目前,越来越多的先进技术被应用于食品安全和营养改善的领域。其中,超高压技术作为一种独特的物理处理手段,近年来受到了广泛关注。超高压技术,又称高压技术,是指应用超高压（通常在100MPa以上）作用于待处理物质，使之发生一系列改变的过程。它在食品安全和营养方面的应用具有显著的优势和潜力。

首先，超高压技术对食品安全起到了至关重要的作用。传统的食品储藏和杀菌方法，如高温加热和化学处理，虽然在一定程度上能有效杀灭细菌，但往往会损害食品的营养价值和口感。相比之下，超高压技术作为一种物理杀菌方法，不使用任何化学药剂，通过改变细胞内外环境的平衡，破坏微生物的细胞膜和细胞壁，从而达到杀菌的目的。这种处理方式不仅能有效杀灭细菌，而且不会对食品产生副产物，从而保证食品的安全性和健康性。

其次，超高压技术在保持食品营养方面也表现出色。传统的加热处理方法往往会导致食品中营养成分的破坏和流失。而超高压处理则可以在低温下对食品进行加压处理，避免了高温对营养成分的破坏。例如，超高压处理可以保留果汁中的维生素和天然色素，使果汁的口感更加浓郁，营养更加丰富。此外，超高压处理还可以改变食品的结构和性质，提高食品的口感和品质[1]。

然而，虽然超高压技术在食品安全和营养方面具有诸多优势，但也存在一些潜在的问题和挑战。例如，超高压处理过程中可能会对食品中的某些营养成分产生一定的影响，如蛋白质的分解和多糖的水解等。此外，不同食品对超高压处理的响应和适应性也有所不同，需要根据具体情况进行优化和调整。

总的来说，超高压技术作为一种新兴的食品安全和营养改善手段，具有广阔的应用前景。通过不断优化和完善超高压处理工艺和参数，可以更好地发挥其在食品安全和营养方面的优势。同时，需要进一步深入研究超高压技术对食品中营养成分的影响和变化机理，为超高压技术的进一步应用提供科学依据。

在未来，随着科技的不断进步和人们对食品安全和营养需求的不断提高，相信超高压技术将在食品安全和营养领域发挥越来越重要的作用，为人们的健康和生活品质作出更大的贡献。

5.脉冲强光及生物防腐剂杀菌加工技术对食品安全及营养的影响

随着现代食品加工业的发展，食品安全和营养问题日益受到人们的关注。为了满足消费者对食品品质和安全的需求，食品加工技术也在不断进步。其中，脉冲强光技术和生物防腐剂杀菌加工技术作为新兴的食品安全保障手段，正在逐渐改变着食品加工行业的面貌。下面将探讨这两种技术对食品安全及营养的影响。

首先，脉冲强光技术是一种非热物理杀菌新技术，通过瞬时高强度、广谱的脉冲光杀灭食品中的腐败病原微生物。与传统的热处理方法相比，脉冲强光技术具有能耗低、杀菌效率高、对产品质量和营养的负面影响较低等优点。研究表明，脉冲强光技术可有效减少

---

[1] 徐月.安全营养视角下的食品加工工艺[J].食品安全导刊，2021（15）：146.

食品表面的微生物数量，钝化食品中的酶，从而使食品中的化学成分和营养特性保持相对稳定。此外，脉冲强光技术还能延长产品的货架期、降低病原菌的危害、改善食品的品质以及提高产品的经济效益。

然而，尽管脉冲强光技术在食品安全方面具有显著优势，但在实际应用中仍需注意其潜在的风险。例如，不同食品对脉冲强光的敏感性存在差异，因此在实际操作中需要根据食品种类和特性进行合理的参数设置。此外，脉冲强光技术可能会对一些食品中的营养成分产生一定的影响，因此在使用该技术时，需要综合考虑其对食品营养价值的保留情况。

与此同时，生物防腐剂杀菌加工技术作为另一种食品安全保障手段，正逐渐在食品加工业中得到广泛应用。生物防腐剂是指源于植物、动物、微生物的具有预防食品腐败作用的抗菌物质。与化学防腐剂相比，生物防腐剂具有天然、无毒、高效的特点，能够赋予食品更高的营养价值，减少或完全停用化学防腐剂，从而确保食品的微生物安全性。

生物防腐剂的应用不仅提高了食品的安全性，而且有助于保持食品的营养和品质特性。例如，一些微生物源生物防腐剂能够通过抑制微生物的生长繁殖，保持食品的营养成分不受损失。此外，生物防腐剂还能改善食品的口感和风味，提高消费者的满意度。

然而，生物防腐剂在实际应用中也存在一些挑战和限制。首先，生物防腐剂的抗菌效果可能受到食品成分、环境条件等多种因素的影响，因此需要针对不同食品进行针对性的研究和开发。其次，生物防腐剂的制备和提取过程可能较为复杂，成本较高，限制了其在某些食品领域的应用。此外，生物防腐剂的安全性和稳定性也需要进一步研究和验证。

综上所述，脉冲强光技术和生物防腐剂杀菌加工技术对食品安全及营养具有积极的影响。通过合理应用这两种技术，可以在保障食品安全的同时，提高食品的营养价值和品质特性，满足消费者对健康、美味食品的需求。在实际应用过程中，仍需注意该技术的潜在风险和挑战，加强研究和实践，以推动食品加工技术的不断创新和发展。

食品加工企业需要加大对食品加工技术的研究力度，并着力分析食品加工技术对食品安全及营养的影响，科学选择合适的食品加工技术，确保民众可以安心享用健康、安全的食品。

第九章 饮料加工技术

第一节 软饮料食品原辅料及包装材料的选择

一、软饮料常用的原辅料

目前软饮料中常用的原辅料主要有甜味剂、酸味剂、香料和香精、色素、乳化剂、防腐剂、抗氧化剂、二氧化碳等。

（一）甜味剂

1.蔗糖

蔗糖是由甘蔗或甜菜制成的产品，是由葡萄糖和果糖构成的一种双糖，分子式为$C_2H_2O_1$。就口感而言，10%浓度时蔗糖的甜度一般有快适感，20%浓度则成为不易消散的甜感，故一般果实饮料饮用时其浓度以控制在8%~14%为宜。蔗糖与葡萄糖混合后，有增效作用，其甜度感觉不会减低；蔗糖添加少量食盐可增加甜味感；酸味或苦味强的饮料中，增加蔗糖用量可使酸味或苦味减弱。

2.葡萄糖

葡萄糖作为甜味剂的特点是能使配合的香味更为精细。而且即使达20%浓度，也不产生像蔗糖那样令人不适的浓甜感。此外，葡萄糖具有较高的渗透压，约为蔗糖的2倍。固体葡萄糖溶解于水时是吸热反应。这种情况下同时触及口腔、舌部时，则给人以清凉感觉。葡萄糖的甜度为蔗糖的70%~75%，在蔗糖中混入10%左右的葡萄糖时，由于增效作用，其甜度比计算的结果要高。

3.果葡糖浆

酶法糖化淀粉所得糖化液，葡萄糖值约98，再经葡萄糖异构酶作用，将42%的葡萄糖转化成果糖，制得糖分主要为果糖和葡萄糖的糖浆，称为果葡糖浆，也称异构糖。果葡糖浆色泽的热稳定性较差，可与羰基化合物发生美拉德反应，在饮料中应注意使用得当。在温度较低时，由于葡萄糖的溶解度相对较小，会有结晶析出。

4.山梨醇

山梨醇可由葡萄糖还原而制取。在梨、桃、苹果中广为分布，含量为1%~2%。其甜度与葡萄糖大体相当，但能给人以浓厚感，在体内被缓慢地吸收利用，但血糖值不增加。山梨醇还是比较好的保湿剂和表面活性剂。

5.木糖醇

木糖醇甜度相当于蔗糖的70%~80%，有清凉甜味，能透过细胞壁缓慢地被人体吸收，并可提供能量但不经胰岛素作用，故用来作为糖尿病患者食用的甜味剂。

6.麦芽糖醇

麦芽糖醇系由麦芽糖还原而制得的一种双糖醇，甜度为蔗糖的85%~95%。能100%溶于水，几乎不被人体吸收。大量摄取时某些人可产生腹泻。麦芽糖醇不结晶、不发酵，150℃以下不发生分解，是健康食品的一种较好的低热量甜味剂。此外，麦芽糖醇具有良好的保湿性，可用来保湿及防止蔗糖结晶。

（二）酸味剂

1.柠檬酸

柠檬酸又名枸橼酸，分无水物和一水合物两种。此酸为无色透明晶体或白色结晶性粉末；易溶于水，酸感圆润爽快。在酸味剂中，柠檬酸的应用最为广泛。《食品添加剂使用卫生标准》（GB 2760—2007）规定，柠檬酸可用于各类食品，可根据生产需要适量使用。

2.乳酸

乳酸为无色至浅黄色糖浆状液体，有吸湿性，味质是涩、软的收敛味。可与水、甘油、乙醇等任意混溶，不溶于二硫化碳。乳酸主要用于乳酸饮料，可按正常生产需要使用。

3.酒石酸

酒石酸常用的有D-酒石酸和DL-酒石酸两种光学异构体。D-酒石酸为无色透明棱柱状结晶或白色结晶性粉末，易溶于水及乙醇，对金属离子有螯合作用。DL-酒石酸为无色透明结晶或白色结晶性粉末，易溶于水，微溶于乙醇，对金属离子也有螯合作用。和柠檬酸相比，酒石酸具有稍涩的收敛味，酸感强度为柠檬酸的1.2~1.3倍，宜在葡萄饮料中使用。饮料生产中常与柠檬酸、苹果酸等合用，参考用量为1~2g/kg。

4.苹果酸

苹果酸为无色至白色结晶性粉末，易溶于水及乙醇。酸感强度为柠檬酸的1.2倍左右，酸味是略带刺激性的收敛味。苹果酸可单独使用或与柠檬酸混合使用，因其酸味比柠檬酸刺激性强，因而对使用人工甜味剂的饮料具有掩蔽后味的效果。饮料中的参考用量为

2.5~5.5g/kg。

（三）香料和香精

凡是能发香的物质都可以叫作香料。在香料工业中，为了便于区别原料和产品，把一切来自自然界动植物的或经人工分离、合成而得的发香物质叫作香料；而以这些天然、人工合成的香料为原料，经过调香，有时加入适当的稀释剂配制而成的多成分混合体叫作香精。香精是具有决定性作用的、关系到软饮料风味好坏的成分。它不但能够增进食欲，有利于消化吸收，而且对增加食品的花色品种和提高食品质量具有重要作用。

食用香精按其性能和用途，可分为水溶性香精、油溶性香精、乳化香精和粉末香精等。软饮料中使用水溶性香精、乳化香精和粉末香精。

（四）色素

1.食用合成色素

食用合成色素通常是指以煤焦油为原料制成的食用色素。一般食用合成色素较天然色素色彩鲜艳、坚牢度大、稳定性好、着色力强，并且可以任意调色，使用比较方便，成本也比较低廉。但此类色素由于安全性问题，使用在逐渐减少。

2.食用天然色素

食用天然色素是指来源于天然资源的食用色素，是多种不同成分的混合物。人们对于食用天然色素的安全感较高，所以食用天然色素近年来发展较快。一般来说，食用天然色素的性质不太稳定，耐光、耐热性均较差，并随溶液pH不同而改变颜色。在使用天然色素时应当注意：①在色素种类、使用范围和使用浓度方面，应当遵守有关规定；②在为某一产品选择色素时，要考虑该色素在这一产品中的溶解性、稳定性和着色力；③特殊颜色可以通过拼色来实现。

（五）乳化剂

用于降低互不相溶的油水两相界面张力，产生乳化效果，形成稳定乳浊液的添加剂叫作乳化剂。乳化剂具有乳化作用、湿润作用、清洗作用、消泡作用、增溶作用和抗菌作用等。W/O型乳化剂表示油包水型乳化剂，类似于奶油。O/W型乳化剂表示水包油型乳化剂，类似于乳。此外，还有多重型的，用W/O/W和O/W/O表示。在实际应用中，应当注意选择合适的乳化剂，并与增稠剂等配合使用，以提高稳定作用。

1.山梨醇酐脂肪酸酯（Span）及其聚氧乙烯衍生物（Tween）

山梨醇酐脂肪酸酯一般由山梨醇和山梨聚糖加热失水成酐后再与脂肪酸酯化而得。常用的Span类乳化剂HLB为4~8，产品分类是以脂肪酸构成划分的，如Span20（月桂酸

12C）、Span40（棕榈酸14C）、Span60（硬脂酸18C）、Span80（油酸18C烯酸）等。

Span类与环氧乙烷起加成反应可得到Tween类乳化剂，该类乳化剂的亲水性好，HLB为16~18，乳化能力强。此类乳化剂为淡黄色、淡褐色油状或蜡状物质，有特异臭味。

2.蔗糖脂肪酸酯（SE）

蔗糖脂肪酸酯，又称蔗糖酯，简称SE，其由蔗糖与脂肪酸甲酯反应生成，通常为单酯和多酯的混合物。白色至黄色的粉末，或无色至微黄色的黏稠液体或软固体，无臭或稍有特殊的气味。易溶于乙醇、丙酮。单酯可溶于热水，但二酯和三酯难溶于水。单酯含量高，亲水性强；二酯和三酯含量越多，亲油性越强。具有表面活性，能降低表面张力，同时有良好的乳化、分散增溶、润滑、渗透、起泡、黏度调节、防止老化、抗菌等性能。《食品添加剂使用卫生标准》（GB 2760—2014）规定，SE可用于肉制品、水果、冰激凌、饮料等，其最大使用量为1.5g/kg。

（六）防腐剂

1.苯甲酸和苯甲酸钠

苯甲酸为白色小叶状或针状结晶，性质稳定，有吸湿性，易溶于乙醇，难溶于水。苯甲酸杀菌效果最好的pH为2.5~4.0，在此范围内完全抑菌的最小浓度为0.05%~0.1%。

苯甲酸钠为白色颗粒或结晶性粉末；易溶于水，溶于乙醇；pH为3.5时，0.05%的浓度便可完全阻止酵母生长。1g苯甲酸钠相当于0.847g苯甲酸。

《食品添加剂使用卫生标准》（GB 2760—2014）规定，苯甲酸和苯甲酸钠可在浓缩果蔬汁（浆）（仅限食品工业用），果蔬汁（浆）类饮料，蛋白饮料，碳酸饮料，茶、咖啡、植物类饮料，特殊用途饮料，风味饮料中使用，其最大使用量分别为 2.0g/kg、1.0g/kg、1.0g/kg、0.2g/kg、1.0g/kg、0.2g/kg、1.0g/kg（以苯甲酸计），苯甲酸和苯甲酸钠同时使用时，不得超过其最大使用量。

2.山梨酸和山梨酸钾

山梨酸为无色针状结晶或白色结晶性粉末；耐光、耐热；但长期置于空气中则会氧化变色；水溶液加热可随水蒸气挥发；难溶于水，溶于乙醇等。本品为酸性防腐剂，在pH为8以下防腐作用稳定，pH越低，抗菌作用越强；对霉菌、酵母、需氧菌有明显的抑制作用。使用时应当注意：本品适用于酸性食品；宜在加热结束后添加，以免随水蒸气挥发；难溶于水，故应当采用合适的方法使其溶解。

山梨酸钾为白色至淡黄褐色鳞片状结晶或结晶性粉末；与山梨酸相比，其最大优点在于它易溶于水，因此被广泛应用。

《食品添加剂使用卫生标准》（GB 2760—2014）规定，山梨酸和山梨酸钾可在饮料类（包装饮用水除外）、浓缩果蔬汁（浆）（仅限食品工业用）、乳酸菌饮料中使用，其最大使用量分别为0.5g/kg、1.0g/kg、2.0g/kg（以山梨酸计），山梨酸和山梨酸钠同时使用时，不得超过其最大使用量。

（七）抗氧化剂

能够防止或延缓食品氧化，提高食品稳定性，延长食品贮藏期的食品添加剂叫作抗氧化剂。抗氧化剂的种类很多，软饮料中使用的有抗坏血酸及其钠盐、异抗坏血酸及其钠盐、亚硫酸及其盐等。其中亚硫酸及其盐只能使用在半成品中。为增强抗氧化作用，在使用抗氧化剂的同时，可使用抗氧化剂的增效剂，如柠檬酸、植酸等。

（八）二氧化碳

二氧化碳是碳酸饮料的主要原料之一，主要用于饮料的碳酸化，在碳酸饮料中起着其他物质无法替代的作用。

目前，国内饮料工业中使用的二氧化碳主要来源有发酵制酒的产品、煅烧石灰的副产品、天然气、燃烧焦炭或其他燃料、中和法生产二氧化碳等。通过上述来源的二氧化碳，大多含有杂质，必须经过水洗、还原法、氧化法、活性炭吸附、碱洗等净化处理。

二、软饮料包装容器及材料的选择

（一）玻璃容器及材料

玻璃瓶具有光亮、造型灵活、透明、美观、多彩晶莹、阻隔性能好，不透气；无毒、无味，化学稳定性高，卫生清洁；原料来源丰富，价格低廉，可多次周转使用；耐热、耐压、耐清洗，可高温杀菌，也可低温贮藏；生产自动化程度高等优点。但是玻璃瓶还具有质量大、运输费用高、机械强度低、易破损、加工耗能大、印刷等二次加工差等缺点。这些缺点在很大程度上影响着玻璃包装容器的使用和发展，特别是受到轻质塑料及其复合包装材料的冲击。

盛装饮料所用的玻璃瓶都应满足以下基本要求。

1.玻璃质量

玻璃应当熔化良好、均匀，尽可能避免结石、条纹、气泡等缺陷。

2.玻璃的物理化学性能

玻璃应具有一定的化学稳定性，不能与盛装物发生作用而影响其质量；饮料瓶应具有一定的热稳定性，以降低在杀菌以及其他加热、冷却或冷藏过程中的破损率；饮料瓶应具有一定的机械强度，以承受内部压力和在搬运与使用过程中所遇到的震动、冲击力和压力等。

3.成形质量

饮料瓶按一定的容量、质量和形状成形，不应有扭歪变形、表面不光滑、气泡和裂纹等缺陷；底部应保持水平且平滑，无凸字花纹，以利于光检验机辨认；瓶重心应尽量靠下，以利于传送时保持平稳；玻璃分布要均匀，不允许有局部过薄过厚现象；瓶口中心线角度差不超过5°，以适应灌装设备，特别是口部要圆滑平整，以保证密封质量。

（二）金属容器及材料

软饮料使用的金属包装材料有镀锡薄钢板、镀铬薄钢板、铝合金和铝箔等。镀锡薄钢板俗称马口铁，是两面镀有纯锡的低碳钢板，为传统的制罐材料。马口铁有光亮的外观、良好的耐蚀性和制罐工艺性能，适于涂料和印铁。镀铬薄钢板又称无锡钢板（TES），是为了节省用锡而发展起来的一种马口铁代用材料，镀铬板的耐蚀性较马口铁差，因此需经内外壁涂料使用。铝材除具有金属材料固有的优良阻隔性能外，质量轻、加工性能好、在空气和水汽中不生锈、经表面涂料后可耐酸碱等介质、无味无臭等更是其特有的优点。

软饮料使用的金属包装容器有三片罐和两片罐之分。三片罐大多用于不含二氧化碳的饮料的包装。两片罐多用于碳酸饮料的包装。三片罐罐身多使用马口铁，而罐盖则使用马口铁、镀铬板或铝材。软饮料用两片罐多使用铝薄板。目前，饮料罐多为易开盖形式，易开的顶盖基本上采用铝材。

（三）塑料容器及材料

塑料是一种具有可塑性的高分子原料，它以合成树脂为主要原料，根据需要添加稳定剂、着色剂、润滑剂以及增塑剂等，在一定条件下（温度、压力）下塑制成形，在常温下保持形状不变。塑料包装材料的最大特点是可以通过人工的方法很方便地调节材料性能，以满足各种需要，如防潮、隔氧、保香、避光等。制成为软饮料包装容器的塑料主要有聚乙烯（PE）、聚氯乙烯（PVC）、聚丙烯（PP）、聚酯（PET）、聚偏二氯乙烯（PVDC）、聚碳酸酯（PC）等。

（四）纸质容器及材料

纸质容器实际上大部分是复合材料，只不过在材料中加入了纸板，由于纸板的支撑，使原来不能直立放置的容器可以在货架上摆放。较早开发复合纸质容器的是瑞典的TetraPak公司（利乐公司），其产品称为利乐包。随着技术的进步，现在利乐包减少了材料的消耗，比20年前减少了20%。利乐包的包装由6层材料组成，从内到外的顺序是：聚乙烯、聚乙烯、铝箔、聚乙烯、纸板、聚乙烯。在早些时候，其包装为7层，经过改进以后的包装可形容为是由纸和铝箔夹在聚乙烯中构成的。这种包装属于无菌包装，操作是在利乐公司的无菌灌装机上一面完成容器的成形,一面完成无菌灌装。此外,有预先在无菌环境中制成折叠的包装盒,再在无菌环境中打开进行灌装的形式,这种形式适用于含果肉的饮料,中国将其称为康美盒。

纸质包装中还有一种是以涂布聚乙烯材料的纸制成的,在冷藏条件下流通消费的屋脊型包装,此类包装由于阻隔性能较差,因此不能用于长期保存的产品。

第二节 果蔬汁饮料加工技术

一、果蔬汁类及其饮料产品的分类

按照我国国家标准《饮料通则》(GB/T 10789—2015)中的规定,我国果蔬汁及其饮料产品主要分为以下几类。

(一)果蔬汁(浆)

以水果或蔬菜为原料,采用物理方法(机械方法、水浸提等)制成的可发酵但未发酵的汁液、浆液制品;或在浓缩果蔬汁(浆)中加入其加工过程中除去的等量水分复原制成的汁液、浆液制品,如原榨果汁(非复原果汁)、果汁(复原果汁)、蔬菜汁、果浆/蔬菜浆、复合果蔬汁(浆)等。

(二)浓缩果蔬汁(浆)

以水果或蔬菜作为原料,从采用物理方法榨取的果汁(浆)或蔬菜汁(浆)中除去一定量的水分制成的,加入其加工过程中除去的等量水分复原后具有果汁(浆)或蔬菜汁(浆)应有特征的制品。

含有不少于两种浓缩果汁(浆),或浓缩蔬菜汁(浆),或浓缩果汁(浆)和浓缩蔬菜汁(浆)的制品为浓缩复合果蔬汁(浆)。

(三)果蔬汁(浆)类饮料

以果蔬汁(浆)、浓缩果蔬汁(浆)为原料,添加或不添加其他食品原辅料和(或)食品添加剂,经加工制成的制品,如果蔬汁(浆)饮料、果肉(浆)饮料、复合果蔬汁饮料、果蔬汁饮料浓浆、发酵果蔬汁饮料、水果饮料等。

二、常见果汁及其饮料的生产工艺

（一）柑橘汁及其饮料

柑橘汁酸甜适口，色泽柔和，有柑橘的香气，含有多种人体所需的维生素和矿物质。这些特有感官、理化性质的结合，使柑橘汁生产成为世界上规模最大的食品行业。柑橘汁的加工季节较长，每年可达6~9个月，在柑橘汁加工中以甜橙汁为主要产品。

具体工艺要点如下。

1. 洗净与选果

原料经验收合格后，通过流水进行输送。由于与水相互接触，能除去原料中的泥沙和附着物。但是过长的流水道，会助长果实的污染，促进某些品种果实的果皮软化。因此，必须尽可能地供给新鲜的流水，使水中含适量的有效氯（30~50mg/kg），保持流水槽的清洁。

原料从流水槽通过提升机送到选果传动带。选果传动带两侧的操作人员将原料中的病害果、未熟果（青果）、枯果、过熟果、软果、伤害果等剔除。合格果抽样测定，在初期熟果较多，后期腐败果和变形果较多。

存放的原料可能污染有泥沙、尘土、农药等，必须洗净。洗净工序是原料在回转刷上一边回转，一边机械洗净，洗涤剂采用食用脂肪酸系列的洗涤剂（0.2%），洗涤剂从回转原料的上部滴下来。原料经过回转刷后，立即采用新净清水反复淋洗以去除附着的洗涤剂，然后检查并剔除存放中出现的不合格果实。再通过第二次选果，分别送往榨汁机榨汁。

2. 榨汁

为了榨取优质的果汁，必须注意以下问题：①榨汁得率要高；②不得含有大量果皮油；③防止白皮层和囊衣的混入，这些物质如果研碎，苦味成分就混入果汁中，不仅增加了苦味，而且成为加热臭的原因；④可以适量混入果肉浆（沙瓤膜），附着在果肉浆上的色素能给予果汁适当的色泽；⑤应该采用避免种子破碎的榨汁方法，种子中含柠碱，如混入果汁中会增加苦味；⑥榨汁成本要低。柑橘榨汁最早采用手工榨汁器和半机械化榨汁机榨汁，榨汁效率低。目前柑橘榨汁用的机械有美国FMC公司的线上榨汁机、布朗榨汁机等。

3. 过滤

榨汁的方法不同，过滤方法也不相同。榨出的果汁中含有果皮的碎片和囊衣、粗的果肉浆等。不同榨汁方式所含的夹杂物也不相同。为了除去这些夹杂物，必须进行粗滤（筛滤）。手工和半机械化榨出的果汁，用20目振荡筛分离果汁和果渣。榨汁与过滤对甜橙汁的柠碱含量有所影响，甜橙汁的苦味是由磨碎和浸渍白软皮、中心维管束和芯皮膜所致，同时果汁与这些组分的接触时间对苦味也有关系。一般地说，榨汁机均附有果汁粗滤设备，榨出的果汁经粗滤后立即排出果渣及种子，因此无须另设粗滤器。

经粗滤的果汁立即送往精滤机进行精滤，筛孔的孔径为0.3mm。果汁的质地可由调节精滤机的压力与筛筒的筛孔大小加以控制。

4.果汁的调和

调节了果肉浆含量后的果汁，放入带搅拌器的不锈钢容器中进行调和，使其品质和成分一致。

果汁的糖酸比，各国、各地区要求并不相同。日本农林省食品研究所对温州蜜柑天然果汁的嗜好所做的调查认为，最佳的糖酸比为12∶5。但是由于地区不同，要使所有产品都和这种糖酸比一致是很困难的。美国最好的糖酸比为1∶5，根据不同等级可以在12∶5～19∶5，实际上大多数产品为13∶5～17∶5。一般地说，甜橙汁呈橙黄色，如需加深色泽，可用红玉血橙调和。

5.脱油和脱气

调和后的果汁含有过量的甜橙油，需要用脱油机脱油，以除去多余部分的甜橙油。甜橙汁中所含少量甜橙油可使果汁具有愉快的香气，并增加风味；但在某种条件下，也会产生不愉快的气味。在储藏过程中，甜橙油中的主要成分氧化是果汁变味的主要原因。防止果汁变味的方法，过去是选用合适的榨汁机和调整榨汁机来进行；或是先把果实放在85～90℃热水中浸1～3min，使果皮软化后榨汁。现在生产上采用类似小型真空浓缩蒸发器的脱油器进行脱油，果汁喷入真空度为90.65～93.31kPa的脱油器中，并加热到51℃，多余的甜橙油被蒸发，并随蒸汽而冷凝。此时果汁中有3%～6%的水分也被蒸发掉。冷凝液通过离心机分离出甜橙油，留在下层的水重新返回到果汁中。果汁中的甜橙油以容量计，宜保持在0.015%～0.025%。美国A级橙汁规定其中甜橙油含量为0.035%以下。

调和后的果汁中含有多种气体，特别是空气会使果汁氧化，是果汁品质劣化的原因。其中与品质劣化最有关系的是氧气。氧气在榨汁时也会混入，由于过度的搅拌或浆叶的回转而增加，除溶解在果汁中外，还吸附在果肉浆和胶体粒子表面。

通过脱气可以防止维生素C损失；防止香味和色泽变化；防止好氧性微生物繁殖；防止果肉浆和气体悬浮物悬浮在果汁的上部；防止杀菌和装填时产生气泡；对于镀锡薄钢板罐等罐装果汁，有防止腐蚀的作用。脱气的缺点是会损失一部分香气成分。

为了去除果汁中的气体，脱气时的果汁温度要比真空室中饱和蒸汽压相应的温度稍高，这样果汁发生突沸，就能迅速地除去气体。从脱气效果、机器大小、清洗难易程度来看，在真空室内使果汁呈薄膜状流下的脱气方式被最广泛采用。脱气时有2%～3%的水分蒸发。在进行真空脱油的同时可以起脱气作用，因此，脱油与脱气可以在同一设备中进行。

6.加热杀菌

果汁中含有大量的微生物和酶。杀菌的目的就在于通过加热杀灭微生物，钝化果胶分解酶和抗坏血酸氧化酶。以风味和含抗坏血酸为主要特色的果汁对热极为敏感，过度加热易使风味和抗坏血酸受到破坏和损失，因此必须采用使这种破坏和损失达到最低限度的杀菌方法。过去罐装饮料在常温下装填和真空封罐以后，进行回转杀菌。这种杀菌条件是罐头中心温度在85℃以上保持不少于5min，近来果汁饮料的杀菌几乎都采用瞬间杀菌。瞬间杀菌的理论是以杀菌温度上升10℃，杀菌效果上升10倍为依据，即80℃需要30min，90℃只需要3min，即可达到同样的效果。由于时间短，品质的劣化可以限制在最低程度，果实饮料风味的变化和抗坏血酸的损失较小。

瞬间杀菌法所采用的设备是板式热交换器，加热、保温及冷却可在同一设备中进行。脱气后的果汁通过杀菌器，在15~20s内温度可达93~95℃，保持15~20s后，热交换器中的温度降到90℃左右，送往装填。现在所使用的高速封口机、装瓶机都采用93~95℃杀菌后热装瓶（罐）的工艺，并尽可能缩短杀菌之后到冷却间的时间。

果汁本身存在的酶，有导致分离、澄清的果胶分解酶，在果汁生产中必须使之钝化。杀菌的同时能使酶钝化。为了增加果汁的稳定性和保持浑浊度，加热杀菌温度必须达到93.3℃；保持果汁稳定性取决于加热的时间和果汁的pH。

7.装填和冷却

现在果汁饮料除纸质容器外几乎都采用热装填。装满的果汁冷却后容积缩小，其顶隙形成真空度。可以说这种方法是保持果汁品质的最好方法。但是，和脱气杀菌操作一样，挥发性芳香成分会有少量损失。

杀菌结束后，果汁的温度因作业线的长短而不同，一般要下降1~3℃。装填的果汁温度为90℃左右。灌装时，洗净的空罐进行自动定量灌装后立即密封。将密封后的罐头倒置30~60s，利用果汁的余热对罐盖进行杀菌，随之喷冷水，将罐快速冷却至38℃左右。对于温州蜜柑果汁来说，是否产生加热臭是特别重要的问题，缩短杀菌之后到冷却之间的时间，是防止果汁劣化的技术关键。

（二）浓缩苹果汁

浓缩苹果汁有清汁和混汁之分。浓缩苹果混汁比清汁缺少脱胶和精滤两道工序，其余与清汁相同。

1.原料的选择与成分分析

苹果在正式加工之前，原料按标准验收及测定成分。要用新鲜完好的苹果，严防混入腐烂苹果。原料的成熟度以成熟果或接近成熟果为宜，禁止收购过熟果及不成熟果。这是因为成熟过度的苹果果胶溶出较多，对榨汁和脱胶不利；成熟度差的苹果不但风味差，而且淀粉含量高，致使初滤排渣量大，不但损伤和缩短设备使用寿命，甚至导致无法加工，且大大降低了果汁风味和出汁率。

由于苹果品种不同及成熟度的差别，造成各种苹果的成分差异而给加工带来影响。此外，在原料收购后进入加工厂之前，还有一段存放期，其间苹果的成分亦发生变化。为使加工工艺能适应原料的成分特性，对进厂原料及存放后的原料要测定果胶、淀粉、单宁及可溶性固形物等成分含量。

2.送料

原料储存于流送台，输送时通过流送台下的流送沟以循环水将水果送入加工线。以水流送苹果减轻了劳动强度，又起到了洗涤作用。流送台应有较大的容量，若每天有100t的吞吐量，则流送台需300~500t的容量或更大些，兼有临时存放、催熟与送料的作用。

送料过程应注意根据原料存放时间和成分变化情况，有计划地存放和送料，避免苹果过度成熟和腐烂损失。对不太成熟的苹果要用冷库储存，再出库催熟，然后送入加工线。

3.洗拣果

洗拣果按冲洗、消毒、喷淋、拣果顺序进行。通过长达几十米的流送槽送果，在流送的过程中洗掉苹果表面的污垢、农药及杂草，流送槽设专人拣除杂草。之后苹果进入水槽消毒，消毒剂一般用配成一定浓度的漂白粉溶液，定时补充和更换。消毒后苹果进入洗果机以自来水喷淋冲净药液。在拣果机上，弃去腐烂果、坏果、不成熟小果，对腐烂较小部分予以修整，使其不进入下一道工序，这也是保证果汁品质和风味的重要操作。

4.磨碎和榨汁

苹果经传送带进入果仓，再磨碎成浆，由螺杆泵将果浆泵入榨汁机榨汁。榨汁操作可在不同的设备中进行，有布赫液压水果榨汁机、带式榨汁机等。布赫液压水果榨汁机处理能力大，出汁率高，可自动压榨和自动排渣。在挤压室中设置了上百条似绳状的过滤元件，可以起到过滤、导流及疏松渣料的作用。压榨时间要根据品种及成熟度而变动，榨汁后排出的固体果渣水分含量应小于70%，若高于70%则应增加压榨时间。

5.加热

汇集于榨汁机贮汁槽的果汁用泵打入果汁收集罐（也称缓冲罐），先经过板式热交换器加热，再进行一级分离（初滤）。加热的目的是使果汁脱胶中酶制剂在最适温度范围内达到最大活力。不同酶制剂的最适温度是有差别的，如果胶酶为40~50℃，淀粉酶为55~60℃。两种酶制剂加入，就选择接近二者的最适温度50℃。加热温度稳定在50℃左右，切忌忽高忽低，尤其不能偏高。当温度超过55℃时，果胶酶活力大大降低；在60~65℃，果胶酶经2min就失去活性。

6.两级分离（初滤和精滤）

加热后的果汁要立即进行一级分离，以离心方法排出果汁中不溶性粗淀粉及较大的果渣。该分离机为碟片式离心分离机,转速高达6000r/min,能自动排渣,分离精度很高,分离果汁的流量必须控制好工艺参数,同时要控制自动排渣的时间与排渣量,由于苹果的品种不同,成熟度不同,其粗淀粉的含量差别很大,如"红玉"比"国光""金帅"苹果淀粉量高。成熟度低的苹果淀粉含量也高。这就需要在一级分离时缩短排渣间隔时间,增加排渣量。但应注意,排渣间隔时间在不影响产品质量及设备正常运转的情况下,应尽量长一点,否则易造成果汁浪费。排掉的液体果渣可继续发酵酿酒,以达到综合利用的目的。

二级分离在果汁脱胶工序之后进行。该工序采用离心澄清工艺,将脱胶罐的上清果汁进行第二次分离,使果汁澄清透明。经二级分离后的果汁(苹果原汁)用分光光度计检测,10mm比色杯,波长625nm时,透光率可达92%以上,最高可达98%;若低于90%,说明澄清效果不理想,应立即采取措施。二级分离的排渣量与排渣时间、排渣间隔时间均不同于一级分离。果汁脱胶罐中的沉淀物要返回一级分离机,以回收沉淀物中的果汁。

7.脱胶(澄清)

果汁澄清是浓缩苹果清汁加工整个生产线上最关键的工序。

(1)脱胶中加入的材料。脱胶中加入果胶酶、淀粉酶、明胶、硅溶胶和膨润土五种材料。加入酶制剂是为了水解果胶和淀粉,将其降解成可溶性小分子物质。加入明胶(与硅溶胶配对使用)是为了除去果汁中的多酚物质、其他带电悬浮物质和部分中性悬浮物质。加入助滤剂膨润土可吸附蛋白质及其他悬浮物质,并加速沉降。

果胶物质的存在使果汁黏度增加,因而为果汁澄清和浓缩增加了困难。而浓缩果汁作为原料加工制成饮料,则可因果胶与水中的钙离子、镁离子结合形成沉淀,所以果胶又是饮料浑浊沉淀的原因之一。加入果胶酶使果胶降解成小分子产物,同时使果汁中其他胶体及悬浮物质失去保护作用而沉淀,达到澄清效果。

淀粉颗粒的存在使果汁浑浊,淀粉酶水解淀粉的最终产物为麦芽糖、葡萄糖。

果汁中过多的单宁物质使果汁涩味过重,也是果汁浑浊的因素。加入明胶,可形成明胶单宁配合物沉淀,果汁中的悬浮物质亦被缠绕而随之沉淀。另外,明胶带正电荷,果汁中的单宁、果胶、纤维素及多缩戊糖等带负电荷,正负电荷的微粒相互作用可达到凝集沉淀的效果,加明胶以后还要加带负电荷的硅溶胶,它可与果汁中带正电荷的粒子作用,也与明胶作用,形成大粒的中性物质沉淀。由于明胶、硅溶胶的作用,果汁中的多酚物质及其他杂质则一起生成大片絮状物质,加速了沉降过程,缩短了果汁的澄清时间。

加入膨润土可吸附果汁中的蛋白质及其他胶体,沉降其他悬浮物质,是非常好的果汁澄清助滤剂。

(2)酶制剂的作用条件及加入量。果胶酶、淀粉酶是具有很高活力的生物催化剂,其反应速度、作用效果与果汁的温度、pH等有关。

经加热后输入脱胶罐的果汁温度保持在50℃，选择的是接近两种酶最适宜的温度。果胶酶、淀粉酶的适宜pH为3.0~5.5，而苹果汁的pH一般为3.0~4.0，正好在这个范围。有时候，有的苹果品种酸度高，造成果汁的pH小于3时，酶的活力则下降50%，这时应加低酸果汁或加水稀释混合，调整pH达3以上。果汁的pH在3.5左右时，酶的活力最高。酶制剂的加入量要根据果汁中的果胶、淀粉含量来确定，同时要根据不同厂家生产的酶制剂的活力大小来确定。

（3）辅助材料的处理、加入顺序与反应时间。用于果汁澄清的五种辅助材料加入前要进行浸泡处理，方法是：果胶酶、淀粉酶以50℃果汁浸泡30min；膨润土以果汁浸泡2h，不得有块状物；明胶以冷水浸泡1h成蓬松状。

加入顺序：先将果胶酶、淀粉酶同时加入，反应30~40min后，再加入明胶、硅溶胶，8~9min后加入膨润土，沉降、静置50min。加入辅料的同时进行搅拌。从加入辅料到澄清完毕均需要90~100min，若超过2h，则会影响整个加工线的连续性和产量。

（4）脱胶过程中的化验检测。脱胶罐中的果汁在加入酶制剂反应30min后，检查果胶、淀粉是否水解完全，要通过酒精试验、碘试验确定。明胶加入量则通过最佳剂量试验确定。车间设流程化验室逐罐检验，对个别仍残存果胶、淀粉者需补加酶制剂。辅料的加入量要准确、适量。脱胶罐上清果汁在进行二级分离后要进行透明度的检测，以判断是否达到了澄清要求。

8.提香兼巴氏杀菌

二级分离后的果汁通过板式热交换器进行瞬间高温杀菌，温度控制在95~105℃，杀菌时间为几秒钟，使果汁风味和维生素含量不遭破坏。苹果香料的提取经过三级蒸发器，三级蒸发器具有不同的压力、温度和流量，将苹果香料浓缩100~150倍。香料单独装桶储存。

9.浓缩

若采用真空薄膜式离心蒸发器，在50℃条件下1~3s即蒸发浓缩完毕。由于是低温浓缩，很好地保持了苹果的风味及营养成分。真空度一般控制在0.09MPa以上，在真空条件下当果汁喷射成膜状后，果汁中水分蒸发，气体逸出，这样可有效地抑制果汁褐变及防止色素和营养成分的氧化，但这种蒸发器的能耗很高。

10.灌装与储存

浓缩汁送入浓汁储罐中搅匀，冷却装桶。装桶后密封好，于0~4℃冷风库储存。

11.清洗（CIP）

果汁加工线上有一套完整的清洗系统，包括对榨汁机、分离机、脱胶罐、芳香回收装置、浓缩机设备及管路六大系统进行清洗。清洗系统为先清洗，再酸洗，再清水冲洗，各10min。碱液、酸液浓度均为2%，清洗液温度70~75℃。每24h中要有约4h进行清洗，以保证卫生要求。

三、常见蔬菜汁的生产工艺

（一）芦笋汁

操作要点如下。

（1）原料选择。用于制汁的芦笋可以是新鲜芦笋，也可以是生产芦笋罐头的外品整芦笋和下脚料，但必须新鲜，粗纤维少，无腐烂变质和病虫害现象，作为罐头厂的下脚料如芦笋皮、段等，滞留时间不超过24h，剔除杂质和烂笋。

（2）清洗。用流动水将原料表面泥沙及污物清洗干净，并滤去水分。

（3）破碎。用旋风式多刀破碎机将芦笋破碎成3mm左右的小粒。

（4）酶解。用纤维素酶与果胶酶的复合酶进行酶解，具有过滤快，汁液透明，营养丰富，成本低廉等特点。20%的芦笋复合酶的添加量为25~30μg/mL。

（5）榨汁。采用螺旋式压榨机，榨汁率在60%以上。

（6）过滤。压榨的汁液用网孔为0.4mm的过滤机过滤，去除纤维。

（7）酸化处理。天然芦笋原汁的pH在5.6~6.0，可用柠檬酸将原汁的pH调整为3.9左右。

（8）浓缩。将酸化的芦笋汁真空浓缩至24°Bx。

（9）杀菌。将芦笋汁升温至100℃，杀菌3min。

（10）灌装、封口、冷却。灌装温度在93℃以上，灌装后立即封口，并用流动水冷却至成品温度达40℃以下。

（二）胡萝卜汁

胡萝卜是一种具有较高营养价值和保健作用的蔬菜。胡萝卜中的胡萝卜素可在人体内转变成维生素A，它对保护视力、促进儿童生长发育、增强机体抗病能力均有重要作用。选用橙红色或深红色、外形短粗、表面光滑、纹理细致、纤维较少的胡萝卜为制汁原料。原料的可溶性固形物在10%左右，可滴定酸为0.15%，pH为6.1左右。

将清洗和修整的胡萝卜输入磨碎机中粉碎，然后进行榨汁，也可用水压机压榨，不过用水压机压榨前，胡萝卜应用沸水漂烫15min，以提高出汁率。提取的汁液必须加热到82.2℃，使对热不稳定的物质全部凝固，再行均质，以防止后道工序中不可溶物絮凝。

压榨、加热、均质所得的胡萝卜原汁，添加一定量的糖及0.33%左右的酸适当调味，可以得到香味独特的胡萝卜汁。同时，可以和苹果汁、番茄汁、柑橘汁等混合，制成酸甜可口的胡萝卜汁饮料。

胡萝卜汁在装罐前预热至70℃左右，装罐封口后继续加热至121℃左右，高温处理30min，冷却得到成品。如果加入其他果汁或经酸化处理的胡萝卜汁饮料，可以采用常压杀菌。

第三节 蛋白饮料加工技术

一、蛋白饮料概述

（一）定义

蛋白饮料是指以乳或乳制品或有一定蛋白质含量的植物的果实、种子或种仁等为原料，经加工或发酵制成的饮料。

（二）饮品特点

蛋白饮料是我国目前发展速度最快的饮料，年均以30%的速度增长，已成为很多地区的消费热点，究其原因，蛋白饮料有如下特点。

1.丰富的营养

随着人们消费水平的提高，人们对饮料的要求更趋于营养、保健和回归自然。蛋白饮料中的蛋白质，主要来源于乳及乳制品、植物的籽仁中。在植物籽仁中，含有大量脂肪、蛋白质、矿物质、维生素等，其中所含的蛋白质是优质蛋白质，氨基酸品种齐全，具有人体必需的八种氨基酸；在脂肪中不含胆固醇，却含有大量对人体健康十分有益的亚油酸和亚麻酸，长期食用，对附着在血管壁上的胆固醇还具有溶解作用。而牛乳中含有能促进人体生长发育及维持健康水平的几乎一切必需的营养成分，所含的营养成分比例，大体适合人体生理需要，几乎全部可以消化吸收，比植物蛋白的消化率和消化速度都要高。正因为蛋白饮料有丰富的营养，并对人体有较好的保健作用，所以蛋白饮料正显示出越来越大的魅力。

2.饮料风味好

一种食品，光有丰富的营养并不足以引起人们对它的青睐，若是它很难入口，人们也只能敬而远之。蛋白饮料的发展速度这么快，自然与其风味好有极大关系。在设计饮料配方时人们对各种原料的选用、配比等均做了精心考虑和设计，并严格进行工艺操作和检验。使之达到最优状态。如主要蛋白质来源的大豆中，往往有一种叫人难以接受的豆腥味，若带入饮料中，会使饮料风味大为劣化。为此，人们想出了种种办法来防止和消除豆腥味，并取得了可喜成果，可以得到几乎不含豆腥味的大豆蛋白原料。也正因为对蛋白饮料的配方、原料选择、制造工艺、产品检验等进行了严格的控制，使得饮料的质量稳步提高，并以优良的风味赢得了越来越多的消费者。

二、蛋白饮料的分类

根据《饮料通则》（GB/T 10789—2015），蛋白饮料可分为含乳饮料、植物蛋白饮料、复合蛋白饮料、其他蛋白饮料四类。

（一）含乳饮料

含乳饮料是指以乳或乳制品为原料，添加或不添加其他食品原辅料和（或）食品添加剂，经加工或发酵制成的制品。含乳饮料还可称为乳（奶）饮料、乳（奶）饮品。按照我国《含乳饮料》（GB/T 21732—2008），可将含乳饮料分为以下两类。成品中蛋白质含量不低于1.0%（g/100g）的称为乳饮料，蛋白质含量不低于0.7%的称为乳酸菌饮料。

1.配制型含乳饮料

以乳或乳制品为原料，加入水，以及白砂糖和（或）甜味剂、酸味剂、果汁、茶、咖啡、植物提取液等的一种或几种调制而成的饮料。

2.发酵型含乳饮料

以乳或乳制品为原料，在经乳酸菌等有益菌培养发酵制得的乳液中加入水，以及白砂糖和（或）甜味剂、酸味剂、果汁、茶、咖啡、植物提取液等的一种或几种调制而成的饮料，如乳酸菌饮料，根据其是否经过杀菌前处理而区分杀菌（非活性）型和未杀菌（活菌）型。

发酵型含乳饮料还可称为酸乳（奶）饮料、酸乳（奶）饮品。

（二）植物蛋白饮料

植物蛋白饮料属于蛋白饮料的一种，它是以一种或多种含有一定蛋白质的植物果实、种子或种仁等为原料。以两种或两种以上含有一定蛋白质的植物果实、种子、种仁等为原料，经加工或发酵制成的制品也可称为复合植物蛋白饮料，如花生核桃、核桃杏仁、花生杏仁复合植物蛋白饮料。按照《饮料通则》（GB/T 10789—2015），我国植物蛋白饮料可分为核桃露（乳）、花生露（乳）、杏仁露（乳）、椰子汁（乳）、豆奶（乳）和豆奶（乳）饮料。除上述之外的植物蛋白饮料。成品中蛋白质含量不低于0.5%。

1.核桃露（乳）

根据《植物蛋白饮料核桃露（乳）》（GB/T 31325—2014），核桃露（乳）是以核桃仁为原料，可添加食品辅料、食品添加剂，经加工、调配后制得的植物蛋白饮料。

2.花生露（乳）

以花生仁为原料，经加工、调配后，再经高压杀菌或无菌包装制成的乳浊状植物蛋白饮料。

3.杏仁露（乳）

根据《植物蛋白饮料 杏仁露》（GB/T 31324—2014），杏仁露（乳）是以杏仁为原料，经加工调配后制得的植物蛋白饮料。

4.椰子汁（乳）

以新鲜椰子果肉为原料，经加工制得的饮料为椰子汁，以椰子果肉制品如椰子果浆、椰子果粉等为原料，经加工制得的饮料为复原椰子汁。

5.豆奶（乳）和豆奶（乳）饮料

按照《植物蛋白饮料豆奶和豆奶饮料》（GB/T 30885—2014），豆奶按照工艺分为原浆豆奶（豆乳）、浓浆豆奶（豆乳）、调制豆奶（豆乳）、发酵原浆豆奶（豆乳）、发酵调制豆奶（豆乳），豆奶（豆乳）饮料按照工艺分为调制豆奶（豆乳）饮料、发酵豆奶（豆乳）饮料。

（1）原浆豆奶（豆乳）

以大豆为主要原料，不添加食品辅料和食品添加剂，经加工制成的产品，也可称为豆浆。

（2）浓浆豆奶（豆乳）

以大豆作为主要原料，不添加食品辅料以及食品添加剂，经加工制成、大豆固形物含量较高的产品，也可称为浓豆浆。

（3）调制豆奶（豆乳）

将大豆作为主要原料，可添加营养强化剂、食品添加剂、其他食品辅料，经加工制成的产品。

（4）发酵原浆豆奶（豆乳）

大豆作为主要原料，可添加食糖，不添加其他食品辅料和食品添加剂，经发酵制成的产品，也可称为酸豆奶或酸豆乳。

（5）调制豆奶（豆乳）饮料

以大豆、豆粉、大豆蛋白为主要原料，可在其中添加营养强化剂、食品添加剂以及其他食品辅料，经加工制成的、大豆固形物含量较低的产品。

（6）发酵豆奶（豆乳）饮料

以大豆、豆粉、大豆蛋白作为主要原料，可添加食糖、营养强化剂、食品添加剂、其他食品辅料，经发酵制成的、大豆固形物含量较低的产品。

（三）复合蛋白饮料

以乳或乳制品，和一种或多种含有一定蛋白质的植物果实、种子或种仁等为原料，可在其中添加或不添加其他食品原辅料和（或）食品添加剂，最后经加工或发酵制成的制品。

（四）其他蛋白饮料

上述三类以外的蛋白饮料。

三、含乳饮料加工

（一）配制型含乳饮料的基本工艺

配制型含乳饮料主要品种有咖啡乳饮料、可可乳饮料、巧克力乳饮料、红茶乳饮料等，以咖啡乳饮料生产为例。

操作要点如下。

1.咖啡抽提液的制备

咖啡豆经焙炒后才能生成咖啡风味，焙炒的程度比较重要和复杂，一般比常规饮用的咖啡重一些。由于咖啡酸会使牛乳中的蛋白质不稳定，所以在牛乳中添加咖啡时很少使用酸味咖啡，而更多地使用苦味咖啡。工厂自制咖啡提取液时，将焙炒后的咖啡豆在90~100℃热水中进行提取，咖啡提取液的方式有虹吸式、滴水式、喷射式及蒸煮式，而生产中使用的多为喷射式和蒸煮式。但应根据使用目的来控制抽提温度、时间、液量等，以获取所需要的抽提液；在高温长时间的条件下提取会使咖啡风味降低。咖啡提取液中含有碳水化合物、脂肪、蛋白质等，但作为风味成分的挥发酸却是羰基化合物、挥发性硫化物等，这些物质形成了咖啡特有的香味。

应该注意的是，咖啡提取液中还有单宁物质，它可使乳蛋白凝固，发生浑浊等现象。因此，在大量加入提取液时，还要加入稳定剂，以提高饮料黏度，防止产生沉淀。

2.溶糖

咖啡乳饮料应选用优质白砂糖作为甜味剂，因为咖啡乳与果汁、汽水是不相同的。它是由蛋白质粒子、咖啡抽提液中的粒子、焦糖色素粒子等分散成胶体状态的饮料。加工条件及组成的微小变动即可导致成分的分离。在所采用的条件中，以液体pH的影响最为显著。

当pH降至6以下时，饮料成分分离的可能性就很大。

糖在受热时pH就会降低，各种不同的糖受热变化情况是不同的。白砂糖在加热的条件下pH变化最小。因此，咖啡乳饮料采用白砂糖，加工技术上易于掌握。

咖啡乳饮料是中性饮料，而且乳类等原料营养丰富，若原料中含耐热性芽孢菌，则必须采用严格的杀菌工艺将其杀灭。一般为120℃ 20min。而在这样的工艺条件下，伴随以分解反应为主的化学变化会使饮料变质。

防止咖啡乳饮料变质的方法：首先是要选择无嗜热性细菌、无污染的优质原料；其次是对糖液进行紫外线杀菌，减少糖液的污染；另外，在咖啡乳中添加0.02%～0.05%的蔗糖酯可有效地防止变质。

3.乳及乳制品的调制

鲜乳可直接使用，若用脱脂乳粉、全脂乳粉等则需要经过溶解、均质处理成乳液。

4.混合

由于咖啡提取液和乳液在混合罐直接混合后，会产生蛋白质凝固现象，所以将糖液入罐后，应加入碳酸氢钠或磷酸氢二钠等碱性物质，也可将二者混合使用，调节pH在6.5以上，再加入食盐水溶液。将蔗糖酯溶于水后加入乳中均质，并打入罐内，必要时加入消泡剂聚硅氧烷树脂，然后加入咖啡提取液和焦糖，最后加入香精，充分搅拌混合。

5.灌装

原料调配好后经过滤及均质处理，然后经板式热交换器加热到85～95℃，进行灌装和密封。因本品易于起泡，故不应装填过满。制品应保持33.9～53.3kPa的真空度。

6.杀菌和冷却

为防止耐热性芽孢杆菌造成的败坏，通常要进行严格的杀菌处理，中心温度达120℃，维持20min。杀菌后冷却到70℃以下再打开杀菌容器，可以直接供应市场或继续冷却到40℃以下供应市场。

（二）发酵型含乳饮料的基本工艺

操作要点如下。

1.发酵工艺

原料采用脱脂乳或还原脱脂乳添加脱脂乳粉调制而成。因发酵后要与果汁、香料、糖类等混合，所以无脂乳固形物含量要提高到10%～15%。根据需要还可加入葡萄糖（供乳酸菌生长用）或乳酸菌生长因子。

生产中所选用的发酵剂与制作酸乳选用的菌种是不相同的。制作酸乳采用高温型乳酸菌，发酵温度高，成熟时间短；而发酵型含乳饮料采用中温乳酸菌，培养温度较低，接种培养时间较长。将脱脂乳采用93～95℃瞬间杀菌，再冷却到35～45℃。然后接入发酵菌液，接种量一般为3%～5%。接种量过少，发酵所需时间稍长，对污染杂菌的抵抗力就弱；接种量过多，则杂菌污染力强。接入发酵菌液后，不搅拌，在最适温度（30～45℃）下，发酵18～24h。在发酵过程中，调整温度、pH、氧量、营养素、生长因子等诸因素，使之适于菌株发育。发酵后缓慢搅拌，破碎凝乳，立即冷却，数天后即成熟。

2. 调和工艺

将果汁、糖液、色素、柠檬酸等定量混合溶解，需要加稳定剂时，应先制成2%~3%浓度的溶液。再按照产品要求，将混合液用水稀释到适宜的倍数。经过80~85℃ 10~15min或90~95℃15s杀菌后冷却至3~5℃，再与培养好的乳酸菌发酵乳混合，充填入容器，制成活菌型乳饮料；或再经过杀菌工序制成杀菌型乳饮料。

3. 乳饮料的质量控制

牛乳中含有蛋白质，其中80%是酪蛋白。酪蛋白的等电点在pH为4.6左右，当乳饮料（包括配制型乳饮料和发酵型乳饮料）的pH降到这个值附近，酪蛋白就会因失去同性电荷斥力凝聚成大分子而沉淀。此外，酪蛋白的溶解分散性也显著受盐类的影响，一般在低浓度的中性盐类中易溶解，但盐类浓度高则溶解度下降，也容易产生凝聚沉淀。为此，可采取如下措施：①对蛋白质分子进行微细均质；②添加糖类；③添加稳定剂（乳饮料常用藻酸丙二醇酯、羧甲基纤维素钠等）；④添加澄清果汁。

四、植物蛋白饮料加工

（一）豆奶生产的基本工艺

操作要点如下。

1. 原料的选择、去杂

选择优质的大豆为原料。大豆中的腐烂豆粒以及石块杂质等必须除去。根据杂质与大豆间不同的物理性质（密度、大小等）可选用筛选、风选、去石机、磁选等方法，除去各种杂质。

2. 清洗、浸泡

大豆表面有很多微细皱纹、尘土和微生物附着其中，所以浸泡前应进行充分清洗。大豆浸泡的目的是软化细胞组织结构，降低磨浆时的能耗与磨损，提高蛋白胶体的分散程度，有利于蛋白质的萃取，提高蛋白质的提取率。浸泡用水以大豆质量的3~4倍为宜。浸泡时间视水温不同而不同，当水温在10℃以下时，浸泡时间控制在10~12h；水温在10~25℃时，一般控制浸泡时间在6~10h即可。根据具体情况掌握浸泡时间，当浸泡水表面集中薄层泡沫，豆瓣已涨大约为浸泡前的1倍，横断豆瓣，观察其断面的中心与边缘，若色泽一致，则表明浸泡时间已到。浸泡时间应控制适当，时间过短，影响蛋白质的提取率；时间过长，影响成品豆奶的风味和稳定性，甚至由于时间过长而使微生物繁殖增加，促使大豆蛋白质及糖类物质发酵分解，产生酸味，并导致豆奶稳定性破坏。

3.脱皮

大豆脱皮可以减轻豆腥味，提高产品白度，从而提高豆乳质量。大豆脱皮主要有两种方法：①干法脱皮，即在浸泡之前脱皮；②湿法脱皮，即在大豆浸泡后脱皮。干法脱皮时，大豆含水量应在12%以下，否则严重影响脱皮效果。当大豆含水量超过12%时，应将大豆置于干燥机中通入105~110℃热空气进行干燥处理，冷却后进行脱皮。大豆脱皮一般采用齿轮磨，调节磨间距以使大多数大豆分成两瓣而不会使子叶粉碎为度，再经重力分选机或风机除去豆皮。在脱皮过程中，大豆质量消耗约15%。

4.磨浆提取

目前钝化脂肪酸氧化酶的方法较多，多采用热磨酶的方法，但在进行热烫时要控制热烫的温度和时间。根据实际运用可知，用沸水或蒸汽进行热烫，温度应控制在95~100℃。将浸泡后的大豆置于传送装置上，均匀地经过沸水或蒸汽，停留2~3min即可达到钝化脂肪氧化酶的目的。大豆磨碎成白色糊状物称为豆糊，将适量的豆糊与水混合成浆体。现多采用加入足量的水直接磨成浆体的方法，将浆体分离除去豆渣，取得大豆提取液。磨碎设备可用不锈钢粉碎机、锤式粉碎机和万能磨等。

5.分离过滤

通过分离过滤将豆浆与豆渣分开，这步操作对蛋白质和固形物回收影响较大。豆渣中含水分在80%左右，渣中含水越多则蛋白质回收率越低。以热浆进行分离过滤，可降低浆体黏度，有助于蛋白质的回收。目前有些厂家采用蒸汽对浆体加热至90℃左右，然后分离过滤，豆渣再经辊压，使渣中的蛋白质溶液达到回收目的。分离过滤设备，目前多使用篮式离心机，但由于这种离心机是间歇式操作，只适于小型生产使用。大批量生产应采用连续式锤式离心机，可将浆渣连续分离排出。

6.调配

纯豆奶经调制后可生产出在营养、外观、口感上接近牛奶而无牛奶特殊异味的调制豆奶，也可调制成各种风味的豆奶。尽管豆奶中含营养丰富、品种较齐全的必需氨基酸、大量不饱和脂肪酸及一定量的矿物质和维生素等营养成分，但也有不足之处需要补充，如维生素B_1、维生素B_2含量不足，维生素A、维生素C含量很少，维生素D等缺乏。大豆中钙含量虽不低，但经加工成豆奶后钙损失较多。一般在豆奶中应添加$CaCO_3$，但因$CaCO_2$在豆奶中易引起蛋白质沉淀，故在使用前需对$CaCO_3$溶液进行均质乳化处理。$CaCO_3$在豆奶中的添加量一般在0.1%左右。

在豆奶中加入甜味剂可改善口感，因单糖在高温中易发生褐变作用，引起豆奶色泽变暗，故以加入蔗糖为宜。糖的加入量要因地制宜，一般豆奶中的总糖度应控制在8%~12%较能适应南北方人群的爱好。为使豆奶近于牛奶，往往在豆奶中加入鲜牛奶或牛奶粉，前者约20%，后者约3%，以增加豆奶的奶感。为增加豆奶的奶香风味，也可加入香兰素等增香剂。

7.高温瞬时杀菌与真空脱臭

调制后的豆奶应进行高温瞬时杀菌和脱臭。一般采用100～110℃瞬时杀菌，同时破坏残酶活性脱掉臭味。所用设备以蒸汽直接加热的带压缸式设备为宜，并与真空负压脱臭缸相匹配，同时完成杀菌、脱臭工艺。豆奶在杀菌后立即进入真空缸进行脱臭处理。大量带异味的挥发性物质在低温下被抽出，连同水蒸气排出，豆奶因迅速降温，豆奶中蛋白质可免因受热时间久而变性。同时使蒸汽加热后的含食糖的豆奶，因迅速降温而减少褐变现象的发生。豆奶在真空脱臭时，真空缸的真空度应控制在30mmHg（1mmHg=133.322Pa）即可，由于豆奶的黏度大，真空度过高，气泡将会大量冲出，影响脱臭操作的进行。

8.均质

均质时使用的压力和豆奶的温度与均质效果有着密切的关系。一般均质压力高、豆奶的温度适当，则均质效果好，否则均质效果差。

9.包装

目前豆奶的包装形式多样，有蒸煮袋、玻璃瓶、金属罐等。无菌包装是近年来发展迅速的包装方式，它的优点是豆乳产品贮藏期长，包装材料轻巧，无须回收，饮用方便，其缺点是设备投资大、操作要求高。

（二）花生乳生产的基本工艺

操作要点如下。

1.原料选择

选择含蛋白质高、风味浓的品种为宜，保存期不要超过1年。生产时必须剔除霉烂变质、虫蛀、出芽及瘦小的种仁和砂石、铁屑等杂质。

2.烘烤脱衣

烘烤温度110～130℃，时间10～20min，花生干燥时烘烤温度相对较低，时间宜长。烘烤以产生香味而不太熟为宜。烘烤的目的如下。

（1）灭酶。钝化脂肪氧化酶和胰蛋白酶抑制素等。

（2）增进风味。花生中有20多种羰基化合物，其中乙醛是花生"生青"味和"豆腥"味的来源。花生烘烤既可以避免产生这种生青味和豆腥味，又可以产生醇类及烯类物质，增加乳香味。

（3）有助于脱红衣。烘烤后用机械很容易脱除红衣。

3.浸泡

首先将脱皮花生加温水进行浸泡，水温控制在30～40℃，浸泡3h。析出后再加热水，水温要在90℃左右，浸泡2h，使花生仁达到完全吸水膨胀，这样可提高磨浆效果。

4.磨浆

磨浆时所用的热水，温度可在20~40℃，并加入适量的$NaHCO_3$，这时要注意pH调整在7.5~8.0，以防止蛋白质絮凝。花生仁与磨浆水的配比控制在1：（8~10），使花生浆液中的蛋白质达到较好的萃取效果。采用精钢磨和胶体磨两次磨浆，然后用100~120目的离心机分离得浆液。

5.调配

为了改善花生浆液的口感效果，防止涩味出现，应将花生浆液的pH调整在6.8~7.2。在调配过程中，花生的蛋白质很容易产生变化而沉淀。为此，可加入适量的磷酸盐，它能够结合花生浆液中的钙离子、镁离子，以达到减少浆液中的蛋白质变性沉淀的目的。

6.均质

再用高压均质机进行均质，花生乳的均质温度以70℃左右为宜，均质压力应在30MPa左右，有时采用二次均质，使产品充分乳化，提高乳化稳定性。

7.杀菌及灌装

均质后可进行巴氏杀菌，杀菌温度要控制在85~90℃，然后进行热灌装。灌装温度一般为70~80℃。

8.二次杀菌与冷却

灌装密封后进行二次杀菌，因花生乳的pH接近中性，属低酸性食品，因此必须采用高温杀菌方式，杀菌公式一般为10min-20min-10min/121℃（250g马口铁罐装）。杀菌后冷却至37℃左右。擦罐后进行保温检验，在37℃条件下保温5~7天或进行商业无菌检验，检验合格后装箱保存。

（三）杏仁乳（露）饮料生产的基本工艺

杏仁经清洗、烘干、榨油，将脱脂杏仁研磨成杏仁糊。烘干可能使杏仁热变性，易使饮料发生沉淀和结块现象。另一工艺是采用热水浸泡法，将杏仁清洗后放入60~80℃热水中浸泡30~60min，去外皮后，按料水比1：（8~10）的比例，用60~80℃热水研磨。

操作要点如下。

1.消毒清洗

将脱苦杏仁浸泡在浓度0.35%的过氧乙酸中消毒，约10min后取出用水洗净。

2.磨浆

分粗磨和细磨两次磨浆，磨浆时的料水比为1：（8~15），杏仁糊需经200目筛过滤，控制微粒细度在20μm左右。

磨浆水及配料用水一般需要经过处理。杏仁糊pH一般为6.8左右。磨浆时可添加0.1%

的亚硫酸钠和焦磷酸钠的混合液进行护色。

3.调配

杏仁露中的杏仁可溶性固形物含量是重要的质量指标，也是影响产品质量的主要因素。经验表明，杏仁原浆固形物含量为1%时产品呈乳白色，风味好，无挂杯现象；大于1%时口感黏稠，轻微挂杯；小于1%时风味较淡。

杏仁露所用原料除杏仁浆外，还有砂糖、柠檬酸、乳化剂及香精，一般杏仁含量为5%；砂糖用量为6%~14%，以8%为佳；乳化剂用量0.3%；杏仁香精0.02%。调配好的杏仁液pH为7.0左右，在均质前可再次经过200~240目的筛滤。

4.均质

调配好的杏仁液温度为60~70℃，均质分两次进行。第一次均质压力为20~23MPa，第二次为28~30MPa，均质后的杏仁颗粒直径小于5μm。

5.杀菌

灌装前，杏仁露采用巴氏杀菌，杀菌温度75~80℃，杀菌后及时进行热灌装。灌装密封后的杏仁露产品需经二次杀菌和冷却，杀菌公式为10min-20min-15min/121℃（250g马口铁罐装）。杀菌后迅速冷却到37℃。擦罐后置于保温库中存放5~7天，检验合格后装箱入库或出厂。

第四节　碳酸饮料加工技术

一、碳酸饮料的分类

碳酸饮料是指在一定条件下充入CO_2的制品。不包括由发酵法自身产生的CO_2的饮料。成品中CO_2的含量（20℃时体积分数）不低于2.0倍。按照《碳酸饮料（汽水）》（GB/T 10792—2008）可将碳酸饮料分为4类。

（一）果汁型

含有一定量果汁的碳酸饮料，如橘汁汽水、橙汁汽水、菠萝汁汽水或混合果汁汽水等。

（二）果味型

以果味香精为主要香气成分，含有少量果汁或不含果汁的碳酸饮料，如橘子汽水、柠檬汽水等。

（三）可乐型

以可乐香精或类似可乐香果香型的香精为主要香气成分的碳酸饮料。

（四）其他型

上述3类以外的碳酸饮料，如苏打水、盐汽水、姜汁汽水、沙土汽水。

二、碳酸饮料的生产工艺

碳酸饮料生产目前大多采用两种方法，即二次灌装法和一次灌装法。

（一）二次灌装法（现调式）

二次灌装法是先将调味糖浆定量注入容器中，然后加入碳酸水至规定量，密封后混合均匀。这种糖浆和水先后各自灌装的方法叫现调式灌装法、预加糖浆法或后混合法。

（二）一次灌装法（预调式）

将调味糖浆与水预先按一定比例泵入汽水混合机内，进行定量混合，再冷却，并使该混合物吸收CO_2后装入容器，这种将饮料预先调配并碳酸化后进行灌装的方式叫作一次灌装法，又称前混合法、预调式灌装法或成品灌装法。

三、碳酸饮料的生产要点

（一）原糖浆的制备

在生产中，经常将砂糖制备成较高浓度的溶液，称为原糖浆，再以原糖浆添加柠檬酸、色素、香精等各种配料，制备成调味糖浆。如将原糖浆之外的配料预先混合，则称为原浆。

1.糖的溶解

把定量的砂糖加入定量的水溶解，制得的具有一定浓度的糖液，一般称为原糖浆。糖必须采用优质的砂糖，所用的水质可与瓶装水相同，要求优质纯净。溶糖方法有冷溶法和热溶法。立即使用的糖浆，在短期内即可消费的饮料可采用冷溶法；纯度要求较高或储藏期较长的饮料，最好采用热溶法。热溶法可以杀灭附着于糖中的细菌，凝固糖中的杂物，使其分离。

2.糖浆浓度的测定

我国饮料行业所用的糖浆浓度单位有三种,即相对密度、白利度和波美度。

密度计法测定糖液浓度,操作简单、快速、准确率较高。其测定方法为将糖液盛放于玻璃量筒中,使密度计浮于糖液上（注意不要使密度计与容器壁接触）,糖液面在密度计上所显示出的读数即为糖浆浓度（相对密度）。如测定碳酸饮料中糖的浓度,必须使饮料中的CO_2完全逸出,然后再进行测定。在读数时,检验人员的视线要与液面在同一平面上,读出半月形最低点的刻度的读数。

3.糖液的配制

根据糖浆的浓度和体积,可以求出糖和水的量,从而配制所需浓度的原糖浆。

4.糖液过滤

制得的原糖浆必须进行严格的过滤,除去糖液中的许多微细杂质,常采用不锈钢板框压滤机或硅藻土过滤机过滤糖浆。

如果生产中采用质量较差的砂糖,则会导致饮料产生絮凝物、沉淀物、异味等,还会在装瓶时出现大量泡沫,影响生产速度。因此,应选用优质砂糖。若选用质量较差的砂糖必须用活性炭净化处理,处理方法为将糖用活性炭加入热糖浆中,边添加边用搅拌器不断搅拌。活性炭用量视糖及活性炭的质量而定,一般为糖质量的0.5%~1%。活性炭与糖溶液接触15min,温度保持在80℃。为了避免活性炭堵塞过滤器面层,在通过过滤器前也要加助滤剂,使用硅藻土的用量为糖质量的0.1%。

（二）调味糖浆的调配

1.调味糖浆的调配过程

调味糖浆是由制备好的原糖浆加入香料和色素等物料而制成的可以灌装的糖浆。调味糖浆的调配过程是：首先将已过滤的原糖浆转移入配料容器中；容器应为不锈钢材料,内装搅拌器,并有容积刻度。然后在不断搅拌下,有顺序地加入各种原辅料,其添加顺序及操作如下。

（1）原糖浆。测定其浓度,计算其需要量。

（2）25%的苯甲酸钠溶液。苯甲酸钠用温水溶解、过滤。

（3）50%的糖精钠溶液。糖精钠用温水溶解、过滤。

（4）酸溶液。50%的柠檬酸溶液或柠檬酸用温水溶解并过滤后使用。

（5）果汁。多用浓缩果汁。

（6）香料。水溶性。

（7）色素。用热水溶解后制成5%的水溶液。

（8）浑浊剂。稀释、过滤。

（9）定容。加水到规定体积。

2.糖浆的定量

糖浆定量是关系到汽水质量规格统一的关键操作。由于每瓶糖浆占每瓶汽水容量的20%左右，因此在定量上稍有差错，就会使饮料的味道发生很大变化。超过定量要求，饮料会太甜太香，并影响成本；不足定量要求，饮料会淡而无味。故糖浆定量是控制成本和产品质量统一的重要操作。要使定量正确，应经常校正糖浆定量器，校正时要反复测定。要保持成品的一致性，配料的计量必须精细，用量过多或过少都是不对的。

（三）碳酸化

1.CO_2在碳酸饮料中的作用

（1）清凉作用。喝汽水实际上是喝一定浓度的碳酸，碳酸在腹中由于温度升高、压力降低，即进行分解。这个分解是吸热反应，当CO_2从体内排放出来时，就把体内的热带出来，起到清凉作用。

（2）阻碍微生物的生长，延长汽水的货架寿命。CO_2能致死嗜氧微生物，并由于汽水中的压力能抑制微生物的生长。国际上认为3.5~4倍含气量是汽水的安全区。

（3）突出香味。CO_2从汽水中逸出时，能带出香味，增强风味。

（4）有舒服的杀口感。CO_2配合汽水中其他成分，产生一种特殊的风味，不同品种需要不同的杀口感，有的要强烈，有的要柔和，所以各个品种都具有特有的含气量。

2.碳酸化系统

碳酸化系统大致包括以下几部分。

（1）CO_2调压站。CO_2调压站是一个根据所供应CO_2的压力和混合机所需要的压力进行调节的设备。

（2）水冷却器。古老的水冷却装置是蛇形管，外加冰冷却。后来改用有搅拌器的水箱，内加排管，排管作为蒸发器，即可以直接通入氨或氟利昂使水箱中的水降温，也可以用排管作为冷却器，通入低温盐水（氯化钙水溶液）或酒精溶液作为冷却介质。目前多数用板式热交换器作冷却器，一般放在混合机前或脱气机前，也可以放在混合机后做二次冷却用。

（3）混合机。混合机的作用是在压力作用下使CO_2与较低的水和糖浆混合而成为碳酸液。要求混合机在一定的气体和液体温度下，在一定时间内，尽量增加两者的接触面积，以达到一定的饱和度。混合机的类型多种多样，常见的有薄膜式、喷雾式、喷射式和填料塔式混合机。

（四）玻璃瓶的洗涤

汽水的传统包装物是玻璃瓶。玻璃瓶可以作为一次性使用包装，但大多数仍为回收瓶。多次使用的包装，虽然增加了生产过程和流通过程中的不便，且难以远销，但回收瓶汽水价格低廉仍为其极有利的优点。

回收瓶需要经去污、杀菌等处理后才能重新灌装，所以洗瓶机庞大复杂，为生产线上占用资金很高的设备。洗瓶剂通常用碱，选择碱时要考查其去污力、杀菌力、润湿力、易冲去性等条件。杀菌力最强、去污力也好的当推烧碱（NaOH），通常用3.5%~4%的碱液。为了增强其他能力（如易冲去性），有的用复碱【如60%NaOH、40%纯碱（Na_2CO_3）或Na_2SiO_3】，还有的用复合磷酸钠或焦磷酸钠以增强对水的软化能力，避免瓶子在热碱水中冲洗时结垢。近来有用复合葡萄糖酸钠的。洗瓶用碱不可过浓，以免腐蚀玻璃。通常为了杀菌，碱液要加温到60~65℃，瓶子和碱液的接触时间通常不低于10min。

回收瓶进入洗瓶机以前要进行人工预检，目的是将不能用洗瓶机清洗的特殊污染瓶拣出以及除掉瓶口盖或瓶中插有的吸管等杂物，不使其进入洗瓶机。

一次性的玻璃瓶、聚酯瓶和易拉罐在生产以后的环节未受到污染的情况下，清洗比较简单，可以只用清水冲洗，还可以使用压缩空气干洗。

（五）灌装

1.灌装的质量要求

灌装是碳酸饮料生产的关键工序，不论采用玻璃瓶、金属罐和塑料容器等不同的包装形式，也不论采用何种灌装方式和灌装系统，都应保证碳酸饮料的质量要求，这些质量要求如下。

（1）达到预期的碳酸化水平。在碳酸化过程中，碳酸饮料的碳酸化应保持合理的水平，CO_2含量必须符合规定要求。成品含气量不仅与混合机有关，灌装系统也是主要的决定因素。

（2）保证糖浆和水的正确比例。两次灌装法成品饮料的最后糖度取决于灌浆量、灌装高度和容器的容量，要保证糖浆量的准确度和控制灌装高度，而现代化的一次灌装法要保证配比器正确运行。

（3）保持合理和一致的灌装高度。灌装高度的精确性与保证内容物符合规定标准，商品价值和适应饮料与容器的膨胀比例有关。例如，两次灌装时的灌装高度直接影响糖浆和水的比例。而灌得太满，顶隙小，在饮料由于温度升高而膨胀时，会导致压力增加，产生漏气和瓶破裂等现象。

(4)容器顶隙应保持最低的空气量。顶隙部分的空气含量多,会使饮料中的香气或其他成分发生氧化作用,导致变味变质。

(5)密封严密有效。密封是保护和保持饮料质量的关键因素,瓶装饮料不论是冠形盖还是旋紧盖都应密封严密,压盖时不应使容器有任何损坏之处,金属罐卷边质量应符合规定要求。

(6)保持产品的稳定。不稳定的产品开盖后会发生喷涌和泡沫溢出现象。造成碳酸饮料产品不稳定的因素主要有过度碳酸化、过度饱和,存在泄气杂质,存在空气以及灌装温度高或温差较大等。任何碳酸饮料在大气压下都是不稳定的(过饱和),而且这种不稳定性随碳酸化度和温度升高而增加,因此冷瓶子(容器)、冷糖浆、冷水(冷饮料)对灌装是极为有利的。

2.灌装方式和系统

灌装是碳酸饮料生产的主要工序之一。灌装方式主要有两种,即二次灌装法和一次灌装法。所谓灌装系统是指灌糖浆、灌碳酸水和封盖等操作。灌装方式不同,灌装系统也是不同的。例如,二次灌装系统由灌浆机(又称糖浆机或定量机)、灌水机和压盖机组成。大规模生产均采用一次灌装法,加糖浆工序中,使用配比器,置于混合机前。灌装系统由同一个动力机构驱动的灌装机和压盖机组成。碳酸饮料由于是含气饮料,通常是在0.3~0.4MPa压力下灌装的,如果在常温下灌装高碳酸化度的产品,灌装压力有时可达0.6MPa。

第五节 特殊用途饮料加工技术

一、特殊用途饮料分类

特殊用途饮料是指加入具有特定成分的适应所有或某些人群需要的液体饮料。按照《饮料通则》(GB/T 10789—2015),特殊用途饮料分为五类。

(一)运动饮料

营养成分及其含量能适应运动或体力活动人群的生理特点,能为机体补充水分、电解质和能量,可以被迅速吸收的制品。

（二）营养素饮料

添加适量的食品营养强化剂，以补充机体营养需要的制品，如营养补充液。

（三）能量饮料

含有一定能量并添加适量营养成分或其他特定成分，能为机体补充能量，或加速能量释放和吸收的制品。

（四）电解质饮料

添加机体所需要的矿物质及其他营养成分，能为机体补充新陈代谢消耗的电解质、水分的制品。

（五）其他特殊用途饮料

上述四类之外的特殊用途饮料。

二、运动饮料

（一）运动饮料的类型

我国的运动饮料大体可归纳为三类。

1. 碱性电解质运动饮料

此种饮料含有适量的钠、钾、氯、钙、镁、磷等无机盐，并分为天然的和人工合成的两种。纯天然的电解质运动饮料，可添加或不添加糖、氨基酸和维生素，如矿泉水运动饮料。人工电解质运动饮料是通过人工添加了钠、钾、钙等无机离子，而且由于口感的需要，往往加入少量果汁或果味香精。另外，碱性电解质运动饮料又分为低渗透、等渗透、高渗透的。

2. 营养型运动饮料

饮料中添加了营养物质，如蛋白质、功能性低聚糖、氨基酸、维生素、铁、锌等。

3. 中草药型运动饮料

多用具有保健作用的中草药，如甘草、山楂、罗汉果、花粉、刺五加等配制而成。

（二）运动饮料的主要成分

各种运动饮料一般来说包括以下成分。

1. 水分

运动员由于剧烈运动会失去比平常人多几倍的水分，当人体脱水达体重的2%时，就会影响运动成绩,因此补充水分是饮料的主要目的。

2.糖类

饮料中添加糖类既能为运动员提供能量,又能增加饮料风味。添加的糖类一般为蔗糖、葡萄糖、功能性低聚糖和多糖等。运动员饮用含蔗糖和葡萄糖的饮料,尽管是速效与高能的,但会使血糖立即升高,并产生热量;但过后会造成血糖急剧下降,使运动员缺乏能源而失去活力。若添加一定量的低聚糖或多糖,可使饮料的渗透压与人体液的渗透压相等,达到等渗、味甜的效果,而且人体吸收利用速度适中,可避免低血糖反应。

3.无机盐

运动员大量排汗,体液中的无机盐钠、钾、钙、镁等随着汗液一起排掉,如果采用一般饮料来补充损失的汗水,则会引起人体失盐。因此,必须补充无机盐以维持体液的平衡。

从生理角度来说,无机盐在饮料中所含的浓度必须与体内无机盐的浓度相等,才能为人体尽快吸收。故运动饮料应该制成与体液的渗透压相同的等渗饮料。但运动饮料中添加的盐分,咸、苦、涩味对风味影响较大,调香时应注意掩盖。

4.维生素

维生素的主要功用是参与体内的代谢,提高运动员成绩。运动员由于新陈代谢旺盛,体内代谢强度大,消耗大量的维生素,特别是水溶性维生素,因此需要补充。一般运动员需要补充维生素C及B族维生素,每天的具体补充量根据运动种类、体重等确定。

5.氨基酸

人体大量流汗引起氨基酸的损失,所以应进行补充。另外,天冬氨酸虽是一种非必需氨基酸,但它对抗疲劳、增加耐力和恢复体力均有较好的效果,经常添加的天冬氨酸为其钾盐或镁盐。

6.其他物质

铁、锌等微量元素也是运动饮料中最常需要的,还有一些特殊物质,如麦芽油、花粉、田七等对运动员的耐力和能力均有积极的效果。应该注意的是,要针对不同的体育运动特点,选择不同的种类,添加合适的数量。

三、营养素饮料

人体需要的营养素种类很多,数量也各不相同。但并不是所摄入的营养素越多越好,因此添加营养素时应掌握如下原则。

(一)针对人体需要是最基本的原则

人体的需要包括正常生长的需要和特殊环境下过分消耗的需要。不同生理状态下的人员对营养素的需求是不相同的,因此,要针对不同对象所需要的不同营养素的种类和数量来添加。如飞行员对B族维生素和维生素C消耗大,婴儿的日常食谱难以满足对蛋白质、维生素和无机盐的全部需要等,应该科学地进行强化。

(二)改善营养素的平衡关系

各种饮料都要考虑营养素的平衡与合理,才能保证人体的正常发育、修补组织、维持体内各种生理活动。尤其对特殊环境下的人群,合理的营养供应可提高机体的抵抗能力和免疫功能。

(三)保持饮料的特色

添加营养强化剂时,不应改变饮料原有的色、香、味,应使强化剂的色泽、风味与饮料原有的色泽、风味相协调。

第六节 茶饮料加工技术

一、茶(类)饮料的分类

按照我国标准《茶饮料》(GB/T 21733—2008),将茶饮料按照风味分为四大类:茶饮料(茶汤)、调味茶饮料、复(混)合茶饮料、茶浓缩液。

(一)茶饮料(茶汤)

以茶叶的水提取液或其浓缩液、茶粉为原料,经加工制成的,保持原茶汁应有的风味的液体饮料,可添加少量的食糖和(或)甜味剂。茶饮料(茶汤)又分为五类:红茶饮料、绿茶饮料、乌龙茶饮料、花茶饮料、其他茶饮料。

(二)调味茶饮料

调味茶饮料分为果汁茶饮料和果味茶饮料、奶茶饮料和奶味茶饮料、碳酸茶饮料、其他调味茶饮料。

1.果汁茶饮料和果味茶饮料

原料为茶叶的水提取液或其浓缩液、茶粉,加入果汁、食糖和(或)甜味剂、食用果味香精等的一种或几种调制而成的液体饮料。

2.奶茶饮料和奶味茶饮料

以茶叶的水提取液或者其浓缩液、茶粉为原料,加入乳或乳制品、食糖和(或)甜味剂、食用奶味香精等的一种或几种调制而成的液体饮料。

3.碳酸茶饮料

以茶叶的水提取液或者其浓缩液、茶粉为原料,加入二氧化碳、食糖和(或)甜味剂、食用香精等调制而成的液体饮料。

4.其他调味茶饮料

以茶叶的水提取液或者其浓缩液、茶粉为原料,加入除果汁和乳之外其他可食用的配料、食用糖和(或)甜味剂、食用酸味剂、食用香精等的一种或几种调制而成的液体饮料。

(三)复(混)合茶饮料

以茶叶和植谷物的水提取液或其浓缩液、干燥粉为原料,加工制成的,具有茶与植谷物混合风味的液体饮料。

(四)茶浓缩液

采用物理方法从茶叶水提取液中除去一定比例的水分经加工制成,加水复原后具有茶汁应有风味的液态制品。

二、茶饮料生产技术

(一)果汁茶饮料生产技术

将红茶在约110℃条件下烘烤3~8min,提高香气。以红茶与水为1:20的比例,用60~90℃的水浸提约10min后滤去茶渣,精滤。在60~65℃条件下真空浓缩40min,得到4.0°Bx以上的浓缩茶汁;然后在40%~50%茶汁中加入0.3%的亚硫酸钠,控制20~30min,充分搅拌进行转溶。在转溶后的茶汁中加入65%的食用酒精,搅匀后在0℃左右冷藏约20h,通过抽滤和回收乙醇操作,得到红茶汁(6.0°Bx)。

在茶汁中加入柠檬汁或其他果汁5%、白砂糖8%和柠檬酸等添加剂,使饮料的pH为4.0~4.2,酸甜适宜。经灌装后采用巴氏杀菌即可。

(二)罐装茶饮料的一般生产工艺

工艺操作要点如下。

1.茶叶的选择

应选择外观颜色纯泽、香气浓郁纯正、外形均匀一致的当年新茶，确保产品有较好的色泽、香气和滋味。

2.热浸提

水中的金属离子对浸提液的颜色和滋味都会产生较大的影响。因此，浸提用水应进行去离子处理，同时应将水的pH控制在6.5左右，即微酸性至中性范围。

浸提时选择合适的温度和时间对浸提茶汁是十分重要的。茶叶可溶性成分及主要化学成分的萃取率（100kg原料茶中被萃取出的可溶性固形物）随萃取温度升高和时间延长而增加。若采用高温、长时间萃取，可溶性成分的萃取率高。但采用太高的温度萃取，茶黄质和茶红质会被分解，同时类胡萝卜素和叶绿素等色素结构发生变化，对茶萃取液色泽有不利影响。高温萃取还易造成香气成分逸散，成本也较高。而长时间萃取又易造成茶汤成分氧化。温度太低，呈色物质就不能被完全萃取出来，而使色泽不足。故生产中通常用75~85℃的温水浸提10~15min即可。

3.调配

精滤的茶浸提液稀释至适当的浓度，按制品的类型要求加入糖、香精等配料。

4.灌装

调配后过滤，除去可能存在的沉淀物，经过板式热交换器加热至85~95℃进行热灌装。灌装后，可充入氮气置换容器中的残存空气。

5.杀菌

罐装茶饮料封罐后，进行高温杀菌。在121℃条件下杀菌5~10min或115℃条件下杀菌20min。杀菌结束后冷却至常温即为成品。

第十章　乳制品加工技术

第一节　原料乳的验收和预处理

一、原料乳概述

原料乳通常指的就是生鲜乳，即从奶牛乳房挤出未经过任何处理的生牛奶。优质、安全的原料乳，其乳成分含量要达到国家规定的标准，没有任何额外添加的水和其他物质，并且没有安全隐患。原料乳的安全隐患是多方面的，所以最好不要直接饮用原料乳。

（一）乳的生成

乳的生成过程是乳腺细胞和细小乳导管在分泌上皮细胞内进行的。生成乳的各种原料都来自血液，其中乳中的球蛋白、酶、激素、维生素和无机盐等均由血液进入乳中，是乳中分泌上皮对血浆选择性吸收和浓缩的结果；而乳中的乳蛋白、乳脂和乳糖等则是上皮细胞利用血液中的原料，经过复杂的生物合成而来的。

（二）乳的分类

（1）生理异常乳——营养不良乳、高酸度酒精阳性乳、低酸度酒精阳性乳。
（2）化学异常乳——冻结乳、低成分乳、混入异物乳。
（3）微生物污染乳。
（4）病理异常乳——乳房炎乳、其他乳牛病。
（5）常乳——产犊7天后至干奶期之前15天正常牛所产的乳。
（6）原料乳送到工厂后，必须根据指标规定，及时进行质量检验，按质论价分别处理。

二、原料乳的质量标准

我国《食品安全国家标准生乳》（GB 19301—2010）中对感官指标、理化指标及微生物指标有明确的规定，该标准适用于生乳，不适用于即食生乳。

（一）理化指标

1.牛乳的理化指标

牛乳的理化指标指的是牛乳的干物质、脂肪、蛋白、乳糖等指标。

理化成分的变化不仅受品种、个体、饲料、管理、遗传、育种、疾病、气温、季节、泌乳期、收奶工艺等客观因素的影响，而且人为操作也是很重要的一个方面。

2.生产中脂肪、蛋白质偏低的原因及预防

（1）主要原因

①饲料中各种营养缺乏或搭配不当，不能满足奶牛生理、产奶需要，造成牛奶理化指标下降。

②奶牛的日粮搭配不当，精粗料比例不合理，导致牛奶理化指标下降。

③季节性变化，使得牛奶理化指标下降。

④人为的掺水或其他物质，导致牛奶的理化指标下降。

（2）预防措施

①普及奶牛科学饲养知识，引导奶户提高奶牛饲养管理水平。

②加强奶牛的选种、选配工作，提高牛群质量，进而提高牛奶质量。

③加强奶站、奶户管理，杜绝人为掺假。

（二）微生物

1.低温菌

在20℃以下能繁殖的称为嗜冷菌。乳品中常见的低温菌属有假单胞菌属和醋酸杆菌属，这些菌在低温下生长良好，能使乳中蛋白质分解引起牛乳胨化，并分解脂肪使牛乳产生腐败味，引起乳制品腐败变质。

2.蛋白分解菌

蛋白分解菌是指能产生蛋白酶而将蛋白质分解的菌群，生产发酵乳制品时的大部分乳酸菌能使乳中蛋白质分解，属于有用菌。也有属于腐败性的蛋白分解菌，能使蛋白质分解出氨和胺类，可使牛乳产生黏性、碱性、胨化。

3.脂肪分解菌

脂肪分解菌是指能使甘油酸醋分解生成甘油和脂肪酸的菌群。脂肪分解菌中，除一部分在干酪生产方面有用外，一般都是使牛乳和乳制品变质的细菌，尤其对稀奶油和奶油危害更大。大多数解脂酶有耐热性，并且在0℃以下也具活力。因此，牛乳中如有脂肪分解菌存在，即使进行冷却或加热杀菌，也往往带有意想不到的脂肪分解味。

（三）标准化

为了使产品符合规格要求，乳制品中脂肪、蛋白质和非脂乳固体含量要保持一定的含量，符合生产产品要求。但是，原料乳中的脂肪、蛋白质和非脂乳固体含量随乳牛的品种、地区、季节和饲养管理等因素不同有很大的差异，因此必须对原料乳进行标准化，调整原料乳脂肪、蛋白质和非脂乳固体的关系，使其比例符合乳制品的要求。我们引进瑞典利乐公司的现代化生产设备，稀乳油的标准化，原料乳经分离机分离成稀乳油和脱脂乳之后，再按生产需要将稀乳油按比例配与脱脂乳混合，制成要求脂肪和蛋白质含量的标准化乳。当原料乳中脂肪含量不足时，应该加稀乳油或脱去部分脱脂乳，当原料乳中脂肪含量过高时，应添加脱脂乳或脱去部分稀乳油，标准化工作采用在线或配料罐中。

三、原料乳的验收

（一）原料乳的收集与运输

牛乳是从奶牛场或奶站用奶桶或奶槽车送到乳品厂进行加工的。

奶桶一般采用不锈钢或铝合金制造，容量40~50L。要求桶身有足够的强度，耐酸碱；内壁光滑，便于清洗；桶盖与桶身结合紧密，保证运输途中无泄漏。

奶槽由不锈钢制成，其容量为5~10t。内外壁之间有保温材料，以避免运输途中乳温上升。奶泵室内有离心泵、流量计、输乳管等。在收乳时，奶槽车可开到贮乳间。将输乳管与牛乳冷却罐的出口阀相连。流量计和奶泵自动记录收乳量（也可根据奶槽的液位来计算收乳量）。

（二）原料乳的检验

在牛场或奶站对原料乳的质量做一般评价，到达乳品厂后通过若干试验对乳的成分和卫生质量进行测定。

1.取样

原料乳的取样一般由乳品厂检验中心的指定人员进行，奶车押运人员监督。取样前应在奶槽内连续打靶20次上下，均匀后取样，并记录奶槽车押运员、罐号、时间，同时检查奶槽车的卫生。

2.感官检验

鲜乳的感官检验主要是进行嗅觉、味觉、外观、尘埃等的鉴定。

正常鲜乳为乳白色或微带黄色，不得含有肉眼可见的异物，不得有红、绿等异色。不能有苦、涩、咸的滋味和饲料、青贮、霉等异味。

取20~40mL牛乳，放入烧杯中，加热至沸一分钟，倒在深色的玻璃板上观察有无絮片出现或发生凝固,如有此现象,判为不合格"+",同时进行滋气味、色泽检验。

3.理化指标检验

(1)酸度的测定。原理:以酚酞为指示液,用0.1000mol/L氢氧化钠标准溶液滴定100g试样至终点所消耗的氢氧化钠溶液体积,经计算确定试样的酸度。

①氢氧化钠标准溶液(NaOH):0.1000mol/L。

②酚酞指示液:称取0.5g酚酞溶于75mL体积分数为95%的乙醇中,并加入20mL水,然后滴加氢氧化钠溶液(8.1)至微粉色,再加入水定容至100mL。

操作步骤:称取10g(精确到0.001g)已混匀的试样,置于150mL锥形瓶中,加20mL新煮沸冷却至室温的水,混匀,用氢氧化钠标准溶液电位滴定至pH8.3为终点;或于溶解混匀后的试样中加入2.0mL酚酞指示液,混匀后用氢氧化钠标准溶液滴定至微红色,并在30s内不褪色,记录消耗的氢氧化钠标准滴定溶液毫升数,代入公式中进行计算。

(2)酒精试验。新鲜牛乳对酒精的作用表现出相对稳定;而不新鲜的牛乳,其中蛋白质胶粒已呈不稳定状态,当受到酒精的脱水作用时,则加速其聚沉。此法可检验出鲜乳的酸度,以及盐类平衡不良乳、初乳、末乳及因细菌作用而产生凝乳酶的乳和乳房炎乳等。

酒精试验与酒精浓度有关,一般以一定浓度(体积分数)的中性酒精与原料乳等量混合摇匀,无絮片的牛乳为酒精试验阴性,表示其酸度较低;而出现絮片的牛乳为酒精试验阳性乳,表示其酸度较高。

(3)煮沸试验。牛乳的酸度越高,其稳定性越差。在加热的条件下高酸度易产生乳蛋白质的凝固。因此,用煮沸试验来验证原料乳中蛋白质的稳定性,判断其酸度高低,测定原料乳在超高温杀菌中的稳定性。

(4)乳成分的测定。近年来随着分析仪器的发展,乳品检测方法出现了很多高效率的检验仪器。如采用光学法来测定乳脂肪、乳蛋白、乳糖及总干物质,并已开发使用各种微波仪器。

(5)卫生检验。我国原料乳的生产现场的检验以感官检验为主,辅以部分理化检验设施,一般不做微生物检验。但在加工以前,或原料乳量大而对其质量有疑问者,可定量采样后,在实验室中进一步检验其他理化指标及细菌总数和体细胞数,以确定原料乳的质量和等级。如果是加工发酵制品的原料乳,必须做抗生素检查。

①细菌检查。细菌检查方法很多,有美蓝亚甲基蓝还原实验、稀释倾注平板法、直接镜检等方法。

a.美蓝亚甲基蓝还原实验。美蓝亚甲基蓝还原实验是用来判断原料乳新鲜程度的一种色素还原实验。新鲜乳加入美蓝亚甲基蓝后染为蓝色,如乳中污染有大量微生物,则产生还原酶使颜色逐渐变淡,直至无色。通过测定颜色变化速度,可以间接地推断出鲜奶中的细菌数。

b.稀释倾注平板法。平板培养计数是取样稀释后,接种于琼脂培养基上,培养24h后计数,测定样品的细菌总数。该法测定样品中的活菌数,需要时间较长。

c.直接镜检法(费里德法)。利用显微镜直接观察确定鲜乳中微生物数量的一种方法。取一定量的乳样,在载玻片上涂抹一定的面积,经过干燥、染色,镜检观察细菌数,根据显微镜视野面积,推断出鲜乳中的细菌总数,而非活菌数。

直接镜检比平板培养法更能迅速判断结果,通过观察细菌的形态,还能推断细菌数增多的原因。

②细胞数检验。正常乳中的体细胞,多数来源于上皮组织的单核细胞,如有明显的多核细胞出现,可判断为异常乳,常用的方法有直接镜检法(同细菌检验)或加利福尼亚细胞数测定法(CMT法)。

③抗生素残留量检验。牧场用抗生素治疗乳牛的各种疾病,特别是乳房炎,有时用抗生素直接注射乳房部位进行治疗。经抗生素治疗过的乳牛,其乳中在一定时期内仍残存抗生素。对抗生素有过敏体质的人饮用该乳后,会发生过敏反应,也会使某些菌株对抗生素产生耐药性。我国规定乳牛最后一次使用抗生素后5天内的乳不得收购。

四、原料乳的净化、冷却与储藏

(一)过滤与净化

原料乳过滤与净化的目的是除去乳中的机械杂质并减少微生物的数量。

1.过滤

在收购牛乳时,为了防止粪屑、牧草、毛、蚊蝇等昆虫带来的污染,挤下的牛乳必须用清洁的纱布进行过滤。凡是将乳从一个地方送到另一个地方,从一个工序到另一个工序,或者由一个容器转移到另一个容器时,都应该进行过滤。

过滤的方法很多,可在收奶槽上安装一个不锈钢金属丝制的过滤网,并在网上加多层纱布进行粗滤;也可采用管道过滤器或在管道的出口装一个过滤布袋,进一步过滤还可使用双联过滤器。

2.净化

为了达到最高的纯净度,除去难以用一般的过滤方法除去的极为微小的机械杂质和细菌细胞,一般采用离心净乳机净化。离心净乳就是利用乳在分离钵内受强大离心力的作用,将大量的机械杂质留在分离钵内壁上,而乳被净化。

离心净乳机由一组装在转鼓内的圆锥形碟片组成,依靠电机驱动,碟片高速旋转,牛乳在离心力作用下到达圆盘的边缘,牛乳中的杂质、尘土及一些体细胞等不溶性物质因密度较大，被甩到污泥室，从而达到净乳的目的。

（二）冷却

净化后的乳最好直接加工，短期贮藏时必须及时进行冷却，以保持乳的新鲜度。

通过冷却，来抑制乳中微生物的繁殖。同时具有防止脂肪上浮、水分蒸发及风味物质的挥发，避免吸收异味等作用。我国国家标准规定，验收合格乳应迅速冷却至4~6℃，储存期间不得超过10℃。

冷却的方法有水池冷却、浸没式冷却器冷却和板式热交换器冷却。目前许多乳品厂及奶站都用板式热交换器对乳进行冷却。用冷盐水作冷溶剂时，可使乳温迅速降到4℃左右。

（三）储存

为了保证工厂连续生产的需要，必须有一定的原料乳储存量。一般工厂总的储乳量应不少于1天的处理量。生产中冷却后的乳储存在储奶罐（缸）内。储奶罐（缸）一般采用不锈钢材料制成。储奶罐（缸）要求保温性能良好，一般乳经过24h储存后，乳温上升不得超过2~3℃。

五、原料乳的预处理

（一）牛乳的标准化

为使产品符合规格要求，乳制品中脂肪与非脂乳固体含量要求保持一定的比例。调整原料乳中脂肪与非脂乳固体的比例关系，使其比值符合乳制品的要求。该调整过程称为原料乳的标准化。

当原料乳中脂肪含量不足时，应添加稀奶油或除去部分脱脂乳；如果原料乳中脂肪含量过高，可添加脱脂乳或提取部分稀奶油。

标准化时，应该先了解即将标准化的原料乳的脂肪和非脂乳固体的含量，以及用于标准化的稀奶油或脱脂乳的脂肪和非脂乳固体的含量，作为标准化的依据。标准化工作是在储乳罐的原料乳中进行或在标准化机中连续进行的。

现代化的乳制品生产常采用直接标准化的方法。其主要特点是快速、稳定、精确，与分离机联合运作，单位时间内处理量大。将牛乳加热至55~65℃，按预设的脂肪含量分离出脱脂乳和稀奶油，并根据最终产品的脂肪含量，由设备自动控制回流到脱脂乳中的稀奶油的流量，多余的稀奶油流向稀奶油巴氏杀菌机。

（二）牛乳的脱气

牛乳刚刚挤出后含5.5%~7.0%的气体，经过储存、运输和收购后，一般气体含量在10%以上。这些气体对牛乳加工后的破坏作用主要表现如下。

（1）影响牛乳计量的准确度。

（2）使巴氏杀菌机中结垢增加。

（3）影响分离和分离效率。

（4）影响牛乳标准化的准确度。

（5）影响奶油的产量。

（6）促使脂肪球聚合。

因此，在牛乳处理的不同阶段进行脱气十分必要。首先，在奶槽车上安装脱气设备，以避免泵送牛奶时影响流量计的准确度。其次，在乳品厂收奶间流量计之前安装脱气设备。但上述两种方法对乳中细小分散气泡不起作用。在进一步处理牛乳的过程中，应使用真空脱气罐，以除去细小的分散气泡和溶解氧。

（三）牛乳的均质

乳脂肪球的直径为0.1~20μm，一般为2~5μm。由于脂肪球容易出现聚集和脂肪上浮等现象，严重影响乳制品的质量。因此，一般乳品加工中多采用均质操作。

均质是指在机械处理条件下将乳中大的脂肪球破碎成小的脂肪球，并均匀一致地分散在乳中的过程。经过均质，脂肪球可控制在1μm左右，脂肪球的表面积增大，浮力下降。乳可长时间保持不分层，不易形成稀奶油层。同时，均质后乳脂肪球直径减小，有利于消化吸收。

在均质过程中，脂肪球膜受到破坏，但乳浆中的表面活性物质（如蛋白质、磷脂等）在破碎的脂肪球外层会形成新脂肪球膜。牛乳均质后脂肪球数目增加，增强了光线在牛乳中的折射和反射的机会，使得均质化乳的颜色比均质前更白。而且均质化乳的风味有所改善，具有新鲜牛乳的芳香气味。

目前，乳品生产中多数采用高压均质机，均质的压力一般为10~20MPa（一级17~20MPa，二级3.5~5MPa），均质温度为55~80℃。

第二节　巴氏杀菌乳加工技术

一、液态乳概念

液态乳是指液态的原料乳经过不同的热处理，包装后即可供应给消费者的乳制品。

二、液态乳分类

（一）按杀菌方法分类

（1）巴氏杀菌乳（市乳、消毒乳）。
（2）超巴氏杀菌乳。
（3）超高温灭菌乳。
（4）罐装高压灭菌乳。

（二）按营养成分分类

1.纯牛乳
以生鲜牛乳为原料，不添加任何其他原料制成的产品，保持牛乳原有的营养成分。
2.调味乳
以生鲜牛乳为原料，同时添加其他调味成分，如巧克力、咖啡、各种谷物成分等制成的产品，产品的风味与纯乳有较大不同，该类产品一般含有80%以上的乳成分。
3.营养强化乳
在生鲜牛乳的基础上，添加其他营养成分，如维生素、矿物质等对人体健康有益的营养物质而制成的乳制品。
4.含乳饮料
以新鲜牛乳为主要原料（含乳30%以上），加入水与适量的辅料如可可、咖啡、果汁和蔗糖等物质，并进行调色调香，经有效杀菌制成，具有相应风味的乳饮料。根据国家标准规定，含乳饮料中的蛋白质及脂肪含量均应大于1%。
5.再制乳
以乳粉、奶油等为原料，加水还原而制成的与鲜乳组成、特性相似的乳制品。我国规定，再制乳必须在产品包装上予以标注。

三、巴氏杀菌乳加工技术

（一）巴氏杀菌乳加工技术概述

主要是指用新鲜的优质原料乳，经过离心净乳、标准化、均质、杀菌和冷却，以液体状态灌装，直接供给消费者饮用的商品乳。包装容器通常是玻璃瓶、塑料瓶、塑料袋和纸盒。我国主要使用塑料袋。

（二）工艺技术及控制要求

1.原料乳的验收和预处理、预热均质前已讲述，这里不再赘述

2.杀菌

巴氏杀菌的目的：一是杀死引起人类疾病的所有微生物，使之完全没有致病菌；二是尽可能地破坏致病微生物、能影响产品味道和保存期的微生物、其他成分如酶类，以保证产品的质量。

牛乳进行巴氏杀菌的方法如下。

（1）低温长时间杀菌法（LTLT）。又称保持式杀菌法。加热杀菌条件为62~65℃ 30min。该法可充分杀灭病原菌，不产生加热臭味，对维生素和其他营养素破坏较小。设备是带有搅拌装置的冷热缸。冷热缸在加热或冷却时均需较长的时间，一般为15~30min，故在杀菌保持时间前后加热或冷却时，最好配合板式热交换器。

（2）高温短时间杀菌法（HTST）。其杀菌条件为72~75℃ 15~20s或80~85℃ 10~20s。

HTST杀菌多采用板式杀菌器。

HTST杀菌与LTLT杀菌相比，有以下优点：处理量大；可以连续杀菌，处理过程几乎全部自动化；牛乳在全封闭的装置内流动，微生物污染机会少；对牛乳品质影响小，可采用CIP清洗系统进行清洗。

（3）超巴氏杀菌。目的是延长保质期，其杀菌条件为125~138℃ 2~4s。

3.冷却

杀菌后的牛乳应尽快冷却至4℃，冷却速度越快越好。采用板式换热器杀菌的牛乳，在板式换热器的换热段，与刚输入的在10℃以下的原料乳进行热交换，再用冰水冷却到4℃。

4.灌装

灌装的目的是便于分送和销售。

巴氏杀菌乳的包装形式主要有玻璃瓶、聚乙烯塑料瓶、塑料袋和复合塑纸袋、纸盒等。目前我国广泛使用的是塑料袋、玻璃瓶、塑料瓶。

5.储存和分销

巴氏杀菌产品的特点决定其在储存和分销过程中，必须保持冷链的连续性。

除温度外，在巴氏杀菌产品的储存和销售中还应注意：小心轻放，避免产品与硬物质碰撞；远离具有强烈气味的物质；避光；避免高温；避免产品强烈振动。

第三节　UHT灭菌乳加工技术

一、灭菌乳概述

灭菌乳可分为保持灭菌乳和超高温灭菌乳。保持灭菌乳是指物料在密封容器内被加热到至少110℃，保持15~40min，经冷却后制成的产品。为进一步提高产品的感官质量，现广泛采用二段式灭菌即二次灭菌方法生产保持灭菌乳。所谓二次灭菌，就是将牛乳先经过超高温瞬时处理之后再灌装、封合，然后在高压灭菌釜内进行保持灭菌。因为先进行了高温瞬时处理，保持灭菌的条件就可相对较温和，从而提高产品的感官质量。超高温灭菌乳是指物料在连续流动的状态下通过热交换器加热，经135℃以上不少于1s的超高温瞬时灭菌（以完全破坏其中可以生长的微生物和芽孢）以达到商业无菌水平，然后在无菌状态下灌装于无菌包装容器中的产品。超高温灭菌（UHT）的出现，大大改善了灭菌乳的特性，不仅使产品的色泽和风味得到了改善，而且提高了产品的营养价值。

灭菌乳并非指产品绝对无菌，而是指产品达到商业无菌状态，即不含危害公共健康的致病菌和毒素；不含任何在产品储存运输及销售期间能繁殖的微生物；在产品有效期内保持质量稳定和良好的商业价值，不变质。

二、UHT灭菌乳加工的操作要点及质量控制

（一）原料乳的验收

乳蛋白的热稳定性对灭菌乳的加工相当重要，因为它直接影响UHT系统的连续运转时间和灭菌情况。可通过酒精试验测定乳蛋白的热稳定性，一般具有良好热稳定性的牛乳至少要通过75%酒精试验。

（二）预处理

灭菌乳加工中的预处理，即净乳、冷却、储乳、标准化等技术要求同巴氏杀菌乳。

（三）超高温灭菌

UHT乳加热方式，有板式间接加热式和管式间接加热式两种。

1.板式加热系统

超高温灭菌板式加热系统应能承受较高的内压。因此，系统中的垫圈必须能耐高温和高压，其造价比低温板式换热系统昂贵。垫圈材料的选择要使其与不锈钢板的黏合性越小越好，这样能防止垫圈与板片之间发生黏合，从而便于拆卸和更换。

每片传热面上制造多个突起的接触点，起到板片中间的相互机械支撑作用，同时形成流体的通道，增加流体的湍动性和整个片组的强度。防止热交换器系统内的高压导致不锈钢板片的变形和弯曲。

预热均质的产品到板式热交换器的加热段被加热至137℃，加热介质为一封闭的热水循环，通过蒸汽喷射头将蒸汽喷入循环水中控制温度。加热后，产品流经保温管，保温管尺寸大小以保证保温时间为4s为宜。

冷却分成两段进行热回收：首先与循环热水换热，随后与进入系统的冷产品换热，离开热回收段后，产品直接连续流至无菌包装机或流至一个无菌缸作中间储存。生产中若出现温度下降，产品会流回夹套缸，设备中充满水。在重新开始生产之前，设备必须经清洗和灭菌。

2.管式热交换器

超高温系统的管式热交换器包括两种类型，即中心套管式热交换器和壳管式热交换器。

中心套管式热交换器是将2个或3个不锈钢管以同心的形式套在一起，管壁之间留有一定的空隙。通常情况下，套管以螺旋形式盘绕起来安装于圆柱形的筒内，这样有利于保持卫生和形成机械保护。生产时，产品在中心管内流动，加热或冷却介质在管间流动。在热量回收时，产品也在管间流动。

（四）无菌灌装

经过超高温灭菌及冷却后的灭菌乳，应立即进行无菌包装。无菌灌装系统是生产UHT产品所不可缺少的。无菌灌装是指用蒸汽、热风或化学试剂将包装材料灭菌后，再以蒸汽、热风或无菌空气等形成正压环境，在防止细菌污染的条件下进行的灭菌乳灌装。

高温灭菌工艺大致与巴氏杀菌工艺相近，主要区别如下。

（1）超高温灭菌前要对所有设备进行预灭菌，超高温灭菌热处理要求更严、强度更大。

（2）工艺流程中可使用无菌罐。

（3）最后采用无菌灌装。

无菌灌装系统形式多样。纸包装系统主要分为两种类型：包装过程中成形和预成形。包装所用的材料通常为内外覆以聚乙烯的纸板，它能有效阻挡液体的渗透，并能良好地进行内、外表面的封合。为了延长产品的保质期，包装材料中要增加一层氧气屏障，通常要复合一层很薄的铝箔。

①纸卷成形包装（利乐砖）系统

纸卷成形包装（利乐砖）系统是目前使用最广泛的包装系统。包装材料由纸卷连续供给包装机，经过一系列的成形过程进行灌装、封合和切割。

利乐3型无菌包装机是典型的敞开式无菌包装系统。此无菌包装环境的形成包括以下两步。

第一，包装机的灭菌。在生产之前，包装机内与产品接触的表面必须经过包装机本身产生的无菌热空气（280℃）灭菌，时间30min。

第二，包装纸的灭菌。纸包装系统应用双氧水灭菌。其主要包括双氧水膜形成和加热灭菌（110~115℃）两个步骤。

②预成形纸包装（利乐屋顶包）系统

这种系统中纸盒是经预先纵封的，每个纸盒上压有折痕线。纸盒一般平展叠放在箱子里，可直接装入包装机。若进行无菌操作，封合前要不断向盒内喷入乙烯气体进行预杀菌。

生产时，空盒被叠放入无菌灌装机中，单个的包装盒被吸入，打开并置于心轴上，底部首先成形并热封。然后盒子进入传送带上特定位置进行顶部成形，所有过程都是在有菌环境下进行的。之后，空盒经传送带进入灌装机的无菌区域。

无菌区内的无菌性是由无菌空气保证的，无菌空气由无菌空气过滤器产生。预成形无菌灌装机的第一功能区域（无菌区）是对包装盒内表面进行灭菌。灭菌时，首先向包装盒内喷洒双氧水膜，再用170~200℃的无菌热空气对包装盒内表面进行干燥，时间一般为4~8s。双氧水去除后，包装盒进入灌装区域（第二无菌区域）。灌装机上必须装有能排泡沫的系统。最后，灌装后的纸盒进入封合区（最终无菌区），在这里进行顶部热封。

第四节　酸乳加工技术

一、酸乳概念与分类

酸乳是指以牛乳为原料，添加适量的砂糖经巴氏杀菌后冷却，再加入纯乳酸菌发酵剂经保温发酵而制得的凝乳状产品。成品中必须含有大量、相应的活性微生物。

（一）按成品的组织状态分类

1.凝固型酸乳

凝固型酸乳又称酸凝乳，是指酸乳发酵在零售容器中进行的酸乳制品。其凝块均匀一致，呈连续的半固体状态。

2.搅拌型酸乳

搅拌型酸乳是指杀菌乳在发酵罐中发酵，并在包装之前冷却，打碎凝块，呈低黏度且均匀一致的产品。在搅拌型酸乳的加工过程中，打碎凝块后，往往根据配方的要求加入一定量的果酱或果料等配料，产品呈均匀的稠浆状。

（二）按成品的口味分类

（1）天然纯酸乳。也称淡酸乳，即不添加蔗糖和风味料。通常在销售容器中发酵，酸味较强，具有酸乳特有的风味。

（2）加糖酸乳。产品由原料乳和糖加入菌种发酵而成。

（3）调味酸乳。添加巧克力、咖啡、水果等人工香精，大多添加蔗糖而成。

（4）果料酸乳。由原料乳与糖、果料混合发酵而成。

二、酸乳的营养价值与人体健康

（一）营养价值

1.促进乳糖的消化吸收，克服乳糖不耐症

乳中乳糖在乳酸菌细菌酶的作用下，先水解成半乳糖及葡萄糖，最终分解成乳酸。乳酸菌发酵消耗部分乳糖，一般有20%~30%的乳糖能够发酵，从而降低乳糖的含量，使乳糖不耐症得到缓解。

2.促进乳中蛋白质、脂肪的消化

乳的发酵是乳的几种成分的"预消化"。乳酸菌产生蛋白水解酶,在发酵过程中把一部分蛋白质水解为易消化的肽和氨基酸。从而使酸乳中的蛋白质更易被机体所利用。另外,乳酸发酵中产生的乳酸等使酪蛋白凝结的凝乳块变得细小,其在肠道中释放速度慢、稳定。因而使蛋白质与消化酶的接触面积变大,使蛋白质分解酶在肠道中充分发挥作用。酸乳中有1%的蛋白质被水解为游离氨基酸,是牛奶的5倍。

酸乳在加工过程中,乳经过均质化处理,使牛乳脂肪球变得细小。乳中有部分脂肪水解成易于消化的脂肪酸。因此,在发酵过程中不仅产生少量的游离脂肪酸,脂肪的结构也发生改变而易被消化,从而使酸乳的代谢效果比牛乳大大提高。

3.促进人体对钙的吸收

乳品是钙的良好来源。发酵后原料乳中的钙被转化为水溶形式。除维生素D外,酸乳含有促进人体对钙吸收的因素——钙与磷的适宜比例、维生素D、乳糖、赖氨酸等。因此,酸乳是钙密度和可利用率最高的食品。

4.维生素含量增加

在发酵过程中,乳酸菌可以合成维生素。如维生素B、维生素B_2、维生素B_8、烟酸、叶酸等。其合成量因菌种而异。双歧杆菌产生的量最多。

(二)医疗保健功效

1.调节人体肠道中微生物的菌群平衡

摄取酸乳由于摄入活菌,有的菌株产生许多抗菌物质,抑制多种致病菌在人体的增殖。同时,乳酸菌在肠道中营造一种不利于致病菌增殖的酸性环境,协调人体肠道中菌群的平衡。

2.分解毒素,防癌抗癌

几乎所有的乳酸杆菌都具有分解亚硝胺为无毒物质的效果。另外,一些可产生致癌毒素的肠内菌所分泌的酶也能因饮用发酵乳而使其活性降低。许多研究还证明乳酸菌可以激活人体免疫监视系统,使巨噬细胞、淋巴细胞增加,从而破坏癌细胞的活性。

3.降低胆固醇

牛乳中的胆固醇经乳酸菌发酵后,含量大大降低。而且活性乳酸菌在人体内也具有抑制胆固醇合成的作用。

4.其他保健功效

酸乳还可以预防白内障的形成,对预防老年人心血管疾病(如动脉硬化等)也有一定的效果。

三、发酵剂

(一) 发酵剂的定义及作用

1. 发酵剂

发酵剂是指为制作酸乳所调制的特定的微生物培养物。制作酸乳之前必须首先调制发酵剂,而且发酵剂的优劣与产品的质量好坏有极为密切的关系。

2. 发酵剂的作用

(1) 乳酸发酵。乳酸发酵是使用发酵剂的主要目的。由于乳酸菌的发酵,使乳糖转变为乳酸,pH降低,发生凝固,形成酸味,防止杂菌污染。

(2) 产生风味。柠檬酸在微生物作用下,分解生成丁二酮、羟丁酮、丁醇等化合物和微量挥发酸、酒精、乙醛等,使酸乳具有典型的酸味。

(3) 降解蛋白质、脂肪。乳中部分蛋白质、脂肪分解,更易消化吸收。

(二) 酸乳发酵剂菌种的构成

发酵剂菌种的构成随产品的不同而异。有时可单独使用一种菌种,有时可将两种菌种按一定比例混合使用。用于发酵乳生产的乳酸菌主要有乳杆菌属、链球菌属、双歧杆菌和明串珠菌等。使用单一发酵剂的口感往往较差。两种或两种以上的发酵剂混合使用能产生良好的效果。此外,混合发酵剂还可缩短发酵时间。一般酸乳所采用的菌种是保加利亚乳杆菌和嗜热链球菌的混合物。这种混合物在40~50℃乳中发酵2~3h即可达到所需的凝乳状态与酸度。上述任何一种单一菌株发酵时间都在10h以上。混合发酵剂菌种中保加利亚乳杆菌和嗜热链球菌的适宜配比为1:1。若选用保加利亚乳杆菌和乳酸链球菌的混合物,其适宜配比应为1:4。

(三) 发酵剂的制备

1. 菌种的活化与保存

从菌种保存单位购买的菌种纯培养物,又称商品发酵剂。受保存和运输的影响,活力减弱,在使用前需反复接种,以恢复其活力。

接种时,对于粉末状发酵剂,将瓶口用火焰充分灭菌后,用灭菌铂耳取出少量,移入预先准备好的培养基中;液态发酵剂菌种,将试管口用火焰灭菌后打开棉塞。用灭菌吸管从试管内吸取2%~3%菌种纯培养物,立即移入已灭菌的培养基中。稍加摇匀,塞好棉塞。根据采用菌种的特性,调好温度培养。当培养的菌种凝固后,取出2%~3%,再按上述方法移入培养基中,如此反复数次。待菌种充分活化后(凝固时间、产酸力等特性符合菌种要求),即可用于接种母发酵剂。

培养好的纯培养物，若暂时不用，应将菌种试管保存于0~5℃冰箱内，每隔1~2周移植一次，以保持菌种活力。在正式生产使用时，仍需进行活化处理。

2.母发酵剂的调制

取新鲜脱脂乳100~300mL装入经干热灭菌（170℃1~2h）的母发酵剂容器中，以121℃高压灭菌15~20min或采用30min连续3天间歇灭菌。灭菌后迅速冷却至发酵剂最适宜生长的温度，用灭菌吸管吸取母发酵剂培养基2%~3%的纯培养物接种，放入培养箱，按所需温度进行培养。凝固后再移植于另外的培养基中，反复接种2~3次，用于调制工作发酵剂。

3.工作发酵剂（生产发酵剂）的调制

取实际生产量的2%~3%的脱脂乳，装入经灭菌的容器中，以90℃、60min或100℃、30min杀菌后冷却至25℃。然后无菌操作添加2%~3%母发酵剂，充分搅拌均匀，在所需温度下进行保温培养。达到所需的酸度和凝固状态后即可取出用于生产或储存于冷藏库中待用。

4.发酵剂的质量控制

（1）发酵剂的质量要求。乳酸菌发酵剂的质量，必须符合下列各项要求。

①凝块。硬度适当，均匀而细腻，富有弹性，组织均匀一致，表面无变色、龟裂、气泡及乳清分离现象。

②风味。具有优良的酸味和风味，不得有腐败味、苦味、饲料味及酵母味等。

③质地。凝块粉碎后，质地均匀，细腻滑润，略带黏性，不含块状物。

按上述方法操作后，在规定时间内凝固，无延长凝固现象。活力测定时（酸度、感官、挥发酸、滋味）符合规定标准。

（2）发酵剂的质量检查。发酵剂的质量直接关系到成品质量，必须实行严格的检查制度。常用的检查方法如下。

①感官检查。首先，观察发酵剂的质地、组织状况、色泽及乳清析出情况。其次，触摸检查凝块的硬度、弹性及黏度。最后，品尝酸味是否正常及有无异味。

②化学性质检查。主要检查滴定酸度，以90~110T或0.8%~1%（乳酸度）为宜。

③细菌检查。包括测定总菌数、活菌数和杂菌总数、大肠菌群。

④发酵剂活力测定。发酵剂的活力可以利用乳酸菌的繁殖产酸和色素还原等现象来评定，常用的活力测定方法如下。

a.酸度测定。向灭菌脱脂乳中加入3%的发酵剂，在37.8℃的温箱中培养3.5h。然后测定其酸度。酸度达0.8%以上被认为较好。

b.刃天青还原试验。在9mL脱脂乳中加入1mL的发酵剂和0.005%的刃天青溶液1mL，在36.7℃的温箱中培养35min以上，完全褪色则表示活力良好。

四、酸乳加工技术

(一) 凝固型酸乳

乳中接种乳酸菌后分装在容器中,乳酸菌利用乳糖产生乳酸等有机酸,使乳的pH降低,至酪蛋白的等电点附近,使酪蛋白沉淀凝聚,在容器中成为凝胶状态,这种产品称为凝固型酸乳。在发酵培养及运送、冷却、储藏过程中,须使半成品、成品保持静止不受振动。

通过一台变速的计量泵连续加入酸乳中。果蔬混合装置固定在生产线上,计量泵与酸乳给料泵同步运转,保证酸乳与果蔬混合均匀。酸乳可根据需要,确定包装量和包装形式及灌装机。

(二) 搅拌型酸乳的加工

搅拌型酸乳的加工特点主要包括以下几个方面。

(1) 原料处理。对原料进行适当的处理,以确保其适合发酵。

(2) 接种发酵剂。将处理好的原料在发酵罐中接种发酵剂。

(3) 发酵过程。在发酵罐中进行发酵,直至乳凝结成凝乳。

(4) 搅拌与冷却。在凝乳形成后,通过适度搅拌可以加速冷却,以防止凝乳结构过于紧密。

(5) 分装。将处理好的凝乳分装到零售容器中,即为成品。

特别需要注意的是,在发酵过程中,搅拌型酸乳的特点在于不断地进行搅拌,这是其与其他类型酸乳加工过程中的一个重要区别。

第五节 乳粉加工技术

一、乳粉的种类与组成

乳粉是使用新鲜牛乳,或以新鲜牛乳为主要原料,配以其他食物原料,经杀菌、浓缩、干燥等工艺过程而制得的粉末状产品。由于产品含水量低,因而耐藏性大大提高,减少了运输量,更有利于调节地区之间供应的不平衡。因而,乳粉在我国的乳制品结构中仍然占据重要的位置。

（一）全脂乳粉

全脂乳粉指的是新鲜牛乳经标准化、杀菌、浓缩、干燥而制成的粉末状产品。根据是否加糖又分为全脂淡乳粉和全脂甜乳粉。

（二）脱脂乳粉

脱脂乳粉指的是将新鲜牛乳经预热、离心分离获得脱脂乳，再经杀菌、浓缩、干燥而制成的粉末状产品。因为脂肪含量少，保藏性较前一种要好。

（三）配制乳粉

配制乳粉指的是在牛乳中添加目标消费对象所需的各种营养素，经杀菌、浓缩、干燥而制成的粉末状产品。如婴儿配方乳粉、中小学生乳粉和老年乳粉等。

（四）特殊配制乳粉

特殊配制乳粉指的是将牛乳的成分按照特殊人群营养需求进行调整，然后经杀菌、浓缩、干燥而制成的粉末状产品。如降糖乳粉、降血脂乳粉和高钙助长乳粉等。

（五）速溶乳粉

速溶乳粉指的是在制造乳粉过程中采取特殊的造粒工艺或喷涂卵磷脂而制成的溶解性、冲调性极好的粉末状产品。

（六）稀奶油粉

稀奶油粉指的是用稀奶油干燥而成的粉末状产品，其含脂量高，易氧化。

（七）乳清粉

乳清粉指的是将生产干酪排出的乳清经脱盐、杀菌、浓缩、干燥而制成的粉末状产品。

（八）酪乳粉

酪乳粉指的是由酪乳干制成的粉末状产品，其含有较多的卵磷脂。

二、全脂乳粉加工技术

（一）工艺技术及控制要求

1. 原料乳的标准化

（1）生产全脂乳粉、加糖乳粉、脱脂乳粉及其他乳制品时，必须对原料乳进行标准化。即必须使标准化乳中的脂肪与非脂乳固体之比等于产品中脂肪与非脂乳固体之比。

（2）生产加糖乳粉及其他乳制品时，必须按照标准化乳的乳固体含量计算加糖量，使其符合该产品的要求。

添加的蔗糖须符合国家标准《白砂糖》（GB/T 317—2018）优级或一级品规格，应干燥洁白、有光泽，无任何异味、臭味，蔗糖含量不少于99.65%，还原糖含量不多于0.1%，水分含量不多于0.07%，灰分含量不多于0.1%，加糖时现多采用牛乳直接化糖，这样会减轻浓缩负担，有利于节约能源。

生产加糖乳粉的加糖方法，有如下三种。

①预热杀菌时加糖。

②将蔗糖粉碎后灭菌，然后与干燥完的乳粉混合、装罐。

③预热杀菌时加一部分糖，装罐前再加一部分糖。

采用哪一种方式，视蔗糖质量、燃料成本及工厂的设备条件而定。后加糖获得的乳粉相对密度较大，成品乳粉的体积较小，可节省包装费，但产品中含糖的均匀性不理想，二次污染的机会大。前期加糖使产品的含糖均匀一致，溶解度较好，但产品的吸湿性较大。

2. 预热杀菌

牛乳经过预热杀菌利于保藏。现在大多采用高温短时间杀菌或超高温瞬时杀菌法。设备上使用板式或管式杀菌器，采用80~85℃30s或95℃ 20s的杀菌条件，或采用120~135℃ 2~4s的超高温瞬时杀菌。

3. 浓缩

牛乳属于热敏性物料，浓缩宜采用真空浓缩。经浓缩后的喷雾干燥的乳粉，颗粒比较粗大，具有良好的流动性、分散性、可湿性和冲溶性，乳粉的色泽也较好。真空浓缩大大降低了乳粉颗粒内部的空气含量，颗粒致密坚实，不仅有利于乳粉的保藏，而且有利于包装。

浓缩的程度一般为原料乳体积的1/4，这时牛乳的浓度为12~16°Bx（50℃），乳固体含量为40%~50%，相对密度为1.089~1.100。

浓缩设备，小型工厂多采用单效真空浓缩罐，较大规模的工厂多采用双效或三效以上的真空蒸发器，其中以降膜式带热压泵使用最多，个别有用片式蒸发器的。

4. 喷雾干燥

浓奶温度在45～50℃，可立即进行喷雾干燥。被广泛使用的喷雾干燥方法有压力喷雾和离心喷雾两种方法。

（1）喷雾干燥原理。喷雾干燥的原理是向干燥室中鼓入热空气（130～180℃，有的装置达200℃以上），同时将浓奶借压力或高速离心力的作用，通过喷雾器（或雾化器）喷成雾状的直径为10～100μm的微细乳滴。这些微细乳滴显著地增大了表面积，与热风接触，瞬间可将乳滴中的大量水分除去，乳滴变为乳粉降落在干燥室的底部。

鼓入干燥塔的热风温度虽然很高，但由于雾化后大量微细乳滴中水分瞬间（0.01～0.04s）被蒸发除去，气化潜热很大，因此乳滴乃至乳粉颗粒受热温度不会超过60℃，蛋白质不会因受热而明显变性，所以复水后的乳粉，其风味、色泽、溶解度与鲜乳大体相似。

（2）喷雾干燥工艺流程。微细乳滴干燥成粉末后，沉降在干燥塔底部，通过出粉装置连续卸出，经冷却、过筛后储存。水蒸气被热风带走，从干燥器排风口排出。与空气混在一起的一些小的、轻的乳粉颗粒经过一个或多个旋风分离器的分离后，再混回到包装乳粉中，而除去乳粉的空气由风机排出。

（3）喷雾干燥装置。通常压力喷雾使用并流卧式或立式干燥机，离心喷雾只能使用立式干燥机。

近年来，常采用二段干燥机和多段干燥机。即在干燥初期，通过热空气将乳滴中的绝大多数水分瞬间除去。当水分降至5%～8%时，从干燥塔卸出，进入流化床，即进入干燥后期。乳粉在流化床上停留的时间较长，直至达到水分要求为止。二段干燥机和多段干燥机可降低干燥塔的高度和容积，提高热效率，节约基本建设费用和运转费用。

雾化干燥者的主要部分为雾化器。理想的雾化器应能将浓乳稳定地雾化成均匀的乳滴，并能散布于干燥塔的有效空间，而不喷到塔壁上，还能与其他喷雾条件相配合，喷出符合质量要求的产品。雾化器的形式有压力喷雾雾化器和离心喷雾雾化器。

5. 冷却与筛粉

（1）出粉、冷却。喷雾干燥中形成的乳粉，应尽快连续不断地排出干燥室外，以免受热时间过长，特别对于全脂乳粉来说，会使游离脂肪酸含量增加，不但影响乳粉质量，而且在储藏中也容易引起氧化变质。

卧式干燥室采用螺旋输粉器出粉，而平底或锥底的立式圆塔干燥室则都采用气流输粉或流化床式冷却床出粉。

气流输粉方式，其输粉的优点是速度快，大约在5s内就可将喷雾室内的乳粉送走，同时在输粉管中进行冷却。但因为气流速度快，约20m/s，乳粉在导管内易受摩擦而产生大量的微细粉尘，致使乳粉颗粒不均匀；筛粉筛出的微粉量也过多，不好处理；另外，气流冷却的效率不高，使乳粉中的脂肪仍处于其熔点之上。如果先将空气冷却，则经济上又不合算。

目前，采用流化床出粉冷却的方式较多，利用经冷却处理的空气的吹入，可将乳粉冷却到18℃。微粉的生成量减少。同时流化末可将细粉分离，送入喷雾干燥塔，与刚雾化的乳滴接触，形成较大的粉粒。

无流化床设备时，可将乳粉收集于粉箱中，过夜冷却。冷却后，过20~30目筛后即可包装。

（2）储粉。储粉的原因：一是可以集中包装时间（安排1个班白天包装）；二是可以适当提高乳粉表观密度，一般储粉24h后密度可提高15%，有利于装罐。但是储粉仓应有良好的条件，应防止吸潮、结块和二次污染。如果流化床冷却的乳粉达到了包装的要求，可进行包装。

6.包装

全脂乳粉采用马口铁罐抽真空充氮包装，即将乳粉称量、装罐、预封后送入回转式自动真空充氮封罐机内，在83.99~85.32kPa下，通入纯度为99%的氮气，达到6.8~20.58kPa的压力后进行封罐。真空充氮包装的乳粉，保质期可达3年以上。

短期内销售的产品，多采用聚乙烯塑料复合铝箔袋包装，基本上可避免光线、水分和气体的渗入。

包装规格大小不等，其中以454g最多。食品加工原料用的乳粉，通常用马口铁罐12.5kg包装，或用聚乙烯薄膜袋包装后套三层牛皮纸的25kg包装。

包装间最好配置空气调温调湿装置，使室温保持在20~25℃，相对湿度保持在75%以下。

（二）全脂乳粉的质量控制

（1）脂肪分解味（酸败味）。由于乳中解脂酶的作用，使乳粉中脂肪水解而产生游离的挥发性脂肪酸。为防止这种现象，必须严格控制原料乳的微生物数量，同时杀菌时将脂肪分解酶彻底灭活。

（2）氧化味（哈喇味）。不饱和脂肪酸氧化产生氧化味的主要因素是空气、光线、重金属（特别是铜）、过氧化物酶和乳粉中的水分及游离脂肪酸含量。

（3）棕色化。水分在5%以上的乳粉贮藏时会发生羰–氨反应，产生棕色化，温度高则加速这一反应。

（4）吸潮。乳粉中的乳糖呈无水的非结晶的玻璃态，易吸潮。当乳糖吸水后使蛋白质彼此黏结而使乳粉结块，因此应保存在密闭的容器中。

（5）细菌引起的变质。乳粉打开包后会逐渐吸收水分，当水分超过5%时，细菌开始繁殖，使乳粉变质。因此，乳粉开包后不应放置过久。

三、脱脂乳粉加工技术

以脱脂乳为原料，经杀菌、浓缩、喷雾干燥而制成的乳粉即脱脂乳粉。因含脂率低（不超过1.25%），所以耐储藏，不易氧化变质。该产品一般多用作食品工业原料，如制饼干、糕点、面包、冰激凌及脱脂鲜干酪等。目前速溶脱脂乳粉因使用十分方便，广受消费者的欢迎。该乳粉是食品工业中一项非常重要的蛋白质来源。

脱脂乳粉的生产工艺流程与全脂乳粉一样，凡生产奶油或乳粉的工厂都能生产脱脂乳粉。脱脂乳粉均采用大包装，用聚乙烯塑料薄膜袋包装，外面再用三层牛皮纸袋套装封口。

四、调制乳粉加工技术

调制乳粉是20世纪50年代发展起来的一种乳制品。调制乳粉是指针对不同人的营养需求，在鲜乳或乳粉中添加各种营养素经加工干燥而制成的乳制品。调制乳粉的种类包括婴儿乳粉、中老年乳粉及其他特殊人群需要的乳粉。最初调制乳粉主要是针对婴儿营养需要，在乳中添加某些必要的营养成分经加工制成的。初期为加糖乳粉，后来发展成为模拟人乳的营养组成，通过添加或提取牛乳中的某些成分，使其组成在数量上和质量上都接近人乳，制成特殊调制乳粉，即所谓"母乳化"乳粉。母乳化乳粉又称婴儿乳粉。近年来，随着社会经济的发展和科学技术的进步，又涌现出许多具有生理调节功能和疗效作用的调制乳粉，即所谓功能性乳粉。

（一）婴儿乳粉的特性

母乳是婴儿最好的营养品，牛乳被认为是人乳的最好代用品。但牛乳的营养组成与人乳有所不同，牛乳中蛋白质和灰分含量比人乳多，而乳糖则较少。用牛乳喂养婴儿会发生种种营养障碍，很难满足婴儿的生长发育需要。因此，需要将牛乳中的各种成分进行调整，使之接近人乳，并加工成方便食用的粉状产品。

（二）婴儿乳粉营养成分调整

1.蛋白质的调整

牛乳蛋白质含量高，为人乳的5倍，且酪蛋白与乳清蛋白的比例为5∶1，人乳接近1∶1。因此，人乳的蛋白质在婴儿胃中形成凝块细小，易消化，牛乳凝块大易导致婴儿消化不良，故必须加以调整。调整方法如下。

（1）加脱盐的干酪乳清，增加乳清蛋白量，调整酪蛋白与乳清蛋白近于人乳比例。

（2）用蛋白分解酶对乳中酪蛋白进行分解。

2.脂肪的调整

牛乳和人乳的脂肪含量无较大差别，但构成油脂的脂肪酸含量不同，牛乳脂肪中饱和脂肪酸多，不饱和脂肪酸少，尤以亚油酸、亚麻酸类的必需脂肪酸为少（为脂肪酸总量的2.2%，人乳的12.8%）。因此，牛乳脂肪的吸收率比人乳脂肪低20%以上。调整方法如下。

（1）强化亚油酸，以提高乳脂肪的消化率，强化量达脂肪酸总量的13%。

（2）改善乳脂肪的结构。

（3）改善脂肪的分子排列。

以上可通过加植物脂肪解决，如精制玉米油、大豆油等。

3.糖类的调整

牛乳和人乳中的糖类绝大部分是乳糖，但牛乳中乳含量比人乳少得多，且主要是α型，人乳主要是β型。β型乳糖对双歧杆菌的生长繁殖有刺激作用，抑制大肠杆菌的生长繁殖；α型则能促进大肠杆菌的生长。人乳中乳糖/蛋白质约为6.5，而牛乳约为1.5。

4.矿物质的调整

牛乳中矿物质含量相当于人乳的3.5倍，这会增加婴儿的肾脏负担。通常用大量添加脱盐乳清粉的办法加以稀释。但需要补加铁等微量元素，并且控制Ca/P=1.2~2.0，K/Na=2.88左右为宜。

5.维生素的调整

婴儿乳粉应充分强化维生素，特别是叶酸和维生素C，它们对芳香族氨基酸的代谢起辅酶作用，婴儿乳粉一般添加的维生素为维生素A、维生素B、维生素B_2、叶酸、维生素C、维生素D、维生素E等。维生素E的添加量以控制维生素E（mg）和多不饱和脂肪酸（g）的比例大于或等于0.8为宜。

（三）婴儿乳粉生产工艺

1.湿法工艺

配料表中标有生牛乳、鲜牛奶、全脂牛奶、脱脂牛奶的，说明该配方奶粉用的是湿法工艺。湿法工艺是将营养素等各种辅料先加入液体奶中混合，再进行杀菌、匀质、喷雾干燥成粉，湿法工艺营养素的混合比较均匀。由于鲜奶或者液奶不利于奶粉保存，对奶源地的要求比较严格，一般厂家会拥有自己的牧场，或者离奶源地比较近。

流程：原料乳→净乳→杀菌→冷藏→标准化配料→均质→杀菌→浓缩→喷雾干燥→流化床二次干燥→包装。

2.干法工艺

配料表中为全脂奶粉、脱脂奶粉、乳固体等,该奶粉的生产工艺主要为干法工艺。干法工艺是指将营养素等辅料直接与干粉混合,然后分装成为最小可销售包装。干法工艺不能保证鲜奶生产,但是一些热敏性的营养素(如维生素、益生菌等)不会受到破坏。

流程:原辅料→备料→进料→配料(预混)→投料→混合→包装。

3.干湿复合法

目前也有奶粉厂家,将两种工艺结合起来,先将牛奶干燥喷雾成粉,这一阶段为湿法工艺;再将一些营养素在成粉后再混合,这个阶段为干法工艺。

流程:原料乳→净乳→杀菌→喷雾干燥→标准化配料(干法)→包装。＊＊＊奶粉是＊＊＊领先工艺,新鲜的生牛乳和新鲜的脱盐乳清一次成粉,避免二次热加工(鲜牛奶一次成粉后成全脂奶粉,脱盐乳清一次成粉后成乳清粉),之后进行干法工艺(干法没有热加工),此一系列流程没有营养素回溶,既保全了牛奶中的天然营养物质,又做到新鲜、精准、易吸收。

五、速溶乳粉加工技术

速溶乳粉是以某种特殊工艺制得的乳粉,用水冲调复原,能迅速溶解,不结团,即使在冷水中也能速溶。这种乳粉颗粒粗大、均匀、干粉不会飞扬。其所含的乳糖呈水合结晶态,在储藏期间不易吸湿结块。

喷雾干燥法生产速溶乳粉,有再润湿法(二段法)和直通法(一段法)之分。再润湿法是以喷雾干燥制成的乳粉为基粉,于再湿润干燥器中,通过湿空气或乳液雾滴使其附聚成匹粒,再进行干燥、冷却制成乳粉。直通法不需预先制成基粉,而是在喷雾干燥塔下部连接一组直通式速溶乳粉瞬间形成机,连续地在流化床中进行附聚、干燥、冷却制成乳粉。

目前,市场上的速溶乳粉主要有全脂速溶乳粉和脱脂速溶乳粉两种。在生产中包括以下两个关键环节。

(1)附聚采用高浓度、低压力、大孔径喷头、低转盘转速,可以使乳粉颗粒较大,经附聚后得到颗粒直径更大和颗粒分布频率在一定范围内的乳粉,从而改善乳粉的下沉性。

(2)全脂速溶乳粉可喷涂卵磷脂。卵磷脂是一种两性物质,既亲水又亲油,从而可以改善乳粉颗粒的可湿性、分散性,使乳粉的速溶性大大提高。

结束语

在"食品检验检测与加工技术"的探索之旅中，我们不仅对食品检验检测技术有了深入的理解，也见识了各种加工技术的独特之处。我们想借此机会强调，食品检验检测的重要性不容忽视。它不仅关乎我们的健康，也与社会的稳定和经济发展息息相关。同时，加工技术的研究也不应被忽视，它为食品工业的发展提供了强大的动力。

然而，食品检验检测与加工技术的研究并非一蹴而就的过程，它需要我们持续地努力和投入。我们鼓励大家继续在这个领域进行深入的研究和探索，不断提高我们的技术水平，以满足日益增长的食品需求。让我们携手并进，共同推动食品检验检测与加工技术的发展，为我们的健康、繁荣和可持续发展作出贡献。

在结束之际，我们想表达对所有参与食品检验检测与加工技术研究人员的敬意。你们的工作不仅为我们的生活提供了保障，也为食品工业的发展奠定了基础。让我们一起为更安全、更健康的食品未来而努力。再次感谢你们的付出和努力，你们的工作值得我们深深的敬佩。

参考文献

[1] 王庆惠，王祥明，杨莉玲，等.冷等离子技术在果蔬类食品加工中的应用[J].食品工业，2024，45（4）：256-260.

[2] 陶冶心.食品检验实验室质量安全风险识别与防控措施探讨[J].食品安全导刊，2024（10）：52-54.

[3] 周宇明，吴骅.食品加工对食品营养与安全的影响[J].食品安全导刊，2024（10）：118-120.

[4] 樊启明，叶玉华，杨春艳.农药残留检测技术在食品质量检验中的应用[J].食品安全导刊，2024（10）：158-160.

[5] 矢万超，陈孝建.现代分析技术在食品分析检测过程中的应用[J].食品安全导刊，2024（10）：179-181+186.

[6] 马文静.食品检验检测中心仪器设备有效管理的探讨[J].食品安全导刊，2024（9）：164-166.

[7] 苏敏.食品安全标准在食品安全管理中的应用[J].食品安全导刊，2024（9）：6-8，13.

[8] 田丽丽，王春吉，刘学勇.食品安全检验检测质量控制研究[J].食品界，2024（3）：111-113.

[9] 刘娜.天然植物色素的提取及其在食品加工中的前景[J].农业与技术，2024，44（5）：32-36.

[10] 朱吟非，康淞皓，刘星宇，等.高新技术在天然产物及其健康食品加工中的应用[J].食品科学，2024，45（5）：335-344.

[11] 马敬军，李东鑫，曹岩，等.食品加工中异物及其控制措施探讨[J].质量与认证，2024（S1）：38-42.

[12] 姜涛，乔奇，王晓宇，等.食品标准和检验检测体系建设应用探析[J].中国标准化，2024（5）：201-205.

[13] 王炳鲜.食品加工中常见的食品安全问题及解决方案研究[J].食品安全导刊，2024（7）：19-22.

[14] 梁一博，张艳艳.食品工程安全保障与监督管理策略分析[J].食品安全导刊，2024

（7）：1-3.

[15] 郑艳龄.食品安全的影响因素及保障措施探析[J].食品安全导刊，2024（7）：10-12.

[16] 赵馨竹.食品检验检测中液相色谱和气相色谱的应用[J].食品安全导刊，2024（7）：158-160.

[17] 叶丽努尔·哈木扎.生物芯片技术在食品检验中的应用研究[J].食品安全导刊，2024（7）：137-139.

[18] 王燕，谷青青，姜平，等.浅析食品检验检测过程中的质量控制[J].食品安全导刊，2024（6）：37-39.

[19] 司波，谷雅婷，杨晨，等.离子淌度质谱在食品分析中的应用[J].食品工业科技，2024（2）：1-15.

[20] 郭玉松.探析食品安全检验检测的问题与对策[J].中国食品工业，2024（4）：92-94.

[21] 杜萌.食品检验检测的质量控制及细节问题分析[J].中国食品工业，2024（4）：113-115.

[22] 冯雪娇.气相色谱-质谱联用技术在食品分析中的应用探讨[J].中国食品工业，2024（4）：89-91.

[23] 韩宁，勾越，王宗莹，等.原子吸收光谱法在婴幼儿食品检测中的应用[J].中国食品工业，2024（4）：95-97.

[24] 司刚军.食品安全检验检测体系建构与实践研究[J].中国标准化，2024（4）：165-167.

[25] 王鑫.食品检验检测的质量控制及细节问题[J].中国食品，2024（4）：64-66.

[26] 陈静毅.食品检验检测机构质量管理体系的优化措施[J].大众标准化，2024（3）：178-180.

[27] 何宏骏，王晨曦，李媛捷，等.食品检验在保障食品安全中的重要性[J].现代食品，2024，30（3）：136-139.

[28] 刘胜.食品检验检测质量控制的问题与对策[J].现代食品，2024，30（3）：108-110.

[29] 雷竣杰.食品检验检测中样品管理和控制的问题与对策[J].中国食品工业，2024（3）：72-74.

[30] 王振东，郭彩霞，慈芳芳，等.食品检验检测质量控制的问题与对策[J].中国食品工业，2024（3）：87-89.

[31] 刘永超，唐欣，李潇岑，等.食品安全检验检测共享平台的开发与应用[J].实验室检测，2024，2（2）：70-73.

[32] 江建华.影响食品理化检验检测准确性的因素及提升措施[J].食品安全导刊，2024（4）：49-51，55.

[33] 李东旭，严玉琴，赵小双，等.浅析食品检测报告现存问题与改进路径[J].食品安全导

刊，2024（4）：52-55.

[34] 周茂源，孟祥龙.食品检验检测机构大型仪器管理和维护的探讨[J].食品安全导刊，2024（4）：5-7.

[35] 尹予希，安桂珍，杨传旺，等.食品检验检测机构高质量发展路径探索[J].食品安全导刊，2024（4）：178-180，184.

[36] 马斌.食品检验检测中的残留农药快速检测方法研究[J].现代食品，2024，30（2）：126-128.

[37] 马海潇，封雪，蒋宜轩，等.质谱成像技术在食品领域的研究进展[J].分析试验室，1-18.

[38] 孙鑫泽，党春林，张德花，等.提高食品安全检验检测质量的意义与路径[J].食品安全导刊，2024（3）：46-48.

[39] 张力伟，孔令红，李安然.气相色谱法在食品质量检测中的应用[J].食品安全导刊，2024（3）：146-148.

[40] 邓思琪.食品检验在食品安全保障中的重要作用探究[J].食品安全导刊，2024（3）：27-29.

[41] 曹峰，亓振，耿冬青.标准化管理助推食品检验检测实验室建设[J].食品安全导刊，2024（3）：33-35.

[42] 弓晶晶，陈正源.食品检验机构标准物质管理的探索[J].中国食品工业，2024（2）：111-113.

[43] 徐明玉.关于完善我国食品检验检测体系建设的思考[J].中国质量监管，2024（1）：86-87.

[44] 董虎斌.食品检验在保障食品安全中的应用探究[J].中国食品，2024（2）：53-55.

[45] 邓澄.提高食品安全检验检测质量的意义与路径[J].中国食品，2024（2）：62-64.

[46] 方宏应.实验室环境对食品检验结果的影响[J].中国食品工业，2024（1）：72-73，76.

[47] 郭玉龙，邵高耸，史轻舟，等.纳米材料在食品检验鉴定中的应用研究进展[J].山东化工，2024，53（1）：91-94.

[48] 孙学丽.基于稳定同位素技术的食品检验应用研究进展[J].食品安全导刊，2024（1）：154-157.

[49] 齐梅.食品检验管理信息化的现状及发展方向[J].食品安全导刊，2024（1）：179-181+185.

[50] 周志杰，韩东明，程雪.食品检验检测的质量控制及细节问题探究[J].食品安全导刊，2024（1）：43-45.

[51] 石春哲.食品分析中蛋白质检测及应用研究[J].现代食品，2023，29（24）：37-39.

[52] 宋志君.食品检验检测中质量控制细节问题及处理策略研究[J].现代食品,2023,29(24):67-69.

[53] 吴贤,李艳梅,李艳,等.对食品安全标准在食品检验中存在问题的思考[J].现代食品,2023,29(24):146-148.

[54] 张哲,张译匀.浅谈食品检验机构抽检样品规范化管理及合格备份样品再利用[J].食品安全导刊,2023(36):29-32.

[55] 蔡玲.生物检测技术在食品检验中的应用分析[J].食品安全导刊,2023(36):166-168.

[56] 逄锦红,乔俊梅.肉类食品检验质量控制对策[J].食品安全导刊,2023(35):24-26.

[57] 宗渝皓.食品工程中微生物检验质量的提升方法与途径[J].食品安全导刊,2023(35):33-36.

[58] 孔令红,张力伟,李安然.食品质量检验中的问题及优化措施[J].食品安全导刊,2023(35):44-47.

[59] 樊启明,叶玉华,杨春艳.影响食品检验检测准确性的因素及应对探讨[J].食品安全导刊,2023(35):169-171.

[60] 刘慧敏,章丽丽,陈雪琪.食品检验中测定质控样糙米粉无机砷含量的不确定度评定[J].塑料包装,2023,33(6):46-50,85.

[61] 胡舒洋.食品检验实验室标准物质规范化管理[J].现代食品,2023,29(23):96-98.

[62] 张敬.现代生物技术在食品检测中的应用[J].中国食品工业,2023(23):62-64,67.

[63] 王瑛.影响食品检验检测准确性的因素及应对策略分析[J].食品安全导刊,2023(34):34-36.

[64] 张慧.食品检验检测的质量控制及细节问题分析[J].现代食品,2023,29(22):71-73.

[65] 吴楷文.浅析食品检验检测过程中的质量控制[J].现代食品,2023,29(22):40-42.

[66] 吴亮,王艳英,陈海红,等.浅谈食品检验检测中样品的管理和控制[J].现代食品,2023,29(22):43-45.

[67] 吴玉兰.浅析食品检验检测质量控制的问题与对策[J].现代食品,2023,29(22):46-48.